U0363419

| 真实进步指标（GPI）译丛 |

踵事增华：

可持续的理论解释与案例举要

[美国] 瑞达尔·卡伦
[美国] 艾伦·米茨格 著
关成华 译

北京师范大学出版集团
BEIJING NORMAL UNIVERSITY PUBLISHING GROUP
北京师范大学出版社

“真实进步指标(GPI)译丛”总序

我开始关注可持续和环境污染问题，可追溯至2004年。那时我在参加为期一年的培训，其间精读了莱斯特·R.布朗的著作《B模式：拯救地球 延续文明》。该书提出了两种截然不同的经济运行模式：一种是A模式——依靠过度消耗自然资本使产出人为膨胀的泡沫经济。这种模式在今天已经不再行得通了，取而代之的是B模式——全球动员起来，稳定人口和气候，使A模式存在的问题不至于发展到失控的地步。

2013年，我在美国访学时接触到了真实进步指标(Genuine Progress Indicator，GPI)，并对这套理论体系产生了浓厚兴趣。研习过程适逢我国创新发展、绿色发展等理念的提出，遂颇有共鸣。2015年，我回国后在北京师范大学继续从事研究工作，自此开始组建团队，启动中国GPI研究项目。在组织编写中国真实进步指标测算报告的同时，我遴选了六部关于可持续和GPI的著作编译出版，形成“真实进步指标(GPI)译丛”，冀能借此让更多人理解可持续的内涵，助力中国GPI理论研究与推广应用，为我国实现可持续驱动的发展转型和治理创新提供有益镜鉴。

该译丛由六部著作组成，聚焦于可持续以及GPI理论与应用问题，它们分别是：《改弦易张：气候变化和能源短缺带来的挑战与应对》《踵事增华：可持续的理论解释与案例举要》《日新为道：通过可持续发展目标促进治理创新》《千帆竞发：基于真实进步指标的亚太可持续福祉》《富轹万古：澳大利亚维多利亚州真实进步指标报告》《百尺竿头：中国香港特别行政区与新加坡的真实进步比较与展望》。

时值译丛出版之际，为帮助读者理顺六部著作的内在联系，我想谈谈对于可持续、可持续发展、目标治理以及 GPI 的一些看法，并尝试阐明其间的逻辑关系。

****

丛书的核心是 GPI。从根本上说，GPI 是为了弥补国内生产总值(Gross Domestic Product，GDP)对于福利水平测度的不足而诞生的。GDP 主要衡量的是当前的生产能力，故而其既不体现公民享受的福利水平，也不反映社会继续保持或提高这一水平的能力。因此，GDP 的数据在满足人类追求福利的现实需求，以及为政府提供科学的决策依据等方面存在一定的缺陷。而 GPI 的目标，就是要衡量“可持续经济福利”。在全面、系统地了解 GPI 之前，我们首先要从本质上理解可持续的概念。

牛津大学的乔格·弗里德里希(Jörg Friedrichs)教授为我们描述了现代工业社会所面临的气候变化和能源短缺问题及其所衍生的社会政治影响，同时从知识储备、不作为道德经济等方面解释了为什么人类难以解决这些难题。随着人类不断地开发和利用资源、排放污染物，地球系统已面临不可持续的危机。但是，当前政策往往只强调降低工业文明给环境带来的损害，而非直面人类困境。归根结底，我们必须放弃不可持续的发展方式，通过地方、国家、区域和全球层面的治理措施，确保生态系统的可持续。那么，究竟什么是可持续？可持续等同于可持续发展吗？它能否驱动人类社会发展转型和治理创新？

事实上，对于社会各界而言，可持续仍是一个模糊不清的概念。因此，我们有必要建立一套科学的表达方式来阐明可持续的内涵。

罗切斯特大学的瑞达尔·卡伦(Randall Curren)教授和圣何塞州立大学的艾伦·米茨格(Ellen Metzger)教授集中讨论了基于生态概念的可持续与其规范本质，并区分了其他一些带有价值偏向的可持续概念。他们认为，可持续指的是一种“人类和非人类福祉长期依赖于自然界”的事实，而不可持续指的是“人类的集体生活方式使未来享受美好生活的机会减少”的事实。因此，与不可持续相对的，就是要“永续保留享受美好生活的机会”，这便是可持续思想的规范本质。书中没有使用可持续发展的概念来定义可持续，这将是一个跨期、通用、规范性更强的概念。

从现有资料来看，可持续的含义在很大程度上已和环境保护(Environmental Conservation)的概念相混淆。长期以来，环境保护的概念都与环境保存(Environmental Preservation)相互对立。环境保护强调的是负责且有效地利用自然资源，而环境保存则禁止一切开发荒野地区、栖息地以及对物种造成破坏的人类行为。可持续更注重的是人类福祉，这与自然资源应得到有效管理的保护主义思想相反。可持续更强调人类在利用自然资源的同时，要用明智的管理策略来保存自然资源。因此，想要清晰界定可持续，就需要重新定义人类对自然的依赖。诸如自然资本(Natural Capital)和生态足迹分析(Ecological Footprint Analysis，EFA)等概念已被广泛用于描述这种依赖形式，并以依赖的程度或阈值来定义可持续。

以自然资本概念为例，人类社会的可持续在物质上主要依靠两类资本：人造资本(Man-made Capital)和自然资本(Natural Capital)。前者如工厂、机器、道路等，后者如森林、河流、土地等。由此就产生了两种对可持续的理解，即弱可持续(Weak Sustainability)和强可持续(Strong Sustainability)。弱可持续理论认为，人造资本与自然资本两类资本存在较强的互补性，自然资本损耗可由人造资本代替，只要两类资本保持总量平衡，即可实现可持续。而强可持续理论则认为，大多数自然资本是不可替代的，人造与自然资本必须分别保持平衡或增长，才能实现可持续。

另一种对可持续进行概念化的重要定义是地球边界(Planetary Boundaries，PB)。PB框架设计了一套度量模式，其不仅关注气候变化阈值，还包含生物多样性损失速度、从大气中除氮的速度、流入海洋的磷量、平流层臭氧消耗、海洋酸化程度、淡水消耗量、土地改为农田的比率、大气气溶胶承载量和化学污染程度等。与EFA不同的是，PB框架是对生态系统可持续的直接概念化与衡量。

从本质上来讲，可持续应该是一个对世界未来状态至关重要的

“规范化”概念。然而，学者们倾向于将可持续的概念归结到一个特定的伦理问题上去，其所涉及的内容已远远超出了可持续要表达的范围。例如，用可持续发展的概念去定义可持续：“既满足当代人需求，又不损害后代人满足自身需求能力的发展。”但问题是，以这种方式定义的可持续概念，还需要一个全球公平的标准，使世界各国的发展规划都基于此来执行和调整。然而，可持续（一种性质或属性）并不等同于可持续发展（具备可持续性质或属性的发展）。可持续只涉及“永续保留享受美好生活的机会”这样的本质问题。以这种方式来理解，可持续应该是一个不能再被简化的概念，类似于“禁止对完整生态系统造成严重或不可逆的伤害”。人类将以一种符合理想未来的方式而生活，在这种理想未来中，人类活动不会破坏生态系统的完整性，也不会损害未来人类享受美好生活的机会（历时性）。尽管关注公平有利于国家内部或世界各地的人们享有平等的机会（共时性），但可持续更应该强调的是历时性，而不是共时性。

****

再谈可持续和可持续发展的关系。“可持续发展”一词的起源可以追溯到1972年的联合国人类环境会议。这次会议奠定了被称为可持续发展的“环境与发展”理论：各国一致认为，发展与环境保护相辅相成。然而，这个观点仍值得推敲。因为随着经济活动的扩张，其对环境的破坏也将普遍增加。虽然可以通过推行“绿色发展”来减少对环境的破坏，包括引入更清洁的技术、促进环境管理、为妇女提供教育和就业机会以降低出生率等，但经济产出仍是衡量和预测经济发展对环境造成损害的重要指标。随着生活水平的提高，人类对环境保护更加重视，但为了维持或提高现有生活水平而消耗的大量自然资源依然对环境造成了严重破坏。事实上，可持续与发展之间的根本性矛盾并未得到解决。

要实现现有语境下的“可持续发展”，需要多代人的共同努力。然而，当前政策存在滞后性且涉及多方利益，因此难以保护后代人的福利。要想让制度有效地保障后代人的利益，就必须有坚实的基本规范。“基本规范”，通常被理解为解释和验证其他法律的规则，独立于法律制度而存在。基本规范是"政治意识形态"问题，而不是"法律意识形态"问题。目前，整个国际社会以及各个国家都缺乏这样一种保障后代权利的基本规范，或者说缺乏对可持续内涵——"永续保留享受美好生活的机会"的广泛认可。具体而言，就是要"禁止对生态系统的完整性造成严重或不可逆转的伤害"。

在全球治理的背景下，将"可持续"视为"可持续发展"的基本规范，国际社会及各国均以此为标准，就能使各个国家的有关安排趋于一致。这与保护人权或促进贸易自由等基本规范很相似，它们都在其他领域充当着国家行为合法性的衡量标准。如果可持续发展概念缺乏类似的基本规范，那么可持续发展构想便缺失了核心依据，保护后代利益的基础便不稳固。

认可和实施可持续发展的基本规范，需要对现有和新兴的国际治理体系进行改革。在全球层面上，国际社会需要一种新的、类似于国家宪法级别的协议，来重新界定人类与自然系统、其他生命体间的关系。比如，《环境与发展国际盟约(草案)》的核心部分就提出，要将尊重"自然整体和所有生命形式"以及"地球生态系统的完整性"作为一项根本原则，这就体现了可持续概念的相关内容。

我在给北京师范大学本科生开设的通识核心课程"绿色发展经济学"的课堂上，曾向学生们介绍自己亲历的一件事：有一次在国外和朋友聊天时，突然谈到气候变化问题。朋友问我是否相信气候变化，当时我对此还有些犹豫，他就立刻板起面孔，似有不悦地说："你怎么可以不相信呢？这不仅是共识，也是一种信仰。"可见，积极减缓和应对气候变化，就快成为一种具有全球共识性的基本规范了。将可持续的内涵视为可持续发展的基本规范，对人类各代成员间的资源分配很有意义。更重要的是，这为发展界定了一个具有共识性的准则，其关键在于：始终强调谋求人类福祉这一前提。

****

联合国可持续发展目标(Sustainable Development Goals，SDGs)或将有助于实现可持续这一基本规范的落地，推动可持续驱动的发展转型和治理创新。

2015年9月，联合国可持续发展峰会在纽约总部召开，193个成员国在峰会上正式通过了17个可持续发展目标。SDGs旨在从2015年到2030年间以综合方式彻底解决社会、经济和环境三个维度的发展问题，转向可持续发展道路。SDGs肯定了人类社会与生态系统间的相互依赖关系。联合国一直致力于促进经济发展、社会发展与可持续的统一，而SDGs将三者纳入同一“可持续发展议程”中，标志着联合国在可持续驱动发展方面的历史性转折。

SDGs的出现带来了全球治理的新挑战，即通过目标进行全球治理。SDGs的特点在于，它首先设定了各个目标及其子目标，而没有强调其在全球层面上的实现机制。这种方法与传统意义上的“规则治理”形成了鲜明对比：规则的制定往往一开始并不关注我们需要实现什么样的治理目标或状态，即可持续发展的基本规范——可持续。“规则治理”尽管重要，但我们更应认识到，仅凭这种方法并不能实现可持续的发展转型。我们在应对贫困与饥饿问题的同时，还应解决气候变化、生物多样性问题。也就是说，意识到我们应实现什么样的目标，与思考我们该如何采取行动，是同等重要的。那么，怎样才能保证SDGs成为一项以可持续为基本规范，从而改变人类行为的手段呢？

我们可以将SDGs分为两个阶段：目标设定和目标实现。就目标设定阶段而言，主要挑战在于制定目标的方式——既要考虑人类行为对地球系统可能造成的根本性影响，也要强调人类继续为“永续保留享受美好生活的机会”共同努力的重要性。以消除贫困、消除饥饿、确保优质教育、实现性别平等、确保食品和水资源安全、改善人类健康、遏制生物多样性损失等为切入点，转变发展模式，将SDGs作为一个非常重要的创新政策来对待，同时保证生态和生产的可持续。

而在目标实现阶段，关键挑战则在于：坚持可持续发展目标所要求的方向，对人类活动进行有效引导。这就需要各方认同可持续发展的基本规范，对可持续思想的规范本质达成共识，以及配备相应的自我治理与政府行为。因此，可持续发展的艺术就在于它的基本规范，换句话说，就是一门治理的艺术——国际社会共同阐明并遵守公认的合作条款，创造有利于人们“永续保留享受美好生活的机会”的治理体系。那么，以SDGs为例，通过目标实现全球治理，是一个怎样的形式，又具有什么特点呢？

庆应义塾大学的蟹江宪史(Norichika Kanie)教授和乌得勒支大学的弗兰克·比尔曼(Frank Biermann)教授是全球可持续发展治理领域的专家。他们的著作，对以上问题进行了探索。

第一，目标治理与国际法律体系是脱离的。SDGs没有法律约束力。因此，各国政府没有法律义务将SDGs正式纳入国家法律体系。然而，这并不妨碍某些可持续发展目标有可能成为正式法律制度的一部分。例如，在SDGs中，关注气候变化的“目标13”基本上参照了具有法律约束力的《联合国气候变化框架公约》以及《巴黎协定》。目标治理的核心其实是可衡量性，而不是法律制度。通过使用指标进行量化测度，各国间可以相互进行比较。让各国自由实现可持续发展的目标及其子目标，同时量化和比较各国进展，是目标治理的一大特色。

第二，目标治理将通过特定的机构发挥作用。在全球层面，监督可持续发展目标实施的机构并不清晰，现由可持续发展高级别政治论坛履行相应职责。而该论坛是新设立的，其有效性仍有待证明。不过，这并不意味着可持续发展目标难以执行。因为目标的实施必须征得各国政府的同意，而各国的制度存在较大的差异，因此具有法律约束力的全球多边协议未必能够产生正面的效果。

第三，目标设定具有包容性与全面性。SDGs既涉及工业化国家，又包含发展中国家。就其界定的范围而言，北美、欧洲、东亚和大洋洲的很多国家都成了“发展中国家”。这些国家必须提出计划，使其社会向更可持续的道路转变。SDGs涵盖了整个可持续领域，既包括消除贫穷和消除饥饿，也强调社会治理和环境保护。并且，这不是由联合国官员制定的目标清单，而是一个具有更广泛共识的目标治理体系。

第四，目标治理为各国的选择和偏好提供了较大的灵活性。尽管为落实 17 项可持续发展目标，SDGs 在全球层面设定了不少于 169 项的子目标，但其中多数目标都是定性的，这为各国政府实现目标提供了最大的自由。即使是定量且被明确界定的子目标，各国政府在解释和执行目标时也拥有最大程度的自由。

当然，SDGs 仍存在很多问题，例如体制监督薄弱、国家执行灵活程度高、全球愿景不具约束力等，但这并不意味着我们以消极、悲观的态度看待它。相反，我们确实看到了通过目标实现全球治理战略的发展潜力，正如 SDGs 所呈现的那样，通过公共政策和个人努力以实现可持续驱动的发展转型和治理创新。

****

量化测度和分析评估是目标治理的重要手段。任何由目标与子目标构成的治理系统，其基础都应该是量化工作。

可持续经济福利(也有学者称之为可持续发展福利)的量化测度，本质上属于社会治理范畴，即帮助人们定量地表达和记录复杂的社会生态系统各层面的发展情况。在可持续大背景下看待量化，不仅要认识到它在议程制定、政策实施和自我评估等方面的作用，也要从政治和政策的角度进行理解。可持续经济福利的量化工作可以将治理的重心转移到目标实现的组合上。当各参与主体在一系列子目标上达成一致，并同意将量化体系作为实施工作的一部分时，可持续的总体意图和愿景便可通过社会治理落实到具体的实践中去。

过去 50 年，全球经济活动持续增加，GDP 增速更是惊人。不言而喻，经济的发展已经极大地改善了全球数亿人口的物质生活水平，有助于提升家庭收入，促进基础设施建设，以及提高政治和社会自由。因此，在标准 GDP 开始核算之前，经济活动就已被用于近似地测度人类福利了。

从历史角度来看，GPI 是在 GDP 的基础上，为弥补 GDP 对于福利水平测度的不足而诞生的。现代福利经济学创始人庇古将国民收入与福利等价，但由于历史原因，缺乏成熟的宏观经济测度体系，导致可持续经济福利的量化工作推迟了近半个世纪。《21 世纪议程》强调了可持续经济福利的量化，尤其是指标的重要性。自 20 世纪 80

年代后期，人类逐步认识到这一点，并将其发展成为全球性运动。2012年联合国发展大会会议报告也强调，“指标是后续工作的捷径和要素”。不仅政府和公众对可持续经济福利的量化问题表示关注，私人部门也通过民间组织和联合报告等途径跟踪、发布相关的指标。

其中一个重要的指标就是GPI，这是近年提出的旨在重点探究可持续经济福利的一种指标体系。GPI通常由大约20个独立的成本和收益项目组成，把GDP增长所带来的广泛影响统合成单一的货币化指标。这样一来，GPI就会尽可能囊括经济、社会、环境三大领域的成本和收益。GPI和可持续经济福利指标(The Index of Sustainable Economic Welfare，ISEW)在衡量可持续方面有一定的一致性，而GPI在一些指标设置上有所改进，比如增加了犯罪、家庭破裂、就业不足等，并且减少了复杂性，更容易为大众所接受。

GPI要反映的是以消费为基础的福利，因此在指标设置上，比GDP包含了更多的消费方向的影响因素。在测算方法上，GPI与其他衡量可持续经济福利的指标相比，也更加突出个人消费支出对福利的影响。此外，GPI更倾向于遵循强可持续原则，在指标设置和测算方法中，将人造资本和自然资本进行了明确区分。实际上，GPI既支持、延用了GDP计算过程中的某些统计方法，也估算了大量未被市场统计的成本和收益项目。

GPI诞生之后，400位著名经济学家、商界领袖及其他相关领域的专家联合发表了一个声明：“由于GDP仅衡量市场活动的数量，而不计算其中社会和生态的成本，因此将之用来衡量真正的繁荣，既不合理，又容易产生误导。政策制定者、经济学家、媒体和国际机构应停止使用GDP作为进步的指标，并公开承认其缺陷。我们的社会，迫切需要新的进步指标来引导，GPI是朝这个方向迈出的重要一步。”

GPI或类似账户的诞生，在当今时代已不可避免，且地位日趋重要。GDP如果不能得到改良，就必将退回到宏观经济的领域中去，其衡量经济社会进步的功能将被新的指标取代。而在这些新指标中，GPI无疑是目前最具竞争力的一个。GPI通过重新测算以往被忽视的社会和环境因素，将有助于测度可持续经济福利。而其之所以被选为测度可持续经济福利的综合性指标，是因为其采用了科学的方法。这些方法能够被更多的国家和地区采用，并且随着时间的推移更便于比较。比如，弗林德斯大学的菲利普·劳（Philip Lawn）教授和迪肯大学的马修·克拉克（Matthew Clarke）教授所著的两本书中曾分别测度、比较亚太地区各国和澳大利亚各地区的GPI；香港浸会大学的戴高德（Claudio O. Delang）教授和余一航（Yi-hang Yu）研究员所著的书中曾测度、比较中国香港特别行政区和新加坡的GPI。

总体来看，GPI虽然还存在一些不足，但其理论基础不断加强，接受范围越来越广，应用程度越来越深，是目前为止衡量可持续经济福利的最好指标。同时，关于GPI的新探索不断开展，相关学科快速进步，也使其有条件建立更加有效的指标体系，获得更加优质的数据资源，找到更加合理的测算方法。可以预见，随着经济水平的提升，人类对福利状况的关注必将不断增加，对社会与环境因素必将愈发重视，GPI的重要性必将日益显著。

****

重新回到我们一直强调的可持续概念上来，即“永续保留享受美好生活的机会”。要兑现这个承诺，就需要建构以可持续为基本规范的发展逻辑，将SDGs作为可持续驱动发展转型的载体，通过目标进行治理创新，利用以GPI为代表的量化工具推动治理目标的实现。

对于我国而言，实现可持续，需要与国情相结合。一是要坚持走绿色发展道路，以可持续规范本质为准则，协调发展与自然系统间的关系；二是要通过创新实现可持续驱动的发展转型，从资源集约型发展方式转变为依靠人力资本和知识资本的高质量发展。从长远来看，SDGs是推动治理领域接纳更为规范的可持续共同准则的重要载体。在SDGs的基础上，政府可以通过制定相应政策，根据现实需要改革体制机制，推动社会治理创新，以及测算可持续经济福利指标——GPI等方式，沿着可持续驱动的发展与治理之路前行。

“真实进步指标（GPI）译丛”包含的六部著作从可持续理论、可持续发展目标、GPI 的理论与应用等维度出发，全面、系统地对可持续及其驱动的发展转型与治理创新问题展开了严肃论述，向广大读者展现了国际上在可持续与 GPI 研究领域的专业经验。希望丛书的出版能够让更多的中国读者了解新兴、前沿的可持续理论，以及基于此的经济福利测度、社会发展与治理逻辑。最后，书稿成功付梓，要感谢诸位作者的信任，也要感谢北京师范大学同事们的鼎力支持。由衷希望丛书的内容能够对大家有所启发，并推动中国 GPI 理论研究与实践的更好开展。

关成华

2020 年 2 月于北京师范大学

中文版序

踵事增华：人们梦想拥有一个稳定而和谐的社会，希望在自己及子孙拥有美好生活的同时，亦可确保他人在未来也拥有同样的生活；人们希望过上可持续的好生活，拥有清洁的空气、稳定的气候及安全的食物和饮用水，不用担心冲突、动荡和腐败的发生，也无须忧虑个人品质和合作规范信仰体系的丧失，因为这些个人品质与合作规范对建立一个幸福、和谐的社会来说至关重要。

本书旨在探讨美好生活的内在含义，阐述人类对环境的破坏和对财富的无限追求行为将怎样危及美好生活。不同文化中的学者对构成美好生活重要元素的理解是一致的。如果我们也能认识到这一点，那么实现人与自然和谐相处的美好生活将变为可能。

本书介绍了当代科学领域一项关于幸福心理学的重要研究。该研究是由我在罗切斯特大学的同事理查德·瑞安(Richard Ryan)、爱德华·德西(Edward Deci)主持的。他们在该领域的研究已持续长达 40 多年时间，并建立了包括中国在内的 39 个国家共计 500 个合作者组成的研究网络。他们的一项核心发现是，个人幸福体验主要受基本心理需求满意度的制约和影响，这些基本心理需求包括自我能力感知、个人决断力及积极的个人社会关系。这些需求是普遍存在的，且在对不同文化背景和人生阶段的多项研究中得到了观测和验证。这些基本心理需求解释了人们需求和为之奋争的许多方面，比如对获得尊重和社会地位的普遍追求，因竞争激烈和缺乏公共精神而引发的不幸福感，以及对利他主义和其他善行的高度认同和奖赏。

相关研究的结论也表明了追求可持续的重要意义：追求适度的物质财富和摆脱贫困很重要；不过，相对于将追求个人财富、社会地位和自我形象作为生活目标，积极开发个人兴趣与天赋、热切培育亲友关系及乐于助人更容易予人以幸福感。西方社会确实积累了无限财富，但并未普遍提升人们的幸福水平。事实上，随着财富的增加和不平等现象的加剧，人们不得不越发痛苦而焦虑地关注职业安全性和激烈的社会竞争，这样的竞争使生活代价高昂且难以为继。同时，加速消费正在削弱地球提供未来可持续发展机会的能力，而这些又是当代人努力想为子孙后代留下的。这种生活消费模式导致生产技术创新所带来的新工作机会远少于其所毁灭的。过度关注物质财富积累使人类生活系统出现社会、政治和环境层面的失稳效应。

本书从先哲智慧领域挑选了一些古希腊的辩论实例，主要涉及因过度消费和森林砍伐而导致的破坏效应，以及由不平等所引发的社会或政治层面的失稳效应。辩论的主题围绕贪婪、不公正及无休止地追求骄奢糜烂的生活。在那个时期，雅典、斯巴达和罗马通过军事手段获得过短暂的政治稳定，因其可以从殖民地攫取土地和财富来补贴本国穷人。例如，雅典把一大批无地公民派往殖民地，从而无须通过在本国提高个人财富便能达到缩小贫富差距的目的。雅典与斯巴达之间的伯罗奔尼撒战争给这一切画上了句号。这促使雅典的伦理学者们不得不思考，如果不通过战争和经济增长，怎样才能建设一个稳定而和谐的社会。在这些伦理学者中，最有名的莫过于柏拉图和他的学生亚里士多德。他们大力倡导正义、节制和可持续的理念，强调人性的全面发展，主张愉快地享受学习、友谊与公共服务。

亚里士多德对美好生活的理解坚持这样一种理念，即通过受人尊重的、可持续的及自我满足的方式实现个人潜能。当代的幸福心理学研究归纳了三类广义的潜能形式，即社会潜能、智力潜能和生产性/创造性潜能。这些潜能凭借受人尊重的个人品质得以实现，并且在精神和心理层面上与自我能力感知、个人决断力及积极的个人社会关系等这些个体基本需求满意度息息相关。较之于无限追求财富，实现这三种形式的潜能对于幸福而言更加重要，相应的生活习俗也更加符合可持续原则。

中国在减贫方面取得了巨大成就，使亿万民众过上了更优质的生活，所有这些都令人印象深刻。鉴于中国在可再生能源方面取得的巨大进步及对巴黎气候协议做出了郑重承诺，其有望在稳定全球气候、确保子孙后代过上美好生活这一伟大事业中扮演令人鼓舞的引领者的角色。我们撰写此书，旨在让人们更好地理解如何在保证当代人享有美好生活的同时，为子孙留下享受同样权利的机会。我们由衷地希望本书的中文版能够有助于中国人民过上更幸福的生活，同时通过促进更富成效的合作，为已经岌岌可危的地球创造一个更加美好的未来。

瑞达尔·卡伦(Randall Curren)
罗切斯特，纽约
2017年8月

英文版序

什么是可持续？为何它至关重要？大家对可持续的理解是一致的吗？本书的前提就是，可持续非常重要但却被人理解甚少。许多人承认可持续是重要的，但也认为它很难被定义。尽管可持续被认为是一个具有内在规范性的概念，但其规范内容究竟是什么，仍然存在不确定性。本书目的就是要阐明可持续的性质与规范内容：它为何重要，阻碍可持续的因素有哪些，怎样才能实现可持续，以及我们需要做些什么。毫无疑问，这注定是个具有探索性、高度综合性及跨学科性的事业；这份工作是哲学和科学的交叉，需要将二者统筹起来。在过去 7 年里，作为哲学家和科学家，我们两人携手工作，共同探索。为了更大限度地促进人们对于可持续的理解，我们尽可能多地解释了相关基本原则或原理。

可持续关注这样一个问题，即我们当前的生活方式对过好未来生活机会的影响。所以，在我们面对的这个已经超负荷运转的世界中，本书适用于所有关注人类前景的读者——他们自身、他们的孩子及他们在意的任何人。在下一代的培养和教育过程中，我们成年人面临一个尴尬的现实：作为这个世界的代言人，我们必须对在地球上过好生活的前景抱有信心，而且必须相信，我们有能力让后代过好生活，同时不破坏或减少其他人过好生活的前景与机会。这就是可持续所关注的内容：虽然我们相信这个世界充满机会，但我们的生活方式却正在削减这种机会。因此，为了有效地控制损害程度，保护这个世界上和生命中最为珍贵的东西，我们最好能清晰地认识到当前的所作所为。

此书的合作始于2009年年初，哲学家卡伦去圣何塞市拜访地质学家米茨格，当时卡伦刚为英国完成一部关于可持续和教育的政策简本初稿。① 在加州北海岸的这次聚会，使我们持续了大半生的友谊又得到了巩固和提升，我们发现彼此独立开展的工作都越来越聚焦于可持续。我们很快就达成了共识，即克服学科和地域空间的分隔来共同完成一本专著。尽管事实证明，创作过程比我们所预想的时间要长得多。跨学科协作对于理解和应对可持续问题非常关键，我们就此进行的合作也特别令人满意。摆在我们面前的困难是，任何一个单独的学科都不能有效地解决可持续问题。没有任何一门现成的学科能完全胜任这项任务，因此我们仍在共同探索这种必要的跨学科协作。可持续的术语体系、度量和模型、学科领域及课程体系等内容都仍在开发中。这是一项庞大的事业，尽管我们已经取得了一定的进展，但仍任重而道远。我们由衷希望本书的内容有益于所有读者，并有助于可持续工作的深入探讨。

瑞达尔·卡伦(Randall Curren)
罗切斯特，纽约
艾伦·米茨格(Ellen Metzger)
圣何塞，加利福尼亚

---

① Randall Curren, *Education for Sustainable Development: A Philosophical Assessment*, London: PESGB, 2009.

目　录

引　言 / 1

第 1 章　什么是可持续以及它为何重要 / 12

1.1　可持续：基本概念 / 13

1.2　生产可持续与生态可持续 / 20

1.3　生态可持续与生产可持续的衍生物 / 27

1.4　社会政治可持续 / 29

1.5　保留机会与均衡机会：可持续发展的布伦特兰定义 / 31

1.6　不可持续的主要原因和表现 / 33

1.7　结论 / 49

第 2 章　可持续的障碍 / 50

2.1　通过未经协调的个体行动实现可持续所面临的障碍 / 55

2.2　协调的障碍 / 79

2.3　结论 / 86

第 3 章　可持续伦理与正义 / 87

3.1　通向可持续共同伦理 / 88

3.2　政治作为一门可持续的艺术 / 108

3.3　正义理论的背景 / 113

3.4　一种正义理论的概要 / 124

3.5　有利于可持续的全球合作 / 133

3.6　结论 / 134

第 4 章　复杂性与机会的结构 / 136

4.1　正义制度 / 137

4.2　社会政治复杂性与崩溃模型 / 149

4.3 让机会的弧线偏向公平正义 / 171
4.4 结论 / 179
第 5 章 管理复杂性：三个案例研究 / 181
5.1 可持续问题是棘手的吗 / 182
5.2 2010 年墨西哥湾石油泄漏：一个值得警醒的案例 / 190
5.3 澳大利亚墨累—达令河流域的水资源治理 / 202
5.4 东南亚湄公河地区的粮食和农业 / 213
5.5 结论 / 219
第 6 章 可持续教育 / 221
6.1 联合国教科文组织的可持续发展教育十年计划(DESD) / 224
6.2 ESD 的实施 / 228
6.3 美国的情况 / 230
6.4 对 ESD 的学术批评 / 237
6.5 对这些批评的回应 / 239
6.6 为什么所有的孩子都有权接受 EiS / 243
6.7 提供 EiS：道德理由与审慎原则 / 246
6.8 课程与教学建议 / 248
6.9 EiS 的伦理部分 / 253
结论：机会的承诺 / 258
参考文献 / 260

引　言

本书的主要目的并不是简单汇总各个领域关于可持续研究的不同观点，而是更加系统地探索，尤其是从规范化的角度澄清可持续的概念体系。本书旨在阐明可持续的本质、形式和价值，进一步调查相关问题，归纳实现可持续的主要障碍，找出克服这些障碍的努力方向，并且从政府、组织和个人的经验教训中，来重申可持续伦理的重要意义。本书聚焦于美好生活所必备的要素，概述了一个公正与正义制度的理论，阐明了可持续的规范化核心内涵：永续保留享受美好生活的机会。在讨论了正义制度及其他机构，如工作场所、学校尤其是相关学术机构的基本职责以后，本书着重阐述了社会日益增长的复杂性，以及由竞争驱动的社会政治系统复杂性所带来的成本和危害。同时，本书通过关于能源、水资源和食品的三个案例研究来阐明许多关键思想，并以此强调可持续领域中教育的前景与意义。

技术创新对于可持续是非常必要的，但还远远不够。本书总体结论是：不可持续的根本原因是社会协同方面出了问题。要合法及有效地解决社会协同问题，需要各方对可持续合作准则的认同、对可持续问题的本质达成共识，以及广泛的自我治理与政府行为。因此，可持续的艺术，即本书所倡导的“永续保留享受美好生活的机会”，从本质上来讲，就是一门治理的艺术：阐明并遵守公平的合作条款，创造有利于人们过好现在与未来生活的制度体系，包括可以提供必要的理解力、能力与合作美德的教育制度。

人们对可持续问题越来越感兴趣，但对于可持续的本质、规范和系统特征的了解却付之阙如。公众对可持续相关事物表现出的兴趣，显然与可持续领域发表的科研成果息息相关。这些成果主要关注气候变化、海平面上升、水资源压力，以及与水资源管理、可持续能源和食品、人类足迹、环境退化和物种大规模灭绝等相关的伦理学和经济学问题。① 人们已经清醒地认识到，人类行为对其所依赖的自然系统产生了破坏性的影响，这种情况也被用于解释人类与自然系统间复杂交互活动的可持续科学所证明。② 解决这个问题，需要依靠多学科领域的知识和研究框架，例如方兴未艾的、跨学科领域的可持续科学。从全球、国家和地区层面上的诸多气候与可持续倡议中都可发现这一点，从京都议定书气候谈判到联合国的可持续发展教育十年计划。然而，尽管各界都认为可持续非常重要，但

---

① David Archer, *The Long Thaw: How Humans Are Changing the Next 100, 000 Years of Earth's Climate*, Princeton, NJ: Princeton University Press, 2009; Justin Gillis, "U. S. Climate Has Already Changed, Study Finds, Citing Heat and Floods," *New York Times*, May 7, 2014, pp. A1, 13; Michael J. Graetz, *The End of Energy: The Unmaking of America's Environment, Security, and Independence*, Cambridge, MA: MIT Press, 2013; Wil S. Hylton, "Broken Heartland: The Looming Collapse of Agriculture on the Great Plains," *Harper's Magazine* 325, no. 1946, July 2012, pp. 25-35; Bill McKibben, "The Pope and the Planet," *New York Review of Books* 62, no. 13, August 13, 2015, pp. 40-42; Suzanne Moser and Maxwell T. Boykoff, eds., *Successful Adaptation to Climate Change*, London: Routledge, 2013; Adam Nagourney, Jack Healy, and Nelson D. Schwertz, "California Image vs. Dry Reality," *New York Times*, April 5, 2015, pp. A1, 18-19; Jeffrey Sachs, *The Age of Sustainable Development*, New York: Columbia University Press, 2015; and Gernot Wagner and Martin L. Weitzman, *Climate Shock: The Economic Consequences of a Hotter Planet*, Princeton, NJ: Princeton University Press, 2015.

② Thaddeus R. Miller, *Reconstructing Sustainability Science*, London: Routledge, 2014; Bert J. M. de Vries, *Sustainability Science*, Cambridge: Cambridge University Press, 2013; Hiroshi Komiyama and Kazuhiko Takeuchi, "Sustainability Science: Building a New Discipline," *Sustainability Science* 1, no. 1, October 2006, pp. 1-6, http://www.springerlink.com/content/214j253h82xh7342/fulltext.html; and Eli Lazarus, "Tracked Changes," *Nature* 529, January 2016, p. 429.

可持续对他们而言仍然是一个在语义上和规范性上都含糊不清的概念。可以说，建立一套科学的表达方式来传递哲学与伦理学方面的框架体系以描述可持续含义是非常必要的。有了这样的框架体系，不管是帮助我们理解地球的自然科学家，还是帮助我们理解社会制度体系的社会学家，抑或是寻求可持续增长的政策制定者，甚至是那些希望过上美好生活的普通大众，都能从对可持续的伦理解释中大大受益。

本书第1章旨在阐明可持续理念，即“什么是可持续以及它为何重要”。为了达到此目标，我们需要强化对可持续规范本质的逻辑自洽及伦理认同的理解。我们将集中讨论基于生态概念的可持续与规范本质，并区分其他一些被广泛讨论和运用于生活中、常被混淆且带有价值偏向的可持续概念。这种方式的优点就是，它不仅能够详细地探究可持续的伦理本质，而且有助于更详细地探究人们所关注的可持续不同形式之间的关系。重要的是，追求可持续，需要对其概念框架做出清晰的规范化定义，同时该概念框架还应具备较强的可操作性，以指导政策和测度进展。

当然，定义可持续概念框架有不同的方法，各具优点。这些定义，词汇可多可少，规范可松可严，可更侧重于分析性或更倾向于描述性。不过，我们需要一套更完整的可持续概念框架，它可以更好地、更有效地、多方位地描述可持续的内在特征，以及在不同情况下如何使用该概念。① 一个纯粹的规范定义是用来界定一个新的学术用语的，而一个中等强度的规范定义只能在已有的学术用语基础上做适度调整或重构，使其更具有完备性。我们认为，关于可持续的概念描述应该是行动导向的，具体的语言和表述可根据我们采取行动的原因对现有定义进行适度调整。这种通过区分动机来定义可持续的概念，也和我们一直倡导的“永续保留享受美好生活的机

---

① 这实质上是肯特·波特尼(Kent Portney)的方法，参见：Kent Portney, *Sustainability*, Cambridge, MA: MIT Press, 2015, chap. 1, “The Concepts of Sustainability”.

会”的理念如出一辙。

鉴于可持续从根本上关注的是生态系统健康和人类代际公平，我们区分了生态可持续、生产（或环境）可持续和社会政治可持续，随后又定义了一些符合可持续概念要求并有助于完善其内在本质的衍生概念体系。我们把可持续的核心标准定义为“永续保留享受美好生活的机会”，并以此标准来解释可持续的重要意义，甄别那些导致或者破坏可持续（机会）的动因和行为。特别需要注意的是，我们并没有按照传统的布伦特兰（Brundtland）方式来定义可持续发展，同时也拒绝采用与社会正义和民主思想相关的泛化概念和趋势判断来定义可持续。这就使得我们的定义是一个跨时间的、通用的、规范性更强的概念，强调代际公平而不仅仅是当代公平。提供足够的机会过上美满生活，被广泛认为是追求生态可持续的关键要素，也是追求个人权利公平的必然要求。当然，对于这些观点，不能止步于已有的定义，而应更加审慎地进行探究。

第 2 章，“可持续的障碍”。本章识别了一系列阻碍可持续的相关人类因素，可以加深人们对可持续挑战概念的理解，并阐述了如何通过必要的手段克服这些挑战。根据第 1 章介绍的有关可持续的定义，人的属性、实践活动、规范、环境、结构、文化、机构、人文系统及政策等都可能有利于或不利于可持续，所有这些不利因素构成了实现可持续的重大障碍。我们对那些未经协调的个体行为在实现可持续方面的障碍进行了调查，并得到了相关结论：经过协调的公众集体努力是克服可持续障碍的重要手段。我们也进一步探究了那些阻碍公众合作的障碍，这些障碍包括：消费足迹强度的结构性决定因素，文化和社会因素，公共知识的系统性失灵，人类认知、情感和动机方面的因素，以及环境治理的局限性。这些障碍的特征表明，克服可持续障碍，不仅需要多尺度和协调一致的公众努力，也需要自组织的团体为全球合作创造条件。基于此，我们的结论是：可持续问题在很大程度上是社会协调的问题，只有在公平、合理的基础上才能充分有效地解决这一问题。追求可持续，需要一个公平的合作条约，包括规范上的公平、实践操作中的公平及相关机构制度的公平。因为强制性(不公平)的治理手段，在管理人类活动及给环境可持续带来的影响和效果方面都是非常有限的。

第3章，“可持续伦理与正义”。在这一章我们将讨论可持续的基本伦理定义，并展示这一可持续的伦理道德标准，直接来源于共同道德标准中的核心承诺，也就是在尊重他人、不伤害他人的基础上做一个合乎理性的自决者。我们之所以将这些承诺视为共同道德①，是基于以下两个原因：首先，传统多元的道德文化及其理论都认可这些承诺，这些承诺非常强烈、普遍和重要，我们有理由认为它们是一种共同的道德规范(common morality)；其次，在英国、美国和加拿大的英美法系国家中，互相尊重、互不伤害他人的行为被作为一条基本的道德规范，是不言自明的，不必写入法律中作为明文规定。虽然从这些共同的道德承诺中获取的可持续伦理定义异于我们对道德局限性的共识性假设，但是它可帮助我们简化实现可持续所需要的文化转型。这种文化转型基于广泛接受的道德和行为准则，服务于共同的人类福祉。

本章任务在于探索一套适合各种文化和国家的道德标准体系，并简短地介绍我们所使用的方法。我们研究的根本前提是在各种不同文化和国家的道德体系中存在一个公认的核心伦理道德价值观，来指导人们的行为规范。这样的说法，会让那些支持道德相对主义的人士感到诧异，毕竟他们认为各个种族和文化的道德体系应该是完全不同的。然而，这种道德相对主义(moral relativists)其实很少被多数哲学家所支持。目前，人们并不清楚那些对最基本道德标准定义的差异，是否源于各地区持久的文化差异。因为对某些具体做法所持有的不同理解和信念，可能是由很多其他原因造成的。此外，即使各地区的基本道德信仰存在一些持久的文化差异，也不能说明不同文化的信仰都是正确的，或者他们的做法都是恰当的；这样的差异不能说明道德现实主义(moral realism)抑或道德自然主义(moral

① Bernard Gert, *Common Morality: Deciding What to Do*, New York: Oxford University Press, 2007.

naturalism)，更不能说明道德规范建构主义(moral constructivism)是错误的。道德现实主义认为，世间存在可以被人类所认知的、客观的道德真理。道德自然主义则进一步声称，这种可被认知的道德真理能对人类好的道德和坏的道德做出区分。道德建构主义则主要介绍一套方法来阐明道德和正义的原则，说明为什么作为人的一些基本条件，可以使接受这些道德和伦理作为人类的一个理性选择，同时也说明在某些严格意义下，是否存在真正正确的道德主张。这三种观点是近几十年来哲学界有关道德规范和判断的主流思想，所有这些思想都与道德相对主义和道德主观主义所倡导的理念相悖。①

我们在第3章中概述的框架是基于道德自然主义和道德建构主义的混合体。我们对人类客观行为活动是好是坏的判断，也是基于数十年来心理学的实证研究。对于可持续原则的基本伦理道德和原则的讨论，也一直都是在道德建构主义的框架下完成的。我们首先定义一些可持续伦理主张的基本美德，并解释这些美德是如何与可持续伦理的原则相互关联的。接下来构建了一个政治的概念，以将其作为一门可持续的艺术，并在古希腊最早的政治理论经典中找到了一些相关的先例。在“正义理论的背景”(Background to a Theory of Justice)一节中，进一步提供了有关约翰·罗尔斯(John Rawls)的建构主义政治哲学思想背景，以及当把它用于解释在不同时期和社会背景下如何过得更好的概念时所产生的局限性。(对政治哲学不太了解的读者，可以参考罗尔斯理论的一般介绍。这部分背景介绍，也有利于读者更好地理解我们所运用的研究方法。本书所用的方法主要源自该理论的背景介绍部分，而对罗尔斯理论的批判则不属于我们关注的主题。)为了更好地理解什么叫作“永续保留享受美好生活

① 基础伦理学教科书，通常就是从审视和放弃道德相对主义和主观主义开始的，参见：James Rachels and Stuart Rachels, *The Elements of Moral Philosophy*, 5th ed., Boston: McGraw-Hill, 2007; Russ Shafer-Landau, *The Fundamentals of Ethics*, New York: Oxford University Press, 2010; and Russ Shafer-Landau, *Whatever Happened to Good and Evil?*, New York: Oxford University Press, 2004.

的机会”，本书运用了普遍接受的正义理论来阐明过上美好生活的必要条件。为了说明这一点，需要理解和运用罗尔斯的建构主义方法论（constructivist methodology）。我们赞同他关于基本自由和权利平等的思想及有关民主制度和某种形式平等机会的倡议，其他则另当别论。

我们认为，人们对他们所处社会的合理期望应该是，力求使所有成员能够过得很好——人们都能过上一种令人尊敬而又自我满足的生活——尤其是一种通过个体能力无法达到的生存状态。实现公平正义，要求一个社会的制度安排应该有助于促进培育过上美好生活所需要的个人素质，同时还应促进个人表达基本心理需求及实现对过上美好生活而言至关重要的其他潜能。我们借鉴当前可持续文献中引用过的、关于导致不利于身体健康和生活满意度因素的研究成果，并以此为基础进一步提出相关理论。这部分内容虽然在文献中有所提及，但并没有展开。① 我们对过好生活普遍必要条件进行了概念化定义，使之便于表述，即人们到底需要什么条件及什么样的制度才能长期过好生活。这将是一个不会随着时间的流逝而改变的概念。更重要的是，持续的经济增长对于过上美好生活而言，并不是非常关键的，二者在概念上也并不兼容。在本章结尾，我们阐述了如何公平、有效地在国内和国际上分配实现可持续过程中产生的合作成本。

第 4 章，“复杂性与机会的结构”。通过采用第 3 章介绍的正义

---

① James Gustave Speth, *The Bridge at the Edge of the World: Capitalism, the Environment, and Crossing from Crisis to Sustainability*, New Haven, CT: Yale University Press, 2008, pp. 126-146, 156-159; and Juliet Schor, *Plenitude: The New Economics of True Wealth*, New York: Penguin, 2010, pp. 176-180. 明显的例外是蒂姆·卡基尔（Tim Kasser），他既参与了斯佩斯（Speth）、肖尔（Schor）等人的基础心理学研究，也是从事可持续问题研究的作家，参见：Tim Kasser, *The High Price of Materialism*, Cambridge, MA: MIT Press, 2002; and Tim Kasser and Allen Kanner, *Psychology and Consumer Culture: The Struggle for a Good Life in a Materialistic World*, 2nd ed., Washington, DC: American Psychological Association, 2013.

理论，我们对个人和集体福祉的三类基本机构进行评价，这三类机构分别为认知或者知识生产类的机构、教育或者人格养成类的机构、工作场所。在这些机构中，人们参与那些在一定程度上体现美好生活的活动来展现其个人素养。我们首先解释这些机构。从理论上来说，这些机构应该作为可持续提供过好生活机会的实体而存在。其次，我们进一步考虑这些机构如何在当代日益复杂的社会中起到实际作用。这就扩大并加深了从第1章开始就存在并贯穿第2章和第3章的对现有机构的批评。最后，我们进一步建议如何通过改革，让这三种作为基本存在形式的机构能更适应可持续新环境，例如：通过更好地推进问题驱动的合作研究和“完全交易透明”，将关注重点从货币回报和物质生产转移到员工满意度上来；或者通过改革来限制长期机会结构走到生态破坏型、能源密集型及分层化更严重的道路上去。本章包括了对普通教育和职业认证综合层级体系及美国追求机会公平方式的批判。这种批判的结果就是：推动形成了机会保留原则(preservation of opportunity principle)，其中包括一种从系统上、道德上和心理上对于机会的正确理解，并对机会的数量和质量进行了跨代比较(这一点和罗尔斯的理论有所不同)。

复杂性的增长，对于可持续与机会保留产生很大影响。它改变了机会的结构，创造了新的并且有益的机会，但是也增加了社会和经济分层的现象，增加了能源、物质、教育和协调的成本。因此，它对促进机会平等的传统思想提出了挑战，并进一步强化了这种观点，即要想完全概念化可持续或长期保留过好生活的机会，就需要了解究竟什么才是过好生活所必需的。增长的极限，是讨论可持续必然会涉及的内容。尽管多年来我们一直呼吁关注可持续发展教育问题，但实质上经济和教育体系增长之间的系统性关联问题却很少被讨论。为了填补研究空白，我们运用分析社会政治复杂性与崩溃特性的模型，探讨了学校和工作场所是如何进行衔接的，并且提出了一种比美国市场文凭主义(market credentialism)更为公平的替代方法。对社会经济与教育复杂性问题的应对，有助于为如何做到永续保留享受美好生活的机会提供建设性意见，并且颠覆了我们对经济和教育投入边际收益递减的传统认识。

第 4 章的主题反映了我们的立场，即与长期(历时性)机会保留有关的可持续的定义，不应被纳入共时性的社会道德标准。这样的立场再次凸显了我们关于如何成功实现可持续的论点，即要想实现环境可持续，就需要许多制度与系统，这些制度和系统必须有利于保护未来机会的生态基础、有利于提供公平的机会，并且是持久的或者说在社会政治上是可持续的。那些规范人们行为的制度，需要从更长远的视角来协调当下与未来的机会分配。

第 5 章，“管理复杂性：三个案例研究”，我们将可持续问题认定为系统性行动问题(systemic action problem)，并通过能源、水资源和食品系统管理这三个案例来阐述复杂性管理工作。我们选择了与能源、水资源和食品有关的案例进行研究，因为这些案例对于气候不稳定这一话题而言更加具有代表性且彼此之间存在互相作用的关系。我们首先研究一个被广泛讨论并接受的观点，那就是可持续问题属于“棘手问题”(wicked problems)，并以此得出结论，即通过系统性行动的思路和方法，能够更清楚地让我们了解可持续问题的性质，以及如何有效管理这一问题。通过这样的方式，我们汇集了前几章的主题和观点，并以此给出了一些具有代表性的案例，例如，2010 年墨西哥湾石油泄漏事件、澳大利亚国家水资源管理体系及东南亚湄公河区域粮食生产格局不断变化的实证研究。这些案例的进展，从地方和区域到国家和国际角度来看，都或多或少与水资源、食品和能源系统有着某种形式的关联。这种水—食品—能源关联(water-food-energy nexus)也是人们经常讨论的话题。

墨西哥湾的漏油案例可以从多方位体现第 1 章和第 4 章中介绍的关于可持续、复杂性和能源系统的重要思想，以及关于如何治理和协调多方面专业知识和工作的经验教训。该案例涉及能源和食物系统如何在同一个水生态区域中进行风险管理。第二个案例则是研究澳大利亚国家水资源管理体系的建立、成功运作和局限性及其如何成功缓解干旱的压力。通过本案例我们可以得到一些有益的经验与教训，例如，主管部门在规模效应下可获得的好处，协调各方利益并促成各方达成协议和长期合作中所涉及的困难，不可替代生活必需品的市场管理体系所呈现的优势和局限性，以及如何形成可协调水资源、食品和能源的跨部门管理模式。第三个案例是关于东南亚湄公河地区的粮食和农业发展研究，主要是为了体现和第二个案例相同的观点，但更侧重讨论关于如何解决六个国家都依赖的河流系统的粮食生产问题。这是一个快速流通的地区，在该地区，新的增长模式和传统生活方式之间相互矛盾，进而导致在如何对待现有和未来机会保留的问题上出现了很多分歧。

第 6 章，“可持续教育”。本章主要说明如何通过教育手段，让个人和社会都具备有助于可持续的相关知识、技能和美德，更多地倡导一些可供推广的基本规定和约束性规范。在许多方面，我们挑战了现行做法，提出了一套能够对学生持续有用的课程安排。同时概述了可持续教育的现状、教育政策及实践状况，并大体定义了未来该领域的创新和发展方向。本章还着重讨论了关于联合国教科文组织可持续发展教育(education for sustainable development，ESD)的各种批判性观点：该教育是否被明确定义？是否有一致认同的教育标准？是否规定太过严格？是否包含适当的教育形式？它是否建立在合理的教育概念基础上？这些问题，旨在为可持续教育(education in sustainability，EiS)构建一个令人满意的课程体系。在区分可持续发展(sustainable development，SD)和可持续的概念差异之后，我们简单地介绍了可持续教育(EiS)，而不是可持续发展教育(ESD)；同时指出，合理的可持续教育包括一种有益于全球合作的发展教育(development education，DE)，以及有助于实现国际公平的举措。进一步，我们认为，一种合理的 EiS 不仅合法合规，而且还是不可或缺的。

这个论据是基于第 3 章和第 4 章中有关公平正义、人类福祉和教育互相关联的总体叙述。当前生活方式的不可持续，是各个国家和地区的学生都必须面对的一个重大问题，我们认为，他们有权并应该接受可持续教育，在目前生态与社会风险日益增长的环境下拥有各种机遇。对促进可持续的全球合作来说，道德理由和谨慎原则都必不可少；我们认为，通过合作来推进可持续，也会使 EiS 更容易被大多数国家和地区所接受。我们提出一套系统性的课程，整合了交互系统的动态演化、问题解决方法、批判性与创造性思维及全球公民基础教育，进而将这些都融合到一起，通过讨论实际生活中的问题来促进学生学习。回到第 3 章和第 4 章的主题，我们认为，如果可以提供给学生更好的、有关可持续的教育机会与体系，那么可持续教育将会产生更大、更深远的影响。

本书的结论将回到我们一直强调的主题和观点上来，即我们应该给我们的后代提供过上美好生活的机会，使他们能够生存下去，并且保证他们的后代也能获得同样的机会。要兑现我们的这个承诺，就需要我们对下一代进行良好的教育，同时推进多方位的改革，包括制度、系统、结构、政策及具体的人类活动(依赖于自然基础)。概言之，我们不仅提出了简单具体的政策建议，还抽象概括出了实现这些建议的原则规范。

第1章 什么是可持续以及它为何重要

用专业语言来描述，可持续指的是一种人类和非人类福祉长期依赖于自然界的事实，尤其是在人类活动正对我们赖以生存的大自然造成累积且无可挽回的破坏时。不可持续指的是人类的集体生活方式使未来享受美好生活的机会减少。因此，与之相对的就是要维护和保留未来享受美好生活的机会，这也是可持续的首要规范本质。① 更进一步地解释，不管是人类还是非人类，都应该同等拥有享受美好生活的机会。许多伦理学家和道德理论家认为，为有知觉能力的非人类生物创造过得更好的机会在道德上是重要的。虽然这

---

① Brian Barry, "Sustainability and Intergenerational Justice," in *Environmental Ethics*, ed. A. Light and H. Rolston III, Malden, MA: Blackwell, 2003. 巴里(Barry)写道："可持续的核心概念是……有一些值得保持的价值，就我们的这种权利而言，到无限期的未来"(491)，问题中价值的形式，由需求、机会、生活质量、自由和民主及自然世界的内在价值方面所构成。我们的观点是，这些价值所涉及的框架都围绕着保证生存的更好机会，包括涉及自然世界的内在价值，这可能涉及有意识的非人类生活的机会、作为人类生活更好一个方面的非自然价值或两者兼而有之。这方面参见：William FitzPatrick, "Valuing Nature Non-instrumentally," *Journal of Value Inquiry* 38, 2004. 关于巴里对于在生活水准方面保持中立的讨论，以及作为自然资本或自然资源或自然物质保护的替代方法(性质或措施)，可参见：Andrew Dobson, *Citizenship and the Environment*, Oxford: Oxford University Press, 2003, pp. 147-148, 155-173; Bryan Norton, *Sustainability: A Philosophy of Adaptive Ecosystem Management*, Chicago: Chicago University Press, 2005, pp. 119ff.; Alan Holland, "Sustainability: Should We Start from Here?," in *Fairness and Futurity: Essays on Environmental Sustainability and Social Justice*, ed. Andrew Dobson, Oxford: Oxford University Press, 1999.

些论点很有说服力，但我们还是将本书的重点放在讨论人类的福祉上。毕竟，厘清可持续的本质和伦理标准，对于一本书而言已经是个不小的挑战了。

本章旨在澄清可持续的本质和价值。因为我们认为，弄清可持续的概念和伦理标准，对于人类在追求可持续过程中做出正确决策是必不可少的。我们将定义一系列有关可持续的术语，并阐明一些人们共同关心的、不同形式的可持续概念之间的关系。正如引言中所述，我们的术语和定义表述，都是对已有概念的归纳和再整理。我们的目标不是报告可持续术语在实际生活中的使用情况，而是提供一套准确合理且能够被分析、研究和澄清的术语框架，尤其是在可持续的规范性方面。我们指出了可持续的重要性，并通过对可持续问题的一项调查来传达解决这一问题的紧迫性，这些问题正在破坏我们享受未来美好生活的机会。

1.1　可持续：基本概念

从保证逻辑一致性的角度来看，可持续的相关术语和定义，很大程度上已经被环境保护的相关概念和定义所取代。① 环境保护(environmental conservation)是指负责任地和有效地利用自然资源，接受公共监督，并在一定科学认知的指导下开发资源和保护环境。这个概念长期以来都与环境保存(environmental preservation)对立，后者主要是禁止一切开发荒野地区、栖息地及对物种造成破坏的人类行为。可持续更多关心的是人类福祉，而不是环境保护。但人们在定义可持续时也意识到，人类对自然环境的依赖比对“自然资源”的依赖要更为丰富和复杂。

此外，追求可持续，并不仅仅局限于环境保存策略。气候和洪

---

① 这一转变的显著表现之一是，世界保护联盟(World Conservation Union)在1980年至1991年采用了可持续发展的语言。关于可持续发展一词的历史，参见：Jeremy L. Caradonna, *Sustainability: A History*, Oxford: Oxford University Press, 2014.

水，不能算是可以从自然中移除的“资源”，但是人类可以利用它们，让它们成为人类赖以生存的部分资源。我们知道，这些自然过程正在被人类活动所扰乱(特别是化石燃料的燃烧)，所以我们需要一个比自然资源定义更广泛的概念。我们也知道，人类活动的影响是全球性的、长期积累的，显然也是持续的。我们目前的活动对全球气候和海洋环境的影响将持续一万年左右。更严重的是，这些活动对生物多样性的影响范围将是前者的数十倍以上。因此，关于可持续，我们需要重新定义人类对自然的依赖和联系等概念。诸如自然资本(natural capital)和生态足迹(ecological footprint)已经被广泛用于对这种依赖形式的描述，并以一种易于理解的方式来表达这种过度依赖的程度。生态足迹分析(ecological footprint analysis，EFA)能否被作为政策基础曾引起激烈的讨论，但是用 EFA 来评估人类对自然系统造成的负担已成为一个普遍的研究方法。同时，对我们的研究而言，从 EFA 开始也是一个很好的选择。①

经济资本，也就是“某种资产形式的存货，即在未来可以产生一系列价值的商品或服务”。罗伯特·科斯塔兹(Robert Costanza)和赫曼·戴利(Herman Daly)将自然资本(natural capital，NC)定义为，在未来可以产生一系列价值(或自然收入)的自然资产，例如“树木或鱼群”每年都可以产生相当规模的新树木或新鱼群。② 他们将自然资

---

① Thomas Wiedmann and John Barrett, “A Review of the Ecological Footprint Indicator—Perceptions and Methods,” *Sustainability* 2 (2010); L. Blomqvist et al., “Does the Shoe Fit? Real versus Imagined Ecological Footprints,” *PLoS Biology*, 11, no. 119, 2013, doi:10.1371/journal.pbio.1001700; William E. Rees and Mathias Wackernagel, “The Shoe Fits, but the Footprint Is Larger than Earth,” *PLoS Biology*, 11, no. 11, 2013, doi:10.1371/journal.pbio.1001701; Jeroen C. van den Bergh and Fabio Grazi, “Reply to the First Systematic Response by the Global Footprint Network to Criticism: A Real Debate Finally?,” *Ecological Indicators* 58, 2015. 有关足迹分析的资源，参见全球足迹网站：http://www.footprintnetwork.org.

② Robert Costanza and Herman Daly, “Natural Capital and Sustainable Development,” *Conservation Biology*, 6, no. 1, 1992, p. 38.

本、生产资本(manufactured capital，MC)和人力资本(human capital，HC)进行对比，并把它们分为两大类：“活跃且能够自我维持”、可再生的自然资本(renewable natural capital，RNC)和“不活跃或者被动的”、不可再生的自然资本(nonrenewable natural capital，NNC)①。生态系统属于(在有限范围内)能够自我维持且不断生产的单元或 RNC。它们被描述为：提供支持、供应和调节服务的系统，包括营养循环和废物清除，土壤形成，生产食品、燃料和淡水，气候和洪水调节等。它们提供的服务能够产生可提取的资源或食物，包括木材、鱼、饮用水等。相反，化石类碳氢化合物和矿资源是典型被动的、不能提供任何可提取服务的 NNC。含水层活跃部分或不活跃部分(化石水或古土壤的沉积物)在地球系统(水文循环)中的分布程度差异很大，但含水层活跃部分的补充时间要比不活跃部分快很多；那些处在含水层不活跃部分、被用作燃料的碳氢化合物，有时也被归为可补充的(replenishable)自然资本。② 科斯塔

① Robert Costanza and Herman Daly, "Natural Capital and Sustainable Development," *Conservation Biology*, 6, no. 1, 1992, p. 38.

② Mathis Wackernagel and William Rees, *Our Ecological Footprint*, Gabriola Island: New Society, 1996, p. 35. See also Nicky Chambers, Craig Simmons, and Mathias Wackernagel, *Sharing Nature's Interest: Ecological Footprints as an Indicator of Sustainability*, London: Earthscan, 2000. 美国大平原 134 000 平方英里(1 平方英里＝2.589 988 1 平方千米)以下的奥加拉拉(Ogallala)含水层的流量和补给率非常低，以至于这个水域中的大部分水被认为是最后一个冰河时代的古老水资源(“化石水”)。除了天然排放到内布拉斯加州的泉水、溪流和普拉特河外，在 20 世纪 30 年代，通过井来开采水资源成为重要的可实现的手段，被认为是不产生“服务”的被动水库。现在，每年美国所有灌溉的用水中约有 30％的供水量已经在一些地区(特别是得克萨斯州、新墨西哥州和堪萨斯州)下降了 5～6英尺(1 英尺＝0.304 8 米)，或者说，自 20 世纪 90 年代初以来已经下降了 100 英尺。参见：Edwin D. Gutentag et al., *Geohydrology of the High Plains Aquifer in Parts of Colorado, Kansas, Nebraska, New Mexico, Oklahoma, South Dakota, Texas, and Wyoming*, US Geological Survey Professional Paper 1400-B, Washington, DC: US Department of the Interior, 1984, http://pubs.usgs.gov/pp/1400b/report.pdf; and Wil S. Hylton, "Broken Heartland: The Looming Collapse of Agriculture on the Great Plains," *Harper's Magazine* 325, no. 1946, July 2012.

兹(Costanza)和戴利(Daly)并没有直接定义可持续的概念，而是将所有自然资本(TNC，或者 RNC 和 NNC 的综合)定义为“可持续的关键概念”。根据他们的解释，如果人类活动的范围仅局限于自然收入(natural income)之中，或者说目前的产出和服务是通过现有的自然资本得到的，那么在 TNC 不减少的前提下，人类活动是可持续的。①

EFA 就是以这些想法为基础的。它解释了这样一种过程，即任何一种经济活动所需的能源和物质以资源形式从环境中开发经济生产力，最后又以废弃物形式再重新回到环境中去，并将其转化为自然界所需的土地或水域，以支持这些能源和物质产品即产生这种资源和吸收废弃物的系统。② 通过估算地球生物承载力(biocapacity)，即产生有用材料和清除废弃物的能力，我们可以将一个经济体的生态足迹(EF)定义为人类足迹占地球生物承载力的百分比。如果该比例在 100%以上，就代表经济生产的不可持续(unsustainability)，换言之，即产生的材料和服务超过了当前自然资本所能提供的自然收入。通过这种定义，不可持续可被理解为通过削减当前收入创造类生产资本(RNC，或用金融投资的术语来说，即本金)或是削减未投资的储蓄(NNC)来衡量当前总收入的一个环境模型。进一步分析，我们可以用“人口(population)×人均消费(per capita consumption)×占用强度(footprint intensity，一消费单位)”来表示生产能力(throughput)或需求(demand)。同时，用“面积(area)×生物生产率(bioproductivity，一单位面积)”来表示生物承载力或者供给(supply)。而生态超载(ecological overshoot)可以被定义为生产能力超过生物承载力，即需求超过供给。

通过这样的分析，世界野生动物基金会(World Wildlife Fund)

---

① Costanza and Daly, “Natural Capital and Sustainable Development,” pp. 39, 44. 在第 39 页，作者说，“总自然资本(TNC)是可持续发展的关键性思想”，但是，在他们的文章中介绍的环境会计的概念涉及了可持续发展的问题，这个概念也并不依赖于可持续发展与其他发展之间的任何概念上的联系。

② Wackernagel and Rees, *Our Ecological Footprint*, p. 3.

《2014 年生活星球报告》(*Living Planet Report 2014*)计算了 2010 年人类对生活系统的需求(当年数据可获得)。研究表明，人类对生活系统的需求已经超过了地球可再生生物承载力的 150%，也就是说已经完全超过了生态可持续的范围。① 这个估计值是对人类活动系统性风险的广义测量，表现为生态系统活动累积产物的消耗和生物承载力的损失。EFA 的子指标提供了更具体的信息，测度了生物承载力在农业、牲畜放牧业、农林业、捕捞业和碳排放的吸收同化等领域分别被超过的水平，以及人类居住与活动范围内的生物承载力的损失水平。人类碳足迹(carbon footprint)是指可以吸收无法被海洋吸收掉的碳排放所需的森林面积，目前该足迹占人类总体足迹的 53%左右，并且有增长和加快的趋势。② 根据世界野生动物基金会 2005 年的"千禧年生态系统评估"(Millennium Ecosystem Assessment)，世界上 60%的生态系统及其提供的服务因被过度使用而在缩减。③

另一个对可持续进行概念化的重要定义是在 2009 年被引入的。这个定义主要基于地球生物圈子系统中相关联的地球系统资源边界(planetary boundaries，PB)概念，并尝试去识别可能触发非线性、突然中断及不可接受环境变化的某些关键变量的阈值水平(threshold levels)。④ 传统方法主要关注气候变化，并通过可被接受的大气中

---

① World Wildlife Fund, *Living Planet Report 2014: Species and Spaces, People and Places*, Gland, Switzerland: WWF International, 2014, pp. 9ff., http://wwf.panda.org/about_our_earth/all_publications/living_planet_report/.

② Ibid., p. 33.

③ UN Foundation, *The Millennium Ecosystem Assessment*, Geneva: UN Foundation, 2005, http://millenniumassessment.org/en/index.html. 这是由来自 95 个国家和 22 个国家科学院的 1 350 名科学家进行的全面评估。

④ Johan Rockström et al., "A Safe Operating Space for Humanity," *Nature* 461, no. 24, September 2009, p. 472, http://www.nature.com/nature/journal/v461/n7263/full/461472a.html. 评论可在 http://tinyurl.com/planetboundaries 获得。另见：Worldwatch Institute, *State of the World 2013: Is Sustainability Still Possible?*, chaps. 2 and 3, Washington, DC: Island Press, 2013; World Wildlife Fund, *Living Planet Report 2014*, chap. 2.

二氧化碳（CO_2）浓度来衡量可持续。然而，地球边界方法旨在制定一套新的度量模式。它不仅基于气候变化的阈值，还包括了生物多样性损失的速度、从大气中除氮的速度、流入海洋的磷量、平流层臭氧消耗、海洋酸化程度、淡水消耗量、土地改为农田的比率、大气气溶胶承载量和化学污染程度等。这是第一次尝试“全面量化地球系统在稳定的全新世状态（Holocene-like state）之外的安全极限”，全新世（Holocene）是具有极高稳定性的万年地质所形成的环境，也是人类文明存在必不可少的环境。① 这种做法的倡导者坦率地承认，要想定义这些标准的阈值，还必须克服许多科学挑战，但他们有信心解决这个问题，并声称在气候、生物多样性和氮循环方面，目前的水平已经超过了生态可持续的阈值。随着对地球系统取得进一步的科学理解与认识，这个地球边界框架正在被改进，例如，更新了相关的量化指标，同时为一些确定区域和全球边界引入了一种双层次的度量方法，并且强调了相互交叉作用的重要性。② 跨界相互作用的例子有很多，例如，全球气候变化对加速淡水区域消耗的影响，或气候变化与全球分散化学污染导致的相关污染区域生物多样性丧失的影响（如珊瑚礁生态系统中的生物多样性丧失，其主要原因是水温升高，以及吸收大气中的碳而引起的酸化效应）。

与自然资源应该得到有效管理的保护主义思想相反，可持续的概念和观点，强调在支持人类使用自然资源的同时，也需要用明智的管理策略来保护自然资源。对生态系统服务经济价值的准确测量，

---

① Rockström, “A Safe Operating Space for Humanity,” p. 474. 关于地球已进入一个新的人造地质时代的想法，即人类世，可参见：David Biello, *The Unnatural World: The Race to Remake Civilization in Earth's Newest Age*, New York: Scribner, 2016.

② Will Steffen et al., “Planetary Boundaries: Guiding Human Development on a Changing Planet,” *Science* 347, no. 6223, 2015, doi: 10.1126/science.1259855. 作者将他们提供的更新描述为“科学知识长期发展的一步，以宣告和支持全球可持续发展的目标和途径”(8)。

可能有助于环境保存策略的推广，尤其涉及物种保护、栖息地保护和人类生活地的保护。如果在自然界中的直接体验也是人类福祉的一部分，那么环境保护主义者的思想应该也与可持续密切相关。无论是从身心健康贡献的角度，还是从美学、精神上抑或其他方面来理解，都是如此。从可持续的角度来看，自然价值并不仅限于被当作一种资本形式的价值，即使也有很多理由把文化服务当作一种自然资本。① 一些自然对人类生活质量的贡献，可能确实依赖于自然的非工具价值本质。②

不过更重要的是，目前已有数百个指标、指数被用于评估和指导可持续进程。③ 许多指标都涉及地球系统的生物物理状态(biophysical state)。其他一些则是社会、经济方面的，例如，可持续发展目标(sustainable development goals，SDGs；此前被称为"千禧年发展目标"，millennium development goals，MDGs)，以及人类福祉

---

① USDA Forest Service，Pacific Northwest Research Station，"The Healing Effects of Forests，" *Science Daily*，July 26，2010，http://www.sciencedaily.com/releases/2010/07/100723161221.htm；Kathleen D. Moore and Michael P. Nelson，eds.，*Moral Ground：Ethical Action for a Planet in Peril*，San Antonio，TX：Trinity University Press，2010. 关于环境的"文化服务"，参见：World Wildlife Fund，*Living Planet Report 2012：Biodiversity，Biocapacity and Better Choices*，Gland，Switzerland：WWF International，2012，pp. 85-86，http://worldwildlife.org/publications/living-planet-report-2012-biodiversity-biocapacity-and-better-choices.

② 体验有意义的生活，是人类生活的一个方面，这似乎需要人们对所感知和对待的东西的奉献，是有独立价值的，参见：Susan Wolf，*Meaning in Life and Why It Matters*，Princeton，NJ：Princeton University Press，2010；and Randall Curren，"Meaning，Motivation，and the Good，" *Professorial Inaugural Lecture*，Royal Institute of Philosophy，London，January 24，2014，http://www.youtube.com/watch?v=rhjZvbvpJYQ&feature=youtu.be.

③ Thomas Dietz，"Informing Sustainability Science through Advances in Environmental Decision Making and Other Areas of Science"，论文于2016年1月14日至15日在加利福尼亚州欧文市NRC可持续发展科学圆桌会议上提交。http://sites.nationalacademies.org/cs/groups/pgasite/documents/webpage/pga_170344.pdf.

的度量，如国民幸福总值(gross national happiness，GNH)。① 更广义地说，前者关心人类和其他物种所依赖的自然系统的稳定性，而后者则试图取代或抵消引致不可持续行为的错误经济措施，如使用国内生产总值(gross domestic product，GDP)来衡量一国的发展。②

1.2　生产可持续与生态可持续

历史表明，“可持续的”(sustainable)一词可能一直被认为是环境可持续(environmentally sustainable)或生态可持续(ecologically sustainable)的同义词。瓦克纳格尔(Wackernagel)和里斯(Rees)将EFA描述为，提供“理解可持续生态底线(ecological bottom-line)的直观框架”，而EF的理念正与此相符，EF也倡导将生态破坏作为一个可表明人类印记的重大问题来对待。③ 破坏RNC或生物承载力的人类印记，一直是可持续讨论的重要内容之一。可持续也关注人类活动是否能在给定资源供给水平的情况下，通过全球经济来维持能源、材料的使用水平。对于从含水层中提取不断变化的冰川融化水和化石水的依赖，是供给侧生产可持续(supply-side throughput sustainability)面临的重大难题，对从化石碳氢化合物中提取的能源的依赖也同样令人困扰。如果对化石碳氢化合物的依赖不会对下游产生影响的话(如排放的综合废气可以被有效封存)，那么对化石淡水的使

① P. A. Frugoli et al. , “Can Measures of Well-Being and Progress Help Societies to Achieve Sustainable Development?,” *Journal of Cleaner Production* 90, 2015; and Megan F. King, Vivian F. Renó, and Evelyn M. L. M. Novo, “The Concept, Dimensions and Methods of Assessment of Human Well-Being within a Socio-ecological Context: A Literature Review,” *Social Indicators Research* 116, no. 3, 2014. 关于SDGs，见 http://unstats. un. org/sdgs/；关于国民幸福总值指数，见 http://www. gnhcentrebhutan. org/what-is-gnh/the-story-of-gnh/。

② 关于GDP的替代性指标情况，参见：Joseph E. Stiglitz, Amartya Sen, and Jean-Paul Fitousi, *Mismeasuring Our Lives: Why GDP Doesn't Add Up*, New York: The New Press, 2010.

③ Wackernagel and Rees, *Our Ecological Footprint*, p. 57.

用几乎不会对下游产生什么特定的影响，剩下的唯一困扰就是供给侧可持续问题。但这并不意味着，这个问题要比废弃物可持续(waste-side sustainability)问题更糟糕。换句话说，供给侧生产可持续和废弃物生产可持续(waste-side throughput sustainability)之间还是存在差异的。后者仅和生态系统健康程度及生物承载力保护有关，显然是一个生态概念。而前者则更广泛地涉及一系列人类活动所依赖的能量和物质的交换。

根据上述内容，可以将可持续定义为人类在自然总收入(total natural income)约束下进行生活，这并不完全等同于对自然界的生态依赖。可持续单独考虑NNC的消耗，无论这种消耗所造成的供给侧生产的不可持续是否会产生超过生物容量的废弃物同化需求(waster assimilation demand)。因此，EF不是生态可持续或生态超载的概念，后者只与生态系统的稳定性或生物承载力有关。相反，EF所涵盖的是生产可持续、生态超载及环境可持续的概念集合，因为NNC的存储是自然环境的一个重要部分。当人类足迹超过100%的时候，就意味着经济生产总量无法按这个状态无限持续下去，这是因为NNC得不到生物承载力扩大的补偿而慢慢耗尽，也可能是由于生物活性系统(biologically active systems)的收益逐渐削减自然中的运营资本(working capital)和生物承载能力造成的，或者因为废弃物生产量超过同化能力，抑或者是上述所有原因的组合。生产可持续(throughput sustainability)包含大量的生态环境内容，而且对人类文明的未来及由人类文明构成的社会具有重要意义。它也意味着生态可持续，因为它在某种程度上限制了生态系统可以持续生产和吸收废弃物的能力。在生产量方面，一个可持续的文明必将在生态上也是可持续的，但是一个可以维持生态系统可持续的文明并不能保证在经济生产量上的可持续。纯生态措施(purely ecological)只会考虑NNC生产力浪费方面的内容，因为它将严格关注人类活动对生态系统中生物承载能力的依赖和损害程度。与EFA相反，地球边界(planetary boundary)框架是对生态系统可持续或者说生态系统提供人类赖以生存能力的直接概念化与潜在衡量。

我们将首先定义生态可持续、生产可持续和一些相关的衍生概念。为了将这些概念与其他一些经常受人们关注的可持续的概念进行区分，我们将定义社会政治可持续(sociopolitical sustainability)的概念(第3章将分别讨论可持续的伦理和政治问题)。可持续，从本质上来讲，是一个对世界未来状态和生活质量至关重要的规范化概念。[①] 然而，目前却有一种趋势，让那些研究可持续的学者们倾向于将可持续的概念和观点归类到一个大而空的特定伦理问题上去，其所涉及的内容已远远超越了可持续应该表达的范围。他们没有将民主价值观念(democratic values)或社会正义(social justice)视为公共生活的重要本质，并且认为应该以民主的方式来解决可持续问题，抑或说社会正义才是更重要的。这些学者在追求可持续或社会正义的同时，可能会不自觉地将民主制约纳入考虑，或是将其加入到可持续的定义中来。事实上，这些定义已经越俎代庖地探讨了不同形式的可持续性，以及可持续和其他有价值的事物之间的关系。我们赞同在可持续问题中关注民主和正义，或者说公正与民主的制度是我们应该追求的事物之一。但是，可持续与正义和民主之间的联系不应被视为对可持续的定义(definitional)。到目前为止，可持续只涉及"永续保留享受美好生活的机会"这样的根本问题。本书的目标是提供详尽的调查基础，以阐明可持续伦理本质和几种可持续形式之间的联系。

鉴于人类不可避免、广泛而又无限期地依赖于生态系统，故我们将可持续理解为与生活有关的生态系统风险之一，同时，它也与人类活动及非人类活动对大自然系统造成的损害息息相关。在这个基本的概念框架内，从根本上来说，可持续反映的就是人类行为和活动的质量；一些人类集体行为是否是可持续的，取决于这样的行为是否依赖于自然系统的长期稳定性(long-term stability)，这里的长期稳定性可以被理解为"对生物承载力的保留和维持"。

---

① Cf. Norton, *Sustainability*, p. 304.

长期稳定性与自然多样性是相互适应的，但这种稳定性的丧失可能意味着对多样性规范的偏离从而造成的某种偏差，继而可能导致整个人类行为活动的偏差，甚至令其终止（如某些活动的性质和规模）。人类活动导致自然系统的稳定性下降，使得人类集体陷入这样一种困境，即在不得不依赖自然系统的同时又找不到其他可行的替代方案。

我们需要从人类集体（human collectivity）这个概念出发讨论人类总体文明的可持续（在一个相互依赖程度和技术水平都比现有文明更低的世界上，可持续要更容易实现），以及特定文明、社会或是那些依赖特定组合生态系统的小型集体的可持续。仍然不太确定的是，究竟哪些事物符合长期稳定性，这个问题还有待于解决，具体内容则视研究目的而定。但是通过以上方式定义的可持续，与我们所着重关注的对象基本是连贯一致的。在此基础上，我们提供了如下可持续（sustainable）和不可持续（unsustainable）的定义。

• 某些人类集体的整体实践是生态可持续的（ecologically sustainable），当且仅当其符合人类实践活动所依赖的自然系统的长期稳定性时。

• 某些人类集体的整体实践是生态不可持续的（ecologically unsustainable），当且仅当其不符合人类实践活动所依赖的自然系统的长期稳定性时。

我们需要对定义中的整体实践（totality of practices）做些解释。所谓实践（practice），特指那些有组织的、规范化管理的、构成特定文化结构的行为活动。实践构成了特定的行为活动，它们在复杂性和认知的处置方式、能力及理解方面都有很多差异，但其结构和规范为当前活动提供了一种势头或者说前进轨迹（momentum or forward trajectory）。那些与自然系统长期稳定性能够相互兼容的整体实践行为，是指在某段时间内，所有的人类集体活动既考虑到其对自然系统的依赖和影响，又考虑到其结构和规范为活动所带来的势头或前进轨迹。

这种表述允许先前的定义从两个方面判定人类集体的生活方式

是否为生态不可持续的：一方面，通过使用超出其能力的生态系统服务，对其所依赖的生态系统造成毁灭性的损害，这样的人类集体活动可能早已造成了生态过度扩张；另一方面，人类集体活动可能形成一种文化，其中包括有势头或轨迹的实践，使其活动走上不可持续和生态过度扩张的道路。在任何一种情况下，我们都可以合理地将这种人类集体的生活方式描述为不可持续的，并由此得出结论：如果一个文明的活动已经超出了生态系统支持能力的范围并且没有减弱趋势的话，那么这个文明的延续就可能面临着重大风险。如前所述，生态可持续的定义将人类集体划分为可持续的，更多是为了让它既不延续现有的生态过度扩张模式，更不希望它在给定自身实践结构与规范的生态过度扩张道路上越走越远。如果当前正处于这样一种生态过度扩张模式，或者正走向这种生态过度扩张的道路，则人类集体的生活方式将被定义为生态不可持续的。

根据自然系统供应能力，我们可以类似地定义生产或环境(throughput or environmental)可持续与不可持续(sustainability and unsustainability)。

• 生产或环境可持续：某些人类集体行为活动是生产或环境可持续的，当且仅当其所依赖的物质生产量与自然系统的预计供应能力相一致时。

• 生产或环境不可持续：某些人类集体行为活动是生产或环境不可持续的，当且仅当其所依赖的物质生产量与自然系统的预计供应能力不相符时。

与生态系统可持续与不可持续的定义一样，这些定义(整体实践行为和兼容性)的措辞，使它们能够捕捉到“集体生活方式不可持续”的两种不同理解。其一，如果一个活动当前消耗的物质生产量远高于将来自然系统能提供的量，那么它正处于过度扩张或者说超载的状态。其二，即使一个文明尚未达到过度扩张的状态，如果它在当前状态下进一步扩张的话，也有可能是不可持续的。重要的是，自然系统在未来能够提供什么样的资源，即它们的“预计”供应能力，取决于人类实践对自然系统生产能力的破坏程度——这些实践是生产或环境不可持续的。

对遵循“道路”过度扩张的概念做些解释，可能会有所帮助。我们已经说过，实践的结构和规范给当前活动带来了一种势头或前进的轨迹。考虑一下我们的服装、家庭、卫生、交通、娱乐、电话或其他任何被认为是衡量地位或因缺乏面子而导致的蒙羞或丢脸的情况对环境的影响：这些由于各种规范而导致的消费行为，包括服装时尚和个人家居喜好，是如何对环境造成影响的？同样，对于那些复杂的社会习俗，包括成人在社会中需要扮演的角色，如求爱、生育及退休，这些各式各样的由不同社会结构和规范导致的人类行为活动，是否刺激了那些不必要的消费增长？社会和经济地位导致的持续动态竞争，是否会引起支出和消费的不断增长？对人口增长和未来消费增长的依赖，是如何表现在房地产价值、投资收益、债务管理和退休的可能性上的？① 在一个简单的农业社会中，老年人的安全可能来自其拥有大量的孩子，而一个富裕的社会可以为每个退休人员提供足够的退休金，但是同时必须依靠不断增长的经济来填补这些退休金带来的储蓄缺口。这两种方法都表现出不可持续的金字塔式骗局(pyramid schemes)的结构和痕迹，它们依赖不断扩大的基础资源的流动，而当扩张无法继续时，整个结构就会发生从上到下的崩溃。② 当这类骗局是系统性的时候，尤其是在当今时代渐趋一体化的全球文明中，更多参与者

---

① 债务问题，是金融新闻和分析的主要内容：“每个人都认同，减少主权债务的最佳方式是经济增长。经济增长可以带来更多的就业和更多的税收，增加政府收入，从而减少债务占国内生产总值上升的百分比。”参见：Steven Erlanger, “With Prospect of U. S. Slowdown, Europe Fears a Worsening Debt Crisis,” *New York Times*, August 8, 2011, B3.

② 庞氏骗局是一种常见的金字塔骗局。从投资者那里获得的资金实际上不会被用于投资，也不会让投资回报随着投资表现而波动。相反，这样的计划诱使投资者产生自己获得高回报的幻觉，通过从新投资者处获得的资金来直接支付旧投资者的回报，直到不可能招募新投资者来满足旧投资者。在第4章中，我们将详细分析社会系统中金字塔式增长动力学的社会科学模型。

会被源源不断地卷入这个游戏当中，导致其继续快速发展，以至于地球自然系统的局限性成为一个让金字塔不再膨胀的关键限制因素。

值得注意的是，虽然经济增长在某些有限的方面可能有助于环境保护，但人类活动对环境的整体影响与世界经济的增长密切相关。① 经济增长的模式在很大程度上决定了我们所处的发展阶段。

> 当前人类存在的影响是如此之大，以至于如果我们保持目前的做法，只能为我们的子孙后代留下一个地球气候被摧毁、生态系统被毁灭的星球，并且未来将没有任何人口增长或者世界经济增长。只要继续以目前的速度释放温室气体，或者继续损毁生态系统和释放有毒化学物质，那在21世纪的后半叶，地球将不再适合人类生存。但是，人类活动并没有停止于目前的水平——它们正在急剧加速。人类用了很长时间才创造了1950年共约7万亿美元的世界经济；如今，经济活动几乎每10年就可以增长这么多。按目前的增长速度，世界经济在不到20年的时间内就会翻番。②

环境库兹涅茨曲线(Kuznets curve)，是指随着人口规模的增加，直接影响人口数量的污染物排放会趋于下降的现象。但其“对导致排放变化的因素并没有共识”，而且对于其他一些与可持续有关的现

---

① Schor, *Plenitude: The New Economics of True Wealth*, pp. 45ff, 73-75; Speth, *The Bridge at the Edge of the World: Capitalism, the Environment, and Crossing from Crisis to Sustainability*, pp. 46, 55-57; and J. R. McNeill, *Something New under the Sun: An Environmental History of the Twentieth Century World*, New York: W. W. Norton, 2000.

② James Speth, "The Limits of Growth," in *Moral Ground: Ethical Action for a Planet in Peril*, ed. Kathleen Moore and Michael P. Nelson, San Antonio, TX: Trinity University Press, 2010, pp. 3, 6.

象，是否也和直接影响人口数量的污染物遵循相同模式，同样也没有共识。①

1.3　生态可持续与生产可持续的衍生物

当我们说某些事物是可持续的，对其而言意味着什么呢？其实并没有一个明确的定义，尤其是涉及那些没有明确定义的事物，如商业、技术、农业模式及其他类似领域时。一个家庭农场可能完全做得到自给自足，在我们对生态系统与生产可持续的定义框架下，它可以可持续地运行(operate sustainably)，但其仍然需要依赖稳定的气候及其他共享的、潜在的、脆弱的生态服务系统，如植物授粉者。那些被认为是超过其所依赖的生态系统恢复能力的绝大多数人类集体行为活动，都是不可持续的。此外，农业耕作方式，也仅在有限规模和较大人类活动环境中才能持续下去。一般来说，如果特定的做法、技术、系统或机构若能以不破坏其自身或人类集体所依赖自然资本(RNC或TNC)的形式和规模存在的话，在某种程度上，我们可以把它们看作可持续的。在特定文明的背景下，一些做法可以做到与生态系统或生产可持续相适应，无论它们是多么普遍和频繁的实践活动(可能只是思考或走路上班等)，而其他实践活动的可持续(如吃肉或开车上班)可能会受到规模效应、频率的限制，或两者兼而有之。只有前者可以被称

---

① Ahmet Atıl Aşıcı and Sevil Acar, "Does Income Growth Relocate Ecological Footprint?," *Ecological Indicators* 61, 2016; Thomas Dietz, Eugene A. Rosa, and Richard York, "Environmentally Efficient Well-Being: Is There a Kuznets Curve?," *Applied Geography* 32, no. 1, 2012; Andrew K. Jorgenson and Thomas Dietz, "Economic Growth Does Not Reduce the Ecological Intensity of Human Well-Being," *Sustainability Science* 10, no. 1, 2015; and David Stern, "The Environmental Kuznets Curve after 25 Years," CCEP Working Paper 1514, Centre for Climate Economics and Policy, Crawford School of Public Policy, Australian National University, December 2015, https://ccep.crawford.anu.edu.au/sites/default/files/publication/ccep_crawford_anu_edu_au/2016-01/ccep1514_0.pdf.

为可持续的，甚至其所涉及的各种衍生概念也是符合生态可持续或生产可持续的。

如果系统所涉及的活动在不违背整个社会生态可持续的情况下，不能以系统所需要的(required by the system)规模和频率发生，那么从相关衍生意义上来说，系统在生态上可能是不可持续的。例如，目前美国运输系统在生态上就是不可持续的，因为该系统面临的一个重大挑战就是：大多数人将严重依赖消耗石油燃料的个人车辆，而由此导致的温室气体排放速度，与我们所倡导的气候稳定性和有利于海洋化学物质的想法并不相容。就生产而言，目前的美国运输系统同样是不可持续的，因为个人车辆的油耗速度已经远远超过了石油的生产速度，而这仅仅只是考虑了美国的情况。在符合上述条件的前提下，企业是否符合生态可持续和生产可持续，或者说兼容度如何，无疑对企业如何发展至关重要。

同样，分析哪些因素有利于(conducive to)生态可持续或生产可持续是很重要的，我们可以进一步基于先前对可持续的定义来明确相关的衍生概念。

• 有利于可持续(sustainability conducive)的定义：人的品质、属性、实践、规范、环境、结构、文化、机构、系统或政策是有利于可持续的，当且仅当其在世界现存状态中的范围内起到保护或促进生态可持续和生产可持续的作用。①

将对可持续的有用性(conduciveness to)和与可持续的兼容性(compatibility with)区别开来的关键在于，后者涉及相关活动，或者我们可以将其视为与可持续相关的一级活动；而前者则涉及那些创造和规范这些活动的内容，我们称之为实践行为、社会制度和环境(如城市景观)，以及相关的监管或二级活动形式。这些行为大多源自受非正式人际关系指导和制度化的奖励结构模式，以及政府监管工作和他们所成立的相关职能部门与岗位。品格美德和职业操守属于人类属性和实践规范的范畴，它们从某种程度上来说都可能

---

① 这一定义也适用于判别某个社会不同方面是否可持续的范畴。

有利于可持续。

通常情况下，我们有可能通过合适的方法和已有信息，来判断某种行动方式是否与可持续更相容(compatible)，或者一种监管结构及构架是否比另一种更有利于(more conducive)可持续。从全面系统效应的角度来说(包括自然和社会两个层面)，我们可能无法量化决策或项目所涉及的生态系统服务的全部价值，但是对不同行为活动和监管机构①，仍然可以通过合理恰当的比较而得出有价值的判断和结论。我们总可以找到一些理由来支持以下这些观点：较之于开发湿地，保护湿地更符合可持续或者说与可持续更兼容；雨水径流程度较低和工作生活一体化的城市建设风格更有利于可持续。

1.4　社会政治可持续

许多关于可持续的论述掩盖了一个事实，即机构、社会系统和社会政治制度可能是不可持续的；而且可能由于一些和政治弱相关或毫不相关的原因，或许由于一些破坏了这个社会赖以生存的自然系统和耗尽 NNC 的因素，而导致整体的崩塌。一个机构可能在广义上与生态可持续是兼容的，并且与生产可持续也是兼容的，但它可能在社会发展角度上是不可持续的(socially unsustainable)，或者它在这些方面的某些组合中可能是不可持续的。不受管制的自由市场，可能就属于这种多维度不可持续的系统。之所以说它们是不可持续的，不仅仅因为如果不受监管，它们与人类社会的生态可持续或生

---

①　决策对生态系统服务的影响的这种比较判断，正在被用于作为绘制和评估自然资产的工具。参见：the Natural Capital Project homepage，http://www.naturalcapitalproject.org/，and Gretchen Daily et al.，“Ecosystem Services in Decision Making：Time to Deliver,” *Frontiers in Ecology and the Environment* 7，no. 1，2009. 对于城市设计方面的可持续发展性的比较分析，参见：Patrick Condon，*Seven Rules for Sustainable Communities：Design Strategies for the Post-Carbon World*，Washington，DC：Island Press，2010.

产可持续不兼容；还因为除受自然资本限制外，它们最终将导致寡头垄断市场的形成，其结果是摧毁它们自身。①

文明的生态可持续与环境可持续，具有重要而深远的伦理意义，但对于某些特定的实践行为、机构和制度的社会可持续，我们还知之甚少。我们有理由更喜欢那些有利于环境可持续的实践行为、机构和系统(如我们所指出的那样，这需要生态可持续)，因此，我们有理由更喜欢那些有利于避免环境可持续被弱化、破坏或者改变的行为活动。此外，追求环境可持续，应该不仅以有利于环境可持续和人类福祉的机构和制度为前提，而且也要保证社会政治的可持续。我们需要让这些合理的机构和制度长期运转，让我们在这个星球上继续生活下去的同时，不再向我们所依赖的大自然系统提出更多的要求。

此外，不可否认的是，我们依赖文化和体制，它们的衰落往往会给整个世界造成损失与痛苦。如果不克服生态和生产的不可持续，它们几乎肯定会导致生态崩溃和社会政治崩溃。生态崩溃(ecological collapse)是指生态系统恢复能力快速下降(例如，自20世纪50年代深海捕捞出现以来，海洋鱼类数量下降了90%)或者一个生态系统的解体。社会政治崩溃(sociopolitical collapse)是指“一种已建立起来的社会复杂性水平的迅速、重大损失”，主要表现为社会经济分层、职业专业化、社会秩序与协调、经济活动、对文化成就的投资、信息传播，以及社会政治一体化领域等方面的大量丧失。② 社会政治崩溃将对大多数人所重视的事物造成毁灭性打击。当社会政治崩溃是因环境不可持续问题而引起时，大规模人口死亡与流离失所都是很

---

① 自由市场有许多独立供应商和客户；而寡头垄断市场只有少数独立供应商，如现今的各种产品和服务的市场。

② Joseph Tainter, *The Collapse of Complex Societies*, Cambridge: Cambridge University Press, 1988, p. 4.

有可能出现的结果。①

从生态和资源的角度来看，人口增长可能被认为是不可持续的一种驱动因素；但从伦理角度(ethical)来看，越来越多的人口也就意味着有更多的人将面临遭受各种严重痛苦的危险。② 稳定人口、减少碳排放及采取相应措施来尊重其他方面的“地球边界”，将降低生态和社会政治崩溃带来的风险。简化生活方式也许是必要的，但它并不仅仅是倡导拮据的生活，更主要的是反对并扭转一些趋势(如职业角色更为专业化和分层化)，以及与这些趋势相伴的边际回报递减和成本(能源、信息、薪酬和监管成本)上升现象。③

1.5　保留机会与均衡机会：可持续发展的布伦特兰定义

我们在本章开始时说过，永续保留享受美好生活的机会是可持续思想的规范本质。可持续旨在强调，那些通过损害他人过上美好生活所依赖的自然基础而让自己过得更好的做法与观点，都是错误的、不公平的和不正当的。以这种方式来理解，可持续应该是一个不能再被简化的概念，但其规范本质甚至还要窄。其独特之处在于以一种符合理想的未来的方式而生活，在这种理想的未来中，人类活动不会改变自然世界，也不会让未来的机会变得比现在更糟(历时

---

① Tainter, *The Collapse of Complex Societies*; Charles Redman, *Human Impact on Ancient Environments*, Tucson: University of Arizona Press, 1999; Jared Diamond, *Collapse: How Societies Choose to Fail or Succeed*, New York: Viking, 2005; Patricia McAnany and Norman Yoffee eds., *Questioning Collapse: Human Resilience, Ecological Vulnerability, and the Aftermath of Empire*, Cambridge: Cambridge University Press, 2010.

② Thomas Dietz, Eugene A. Rosa, and Richard York, “Driving the Human Ecological Footprint,” *Frontiers in Ecology and the Environment* 5, 2007; and Walter Dodds, *Humanity's Footprint: Momentum, Impact, and Our Global Environment*, New York: Columbia University Press, 2008.

③ 关于简化和能源在维持社会政治复杂性中的中心地位，参见：Tainter, *The Collapse of Complex Societies*, pp. 193, 197-99, 209-216.

性)。尽管对公平机会的关注也有利于让一个国家内部或世界各地之间的人们享有平等的机会(共时性)，但可持续的定义更多是强调历时性的(diachronic)，而不是共时性的(synchronic)。同理，环境可持续和社会政治可持续，都不要求将共时性的国内或全球机会平等作为一种界定条件。

这可能有悖于普遍将可持续视为综合的社会正义理想的倾向，也会导致用"可持续发展"这一众所周知的概念去定义"可持续"："既满足当代人自身需求又不损害子孙后代发展的需要。"①以这种方式定义的可持续发展的概念，需要一个全球正义的标准，世界各国的经济发展都需要基于此标准来执行和调整。然而，可持续(一种性质或说属性)和可持续发展(具备某些特定性质或属性的发展)是不一样的。

可持续发展一词的起源，可以追溯到1972年在斯德哥尔摩举行的联合国人类环境会议(UN Conference on the Human Environment)。在会议期间，发展中国家认为，保护环境的同时也需要减少一国的贫困，而那些致力于减轻贫困的经济发展不应该属于环境保护问题的范畴。② 会议的结果奠定了被称为可持续发展(sustainable development)的"环境与发展"理论，以及斯德哥尔摩26个原则的宣言，宣言内容包括"在优质的环境中享有自由、尊严和足够生活条件的基本权利"，以及一套"保护与改善当代和子孙后代环境"的普遍责任框架。③ 根据这套环境与发展原则，各国政府一致认为，发展与环境保护是相辅相成的，并且支持北半球国家通过增加发展援助，至少承担南半球国家为保护环境而付出的部分额外成本。有关如何促进可持续发展议程，在历次大会上得到了进一步的阐明，例如，1987年的布伦特兰报告《我们共同的未来》(*Our Common Future*)，

---

① WCED (World Commission on Environment and Development), *Our Common Future*, Geneva: United Nations, 1987, p. 12.

② James Speth and Peter Haas, *Global Environmental Governance*, Washington, DC: Island Press, 2006, pp. 56-61.

③ Ibid., p. 59.

1992 年里约地球首脑会议[United Nations Conference on Environment and Development，即联合国环境与发展会议(UNCED)]，2002 年约翰内斯堡世界可持续发展峰会等。

然而，“发展与环境保护是相互促进的”这种可持续发展学说是有问题的。因为随着经济活动的增加，其对环境的破坏也普遍增加。虽然有解决办法，例如，通过有针对性的发展(targeted development)来减少对环境的破坏，包括引入更清洁的技术、促进对环境公地的更好管理及通过为妇女提供教育和经济机会来降低出生率等。但是，全球经济规模仍然是衡量和预测经济发展对环境造成损害的一个重要指标。虽然随着越来越富裕，人们更加重视一个地区的环境保护，但是为了维持现有生活方式而大量消耗的能源和材料却对环境造成了更为严重的破坏。① 这个学说最终反映的是一种政治现实，即只有建立在公平合作条款(fair terms of cooperation)基础上的全球条约或协定，才能解决全球环境问题。

在气候突变(climate disruption)的情况下，北半球以化石燃料为基础的经济发展方式取得了巨大的领先地位，任何合作的基础都应对全球贫困人口的脆弱性和需求做出让步。除非建立起来的气候保护条约对所有签署国而言是公平的，也可以通过国内授权立法来贯彻实施该条约，否则任何其他形式的气候条约都不符合公平原则，也无法在签署国之间得到广泛承认与遵守。我们认为，从可持续的角度来看，正义具有道德重要性，在国内和全球追求可持续方面也有重要的战略意义。认识到这一点比把无关的正义理想引入可持续的概念更有意义。

1.6　不可持续的主要原因和表现

虽然美国越来越多的地区已经出现异常的天气，用水也受到了限制，但是新兴的全球可持续危机问题依然没有得到广泛的理解和

---

① 关于这项声明的详细文件，参见：Schor，*Plenitude*，chap. 3.

讨论。这并不奇怪，因为在每天的生活中，特别是在北半球日益繁荣的情况下，我们几乎很难察觉到迅速增长的世界经济模式给环境带来的严重后果。但是，随着第二次世界大战以来技术和经济的迅猛发展，当前人类活动的规模和破坏力都已远远超过以往任何时候。①

正如我们掌握的许多地球系统(planetary system)变化指标所记录的那样，人类活动已经形成一股强大的生物物理力量，在全球范围内对土地、水、空气和生态系统产生重大影响。此外，人为因素所导致的自然变化正在加速：自1950年前后以来，世界经历了比过去1.2万年中任何时候都更大、更快的变化。② 在《人类世审查》(*The Anthropocene Review*)中，安东尼·巴诺斯基(Anthony Barnosky)及其合著者描述了五个主要的负面趋势——气候突变、生物灭绝、非人为的生态系统损失、污染和人口增长。这些都有可能破坏社会所依赖的生态系统。需要注意的是，如果我们继续走当前的道路，那么，当现在的儿童到了中年时，"对于人类繁荣和生存至关重要的地球生命支持系统，很可能会因为人类长期在全球范围内的破坏行为而遭受不可逆转的损害。为避免这一危机的发生，我们必须立即采取行动来确保一个可持续、高质量的未来"③。世界野生动物基金会的《生命星球报告》(*Living Planet Report*，LPR)自20世纪90年代末以来每两年出版一次，总结了基于科学分析调查的地球健康状况(planetary health)评估，其中最主要的三个指标是前文讨论过的生态足迹、星球生活指数(Living Planet Index，LPI，关于衡量数千种脊椎动物的人口趋势)，以及跟踪"人

---

① 关于长期视角，参见：McNeill，*Something New under the Sun*. For an overview of the acceleration of consumption since 1980，see Schor，*Plenitude*，chap. 2.

② Anthony D. Barnosky et al.，"Introducing the Scientific Consensus on Maintaining Humanity's Life Support Systems in the 21st Century：Information for Policy Makers，" *The Anthropocene Review* 1，no. 1，2014.

③ Barnosky et al.，"Introducing the Scientific Consensus，"p. 79.

类对日益稀缺的淡水资源需求影响"的水足迹(water footprint)。①2014年LPR和2015年的《蓝色星球生活报告》(*Living Blue Planet Report*, LBPR)绘制了一幅令人不安的画面，正如世界野生动物基金会国际总监马可·兰伯蒂尼(Marco Lambertini)指出的那样，"不适合胆小的人观看"②。以下我们列举了LBPR中的一些主要结论。

- 过去的40多年来，人类需求已经远远超出了地球的生物承载力。
- 1970年至2010年，全球脊椎动物种群的数量下降了52%；换句话说，在不到两代人的时间里，这些脊椎动物已经减少到原来的一半。
- 水足迹已经导致世界上几个主要流域的水资源短缺，据估计，到2030年，近50%的全球人口将生活在用水紧张的地区。由于水对粮食和能源的生产是必不可少的，水资源的缺乏已经严重影响粮食和能源的获取。这种影响可能随着人口和财富的增加而更加严重。③

《千年生态系统评估2005》(*2005 Millennium Ecosystem Assessment*)的主要作者沃尔特·里德(Walt Reid)在访谈中也强调了地方和区域生态系统已经崩溃的事实，人类正在"对地球的自然恢复功能

---

① 关于世界野生动物基金会及其《生命星球报告》，见 http://wwf.panda.org/about_our_earth/all_publications/living_planet_report/。也可参见：World Wildlife Fund, *Living Planet Report 2014*, p. 45.

② World Wildlife Fund, *Living Planet Report 2014*; and World Wildlife Fund, *Living Blue Planet Report 2015*, Gland, Switzerland: WWF International, 2015, http://www.worldwildlife.org/publications/living-blue-planet-report-2015. 关于逐区概览，参见：UNEP, *Summary of the Sixth Global Environment Outlook, GEO-6, Regional Assessments: Key Findings and Policy Messages*, Nairobi: United Nations Environmental Programme, 2016, http://www.unep.org/publications/.

③ World Wildlife Fund, *Living Planet Report 2014*.

施加压力，使得地球生态系统维持后代生存的能力难以得到保证”①。

围绕 EFA 的基本内容及前文我们所指定的三种可持续主要形式，即生态可持续、生产可持续和社会政治可持续，我们简要回顾了一些关于不可持续的主要原因和表现形式。前文提到的 EFA 是用人口×人均消费×居住空间强度（每一单位消费量的居住空间强度）来定义人类对环境的需求的，用面积×生物生产力（每一单位面积的生物生产力）来定义生物承载力的。因此，不均衡的情况主要源于过度的消费需求，或者由于生物承载力受损而导致的生产面积减少。我们将首先研究需求方面的内容，暂时不讨论 NNC 减少的情况，这相当于先解决生态可持续问题。在关于需求方面内容的讨论中，我们将依次处理足迹的各个组成部分，包括建设土地、森林、农田和放牧、捕鱼和碳。

1.6.1 需求增长：人口增长和人均生产量

全世界人口在 1800 年到 1950 年增加了 1 倍，达到 20 亿，在 1950 年到 2000 年增加了 2 倍，达到 60 多亿，现在每天新增人口就有 20 万之多。全球平均生育率为每名妇女 2.8 名活产儿，不过有下降趋势，预计到 2050 年才会达到替代生育率水平（2.06）。基于此，全球总人口将在 21 世纪中叶前后趋于平稳，但在 2100 年之前，我们这一代人中的年轻人数量仍会高速增长，除非受到大规模流行疾病、干旱或其他类型突发事件的影响。② 迄今为止，全球人口已达到 73 亿，预计将在 21 世纪中期达到 96 亿。③ 需要注意的是，人类足迹已经达到可持续所要求水平的 150%，这意味着，如果试图把人

---

① Steve Connor, “The State of the World? It Is on the Brink of Disaster,” *Independent*, March 30, 2005, http://www.independent.co.uk/news/science/the-state-of-the-world-it-is-on-the-brink-of-disaster-530432.html.

② Dodds, *Humanity's Footprint*, pp. 12-16.

③ World Wildlife Fund, *Living Planet Report 2014*, p. 54. 联合国最近修订的 96 亿的预测比以前的估计高出了 3 亿。

均经济生产量维持或接近于目前水平的话，那么将来这96亿人口的规模将严重超载并降低地球生态系统的能力。

自1800年以来，人均能源使用量同比增长了近10倍，从每年不到半吨的石油当量增加到每人每年5吨左右。而同期的个人用水量增长了近3倍。[①] 1960年至2010年，全球肉类生产和消费量增加了5倍，而生产肉类产品所需要的能源和水资源是生产膳食替代品的好几倍。肉类产品生产带来的相关影响就是，人畜排放的人为(human-caused)温室气体(greenhouse gas，GHG)约占总排放量的18%，其中甲烷占比接近40%、一氧化二氮为65%。[②] 1950年至2010年，全球汽车年产量增长了6倍，达每年5 000万辆，目前全球约有6.7亿辆摩托车、9.5亿辆汽车和卡车。[③] 这些个人车辆的使用，使世界上许多富裕国家的人们对燃油效率更高的公共交通工具依赖程度大大降低，每天大约有860万桶石油消耗在人们为了满足个人驾驶车辆的需求上。随着大规模深海捕鱼的出现，全球鱼类捕捞量和消费量从1950年到2005年增加了5倍。[④]

污染(pollution)是生产的一个方面，指在不损害生态系统价值、功能和生物承载力前提下，无法被该系统完全吸收和处理的部分废弃物。污染会损害人类和其他生物的健康，并以各种方式损害生态系统的生产能力。据估计，因为全球颗粒物空气污染，每年将减少总共4 970万年的人类寿命。[⑤] 污染造成的其他主要问题还包括：气候破坏(也称全球变暖、气候异常变化或气候不稳定)；由于牲畜废水、污水和肥料径流而造成的水生态富营养化(造成沿海水生态富营

---

① Dodds, *Humanity's Footprint*, pp. 19-20.

② Worldwatch Institute, *Vital Signs 2012*, Washington, DC: Island Press, 2012, pp. 76-77. 分子对分子，甲烷是比二氧化碳高29倍以上的温室气体，一氧化二氮则高达300倍。

③ Worldwatch Institute, *Vital Signs 2012*, pp. 44-45.

④ World Wildlife Fund, *Living Planet Report 2012*.

⑤ UNEP, *Global Environment Outlook 5*, Valletta, Malta: Progress Press, Ltd., 2012, pp. 46-47, http://www.unep.org/geo/pdfs/geo5/GEO5_report_full_en.pdf.

养化和缺氧或脱氧造成的“死亡”区域）；酸雨；从化石燃料排放物中吸收碳而引起的海洋酸化；平流层臭氧消耗（导致有害紫外线辐射到达地球表面，这也算是导致全球变暖的另一个原因，不过本质上来说导致臭氧消耗的化学物质都属于温室气体）。①

1.6.2 对生物承载力的影响：富产生物类的土地损失与生物生产力损失

人类对土地的建设和改造，会消除这些土地原先具有的生态服务能力。城市扩张导致生物生产能力高的森林、牧场、农田和湿地逐渐减少。高速公路、水坝和其他建筑物，对原先可以自由进出的栖息地和生态系统形成了障碍，并削弱了生物生产能力。工程景观也可以通过去除地表水、减少蒸腾、用不透水的表面取代可吸收降雨的可渗透表面来显著地改变水循环和区域气候。

生物生产力（bioproductivity）的丧失也可能是由于其他足迹组成部分。自 2000 年以来，全球森林采伐量一直保持在每年约 1 300 万公顷的水平，这造成了栖息地被严重破坏，损害了自然系统的气候和洪水调节、供水及其他生态配置服务的能力。目前，由于森林砍伐和森林退化造成的碳排放约占人为碳排放总量的 20%。② 荒漠化（desertification）是指持续降解土地生物生产力的过程，如土壤流失和压实、盐碱化和植被损失。覆盖地球表面 40%、拥有超过 20 亿人口的干旱地区持续遭受严重的荒漠化，生物生产力不断下降，每年大约减少 2%的光合作用。

这在很大程度上是由人口压力和粮食短缺造成的。因为粮食短缺，人们将牧场（用于放牧的土地）大量转化为无益于生态系统的生产性农田。仅在美国，人为导致的旱地退化就在 48 个相邻州的大部分西部地区逐渐发生和蔓延。③ 过度捕捞已导致鱼类种群数量急剧

---

① UNEP, *Global Environment Outlook 5*, pp. 51-52, 112, 119-120. 水上的死亡区域，沿着北美大西洋和墨西哥湾海岸延伸，包括一个达 8 500 平方英里的墨西哥湾。

② World Wildlife Fund, *Living Planet Report 2012*, p. 76.

③ UNEP, *Global Environment Outlook 5*, pp. 73-74.

下降，涉及的范围从最容易捕捞鱼群的河流到沿海地区，最后到公海。自1950年以来，大型鱼类种群数量已经下降了90%，包括蓝鳍金枪鱼在内的珍贵物种已近乎灭绝。相关研究表明，到21世纪中叶海洋很可能会出现鱼类资源短缺。① 沿海湿地（由于发展、淹没和污染）每年都以0.7%的速度在减少，而珊瑚礁遭受大量破坏（因商业开发、碳排放导致的海洋酸化和气候变化导致的海洋温度升高），进一步损害了海洋生态系统。②

燃烧矿物燃料、森林损失和退化、牲畜和其他人类原因造成的前所未有和不断增加的碳排放，使气候变化不仅成为污染造成的最严重问题，而且是人类面临的最严重问题。大气中的二氧化碳浓度已经从工业化前的275ppm提高到2016年的400ppm以上，高于过去300万年以来任何时候的水平。③ 碳排放速度也在增加：1990年至2010年，全球二氧化碳排放量增长了49%，2000年至2010年每年增长3.1%。④ 地球气候系统对这些不断上升的大气浓度到底有多敏感？从目前我们观察到的情况来看，相关变化已经远超早期气候

---

① FAO, *World Review of Fisheries and Aquaculture*, Rome: FAO Fisheries Department, 2010, http://www.fao.org/docrep/013/i1820e/i1820e01.pdf; R. A. Myers and B. Worm, "Rapid Worldwide Depletion of Predatory Fish Communities," *Nature* 423, 2003; Boris Worm et al., "Impacts of Biodiversity Loss on Ocean Ecosystem Services," *Science* 3, no. 5800, November 2006.

② UNEP, *Global Environment Outlook 5*, p. 76.

③ Andrea Thompson, "CO2 Nears Peak: Are We Permanently above 400 PPM?," *Climate Central*, May 16, 2016, http://www.climatecentral.org/news/co2-are-we-permanently-above-400-ppm-20351. The National Oceanic and Atmospheric Administration (NOAA) datasets are available at CO2 Now: http://co2now.org/Current-CO2/CO2-Now/Current-Data-for-Atmospheric-CO2.html; Potsdam Institute for Climate Impact Research and Climate Analysis, *Turn Down the Heat: Why a 4°C Warmer World Must Be Avoided*, Washington, DC: World Bank, 2013, p. xiv. ppm浓度即百万分比浓度。

④ "Global Carbon Emissions Reach Record 10 Billion Tons, Threatening 2 Degree Target," *Science Daily*, December 6, 2011, http://www.sciencedaily.com/releases/2011/12/111204144648.htm.

模型所预测的最坏情况。350ppm（比 2016 年水平要低 50ppm）的稳定目标，比那个 450ppm 的安全目标显然要更符合当前的实际情况。① 想要稳定在 450ppm 的水平，就需要在 2050 年之前将全球碳排放量减少约三分之二（相当于美国减排 90%），到 2100 年时将全球变为一个碳中和的环境。② 在这种情况下，将大规模清除大气中的碳作为应对气候不稳定风险的综合举措之一是合情合理的。

气候变化原因及其产生的影响，是得到广泛验证和科学共识所认可的。据美国国家航空航天局（NASA）报道，"97%的气候科学家认为，过去一个世纪中的气候变暖趋势很可能是由人类活动造成的"，世界上大多数主要科学组织都认同这一观点。③ 联合国政府间气候变化专门委员会（Intergovernment Panel on Climate Change，IPCC）的第五次评估报告（*Fifth Assessment Report*，AR5），是一份 4 千名学者基于 3 万次气候研究的结果汇总。④ 它巩固了早期评估报告中的一些基本结论，但与 2007 年气候变化专门委员会的第四次评估报告（*Fourth Assessment Report*）不同的一点在于，AR5 对于细节

---

① Rockström et al.，"A Safe Operating Space for Humanity".

② H. Damon Matthews and Ken Caldeira，"Stabilizing Climate Requires Near-Zero Emissions，" *Geophysical Research Letters* 35，no. LO4705，2008，doi：10.1029/2007GL032388；Juliette Eilperin，"Carbon Output Must Near Zero to Avert Danger，New Studies Say，" *Washington Post*，March 10，2008，A01.

③ http://climate.nasa.gov/scientific-consensus/.

④ IPCC 是由世界气象组织和联合国环境规划署设立的科学和成员政府机构，负责定期评估气候科学和气候变化方面的知识。有关 AR5 研究结果的摘要，包括向政策制定者提交的报告，请参见 http://www.ipcc.ch/report/ar5。虽然这些评估代表了数千名科学家的工作，但成员国政府在批准评估报告时也引入了一些在科学基础上达成的最强烈结论的政治动机。有关气候干扰科学共识程度的行业资助努力的详细历史，参见：Naomi Oreskes and Eric Conway，*Merchants of Doubt*，New York：Bloomsbury Press，2010；and James Powell，*The Inquisition of Climate Science*，New York：Columbia University Press，2011. 奥莱斯克斯（Oreskes）和康韦（Conway）提供了行业对公共卫生和环境监管的演变的详细历史，形成了一场全面的针对科学的攻势（特别是流行病学、气候学和环境科学）。

的预测(如冰川消失的日期)更为谨慎了，同时也更关心在风险日益增长的情况下如何提高社会的恢复能力或弹性。①

这份大规模的评估报告于 2013 年 9 月至 2014 年 4 月分三期发布，“综合报告”(Synthesis Report)于 2014 年 11 月发布。“综合报告”随附的官方介绍中总结了以下几个重要发现。

• 人类正在改变气候，20 世纪中期以来，人类的行为极有可能是全球变暖的主要原因。

• 气温持续上升，自 1850 年以来，过去 30 年的每一年都在升温。

• 2000 年至 2010 年的温室气体排放量增幅超过此前 30 年的总和。

• 所有大陆和海洋系统都已经受到影响，富国和穷国都无法逃避其影响，并从热带延伸到两极。

• 自 1950 年以来观察到的极端天气和气候事件都与人类的行为息息相关。

• 温室气体的持续排放将导致气候系统进一步变暖和恶化。到 21 世纪，海洋将持续升温，全球平均海平面将继续上升，北极圈的海洋冰川将很可能继续缩小，全球冰川冰量也将逐年下降。②

---

① Fred Pearce, “UN Climate Report Is Cautious on Making Specific Predictions,” *Environment 360*, March 24, 2014, http://e360.yale.edu/feature/un_climate_report_is_cautious_on_making_specific_predictions/2750/.

② 参见 ICCP 官方幻灯片：http://www.ipcc.ch/report/ar5/syr/. 关于冰盖崩溃和海洋水平面的最新研究，参见：James Hansen et al., “Ice Melt, Sea Level Rise and Superstorms: Evidence from Paleoclimate Data, Climate Modeling, and Modern Observations that 2 °C Global Warming Could be Dangerous,” *Atmospheric Chemistry and Physics* 16, March 22, 2016, pp. 3761-3812, http://www.atmos-chem-phys.net/16/3761/2016/acp-16-3761-2016.html; Jeff Tollefson, “Antarctic Model Raises Prospect of Unstoppable Ice Collapse,” *Nature* 531, no. 7596, March 31, 2016; and David Pollard and Robert M. DeConto, “Contribution of Antarctica to Past and Future Sea-Level Rise,” *Nature* 531, no. 7596, March 31, 2016, http://www.nature.com/nature/journal/v531/n7596/full/nature17145.html.

2014 年 11 月哥本哈根举行的新闻发布会上发表的 IPCC AR5“综合报告”中，联合国秘书长潘基文对报告的调查结果做了一个直截了当的评估：“通过这份新的综合报告，科学界再次以更清晰和更确定的态度发表了声明。全世界的人们都应该行动起来，同时也应该对建立可持续发展未来的机会充满希望和热情。他们传达的消息没有歧义，领导者必须采取行动，时间真的很紧迫。”①

根据 AR5 的数据和调查结果，世界银行在 2013 年的一份报告中也提出了类似的警告：“降温：为什么要避免一个气温升高 4°C 的世界。”文中提到，如果现有的减排承诺和政府承诺的指标没有按照规定实行，全球气温升高 4°C 可能将会在 21 世纪 60 年代提前发生，这将使得像 2010 年在俄罗斯造成 5.5 万人死亡和农业损失 25%的热浪，以及 2012 年夏天在美国影响其 80%农业活动的干旱一样成为新常态。② 该报告还写道：“还不确定人类是否能够适应温度升高 4℃的世界新常态。”“气温升高 4℃可能会给社区、城市和国家带来严重破坏、生态瓦解和错位。4℃的升温对全世界人类而言是一件绝对不允许发生的事情。”③

这些对生物承载能力构成的各类威胁汇集在一起后，有可能造成地球历史上极少出现的大规模生物灭绝。根据这一推论，大约 25%的陆地哺乳动物，三分之一的淡水鱼，50%～75%的两栖动物、爬行动物和昆虫，以及 70%的植物，都有灭绝的危险。自 20 世纪 50 年代以来，已有多达 30 万个物种灭绝，剩下的 1 000 万个物种中

① http://www.ipcc.ch/pdf/ar5/UN_SG_statement_SYR_press_conference.pdf.

② Potsdam Institute, *Turn Down the Heat*, pp. xiii-iv, 13-18, 37-41。本报告由世界银行委托，作为其未来发展资金的基础，表明其经济发展政策的重大调整将重点放在清洁、有效和有弹性的举措上。世界银行同时启动了财富会计和生态系统服务评估(WAVES; waves partnership.org)计划，帮助各国将自然资本评估纳入发展规划。

③ Potsdam Institute, *Turn Down the Heat*, p. xviii.

的大部分可能在我们这代人消失之前灭绝。① 生物多样性一般集中在热带雨林和珊瑚礁，这些地方也是生态系统最容易遭到破坏的区域。

1.6.3 生产可持续

前文概述的生态容量下降的原因及其表现形式是对人类福祉最为普遍和潜在的威胁。生态可持续是生产可持续的主要组成部分，另一个组成部分是依赖于 NNC 的可持续。人类社会目前最依赖的 NNC 主要是化石水与化石燃料。水资源和能源本身就非常重要，它们对于粮食生产也至关重要。本书先前描述的生物承载力损失，使得全球粮食生产的数量和质量都受到严重威胁，因为粮食生产显著依赖于气候和洪水调节、土壤再生、植物授粉，以及鱼类和动物种群的再生能力等各种生态系统服务。农业产出则依赖于化肥、农药、除草剂，以及绝大多数来自石油和天然气的燃料。这些因素都会为生产可持续带来风险。

由于气候变化异常，冰川和含水层形式的化石水受到的威胁越来越大并且逐渐耗尽，这将让水供应问题成为气候变化给人类带来的一项最大挑战。我们曾提到，位于美国大平原的奥加拉拉含水层(Ogallala Aquifer)正在逐渐耗尽，在印度、中国及其他国家和地区，许多含水层也出现了同样的情况。② 冰川融化水的重要性不言而喻，例如亚洲 10 条主要河流的水供给全部来自大喜马拉雅山冰川融化带来的大量水资源。随着全球变暖速度加快，水资源短缺及由此带来的国家间争端肯定会逐渐加剧，当地的水资源管制和已经被商品化的水资源国际贸易也会产生大量冲突。

NNC 另一种重要的形式——化石燃料也正在被消耗殆尽。可以说如果没有石油，就没有“现代经济”，但是化石燃料真的有可能在

---

① Dodds, *Humanity's Footprint*, pp. 42, 70-77.

② *Global Environment Outlook 5*, pp. 104-105; Jessica Kraft, “Running Dry,” *Earth Island Journal* 28, no. 1, Spring 2013.

21世纪出生的这一代人预期寿命内就被消耗殆尽。① 美国传统石油产量在1971年达到顶峰，正如胡伯特周期分析(Hubbert cycle analysis)所预测的那样，自那之后石油产量一直在急剧下降。基于同样的分析，美国陆军预测全球石油产量将在2005年达到顶峰，然后呈现出同样的下降趋势。这一预测是准确的，因为2005年是传统石油(conventional oil)生产率最高的一年。② 对于非传统石油生产(nonconventional oil production)，如焦油砂，则是不可能长期替代或弥补石油短缺的，部分原因在于非传统石油生产的能源投资回报率(energy return on energy invested，EROEI)很低。约瑟夫·坦特(Joseph Tainter)和塔德乌什·帕特扎克(Tadeusz Patzek)写道："在20世纪40年代的美国，石油勘探和生产的EROEI可以达到100∶1。但如今……这个回报平均只能达到15∶1……从加拿大焦油砂中获得的石油净能源回报可以低至1.5∶1……但是我们需要至少5∶1的净能源回报率，才能为现代复杂社会提供必要的动力。"③从加拿大沥青砂到得克萨斯州炼油厂管道油的一系列公开辩论中，大多没有提到的是，目前能源提取技术需要消耗其产生总能源三分之二的这个标准无法改善，想做到十五分之一甚至1%的能源消耗完全是不现实的。技术进步将对石油和天然气的探索延伸到更深的水域和越来越不适宜居住的

① Joseph Tainter and Tadeusz Patzek, *Drilling Down: The Gulf Oil Debacle and Our Energy Dilemma*, New York: Springer, 2012, p. 35. 加利福尼亚理工学院应用物理学教授和前教务长古德斯坦(Goodstein)也提出类似观点："我们坚定地扎根于无尽的廉价石油供应的神话的生活方式即将结束。"(Goodstein, *Out of Gas: The End of the Age of Oil*, New York: W. W. Norton, 2004, p. 120.)古德斯坦的一个支持性论点是，尽管煤炭数量丰富，但其能源集中度远远低于石油。

② Tainter and Patzek, *Drilling Down*, pp. 4, 22, 41-47, passim.

③ Ibid., p. 200.

环境中，并开发出能量低、环境破坏潜力大的非传统能源。①

所谓页岩气革命，是指由于天然气价格高涨及水平钻井和水力压裂工艺的进步，使得人们可以从以前不可接近的水层(inaccessible reservoirs)中生产天然气。丰富的页岩气贮备已被广泛认可为"能量系统更换器"，被作为替代燃煤的清洁燃料。有人认为，页岩气将为低碳未来提供"桥梁"，消除美国对外国石油的依赖。② 大卫·休斯(J. David Hughes)在《自然》(*Nature*)杂志上，阐述并呼吁对这些"过于乐观的预测"进行"现实检查"，并解释道：页岩中的石油和天然气"既不便宜，也不是取之不尽的"。他注意到，美国70%的页岩气来自生产率平稳甚至是下降的油田。③ 对于那些声称页岩气可以促进美国向低碳经济转型并提供能源安全和气候友好的煤炭替代品的言论，许多人反而认为页岩气蓬勃发展会带来一些不可接受的环境风险，包括潜在的地下水枯竭和不可逆污染，延长美国对化石燃料的依赖，从而耽搁了对可再生能源转型的开发研究。④

从化石燃料经济转变为以其他能源为基础的经济，将是长期而又耗能的过程，且其规模较之过去的几次能源转型要大得多。例如，在19世纪50年代石油炼制和钻探开始之前，西欧和北美用于取暖和照明的石油主要是由捕鲸提供的。大约在1800年前后，捕鲸业本身就处于崩溃的边缘，只能勉强通过更耗能的方式即蒸汽动力船和爆炸性鱼

---

① Richard A. Kerr, "Natural Gas from Shale Bursts onto the Scene," *Science* 328, no. 5986, June 25, 2010; Mark A. Latham, "BP Deepwater Horizon: A Cautionary Tale for CCS, Hydrofracking, Geoengineering and Other Emerging Technologies with Environmental and Human Health Risks," *William and Mary Environmental Law and Policy Review* 36, no. 1, 2011; and Deyi Hou, Jian Luo, and Abir Al-Tabbaa, "Shale Gas Can Be a Double-Edged Sword for Climate Change," *Nature Climate Change* 2, June 2012.

② Kerr, "Natural Gas from Shale Bursts onto the Scene".

③ J. David Hughes, "A Reality Check on the Shale Revolution," *Nature* 494, no. 7437, 2013.

④ Daniel P. Schrag, "Is Shale Gas Good for Climate Change?," *Daedalus* 141, no. 2, 2012.

叉，才能在接下来的半个世纪中存活下来。这些创新使得捕鲸业变得有利可图，但这是以 EROEI 下降为代价的。现在全球的人口数量是从鲸鱼油向石油过渡期间的 6 倍，而生活方式对能源的消耗是原先的 6～7 倍，可以说目前正在进行的能源转型也是一个不可避免的过程。

但就目前看来，想要满足当今如此庞大的能源需求以及将来的增长需求，而且还要控制相应成本，确实无法找到比化石燃料更好的替代品。目前一些可用的替代能源的前景可以在大卫·麦凯伊(David MacKay)2009 年的著作中找到详细介绍，坦特和帕特扎克 2012 年的书也有相应的总结。① “与化石燃料相比，大多数可再生能源的能源密度较低，EROEI 较低”，结果是，它们需要更多的能源投入和土地资源，才能生产每单位可供生产使用的能源。② 美国每天人均能源消耗约为 250 千瓦时。根据坦特和帕特扎克的估计，在一个 42.5 万平方千米的疾风区投入风力发电的话，每天大约可产生人均 42 千瓦时的能源。③ 如果是在 35 万平方千米阳光覆盖的地区使用太阳能电池板或集中器，每天可能产生人均 250 千瓦时的能源，但是产能会有较大波动。④ 虽然风能和太阳能发电量的增长速度比 2012 年预期的要快得多，但传输、存储和维护等问题仍然没有得到有效解决。⑤

---

① David MacKay, *Sustainable Energy—without the Hot Air*, Cambridge: UIT, 2009; and Tainter and Patzek, *Drilling Down*, pp. 23, 29, 126, 195-196, 202-203, 207, 211; Jefferson W. Teste et al., *Sustainable Energy: Choosing among Options*, 2nd ed., Cambridge, MA: MIT Press, 2012.

② Tainter and Patzek, *Drilling Down*, p. 195.

③ Ibid.

④ Ibid., p. 196.

⑤ Worldwatch Institute, *Vital Signs, Vol 22: The Trends That Are Shaping Our Future*, Washington, DC: Worldwatch Institute, 2015; Eduardo Porter, "How Renewable Energy Is Blowing Climate Change Efforts Off Course," *New York Times*, July 19, 2016. http://www.nytimes.com/2016/07/20/business/energy-environment/how-renewable-energy-is-blowing-climate-change-efforts-off-course.html. 波特(Porter)写道，加利福尼亚州和其他地区的可再生能源生产能力正在产生正午的电力供应，这些系统还没有相应的处理措施。他指出，鼓励可再生能源发电能力快速增长是远远不够的，但这并不意味着这样的增长不重要。

再者，如果使用生物燃料，即使有其积极的一面，但是考虑到要替代目前消耗燃料所需要的植被数量将会令人望而却步。所以这种用大量植被作为替代化石燃料的做法，已经被广泛禁止了。① 核能在其生命周期所能提供的能源产量也相对较低，而扩大的核能经济将迅速耗尽可用于商业技术的燃料。② 核电站的冷却要求也使它们容易受到热浪天气下被迫中断服务的影响。

1.6.4　社会政治可持续

社会政治可持续的基本问题涉及：社会政治制度中的哪些特征既有利于其自身持续生存，也有助于为其成员提供未来过上美好生活的能力。什么样的社会政治制度特征才有助于保护未来发展机会，同时避免崩溃或者“对现有社会复杂系统造成快速、显著的损害”，

---

①　当考虑所有能源投入的时候，玉米乙醇的净能量损失已经占总投入的 29%左右，如果将其转为实际操作，转基因乙醇的损失将为 50%。因此，生物生产乙醇可以作为液体燃料的来源，但不能作为增加人类可用能源的重要能量来源。即使有净能源收益，大规模使用生物燃料的愿景从根本上也是误导的。光合作用是捕获太阳能的能源(0.01%对光伏电池的 2%)，这就需要不切实际地转移生物物质，甚至达到总统乔治·布什每年 3 500 加仑乙醇的目标(1 加仑＝4.55 升)，到 2017 年也仅能替代美国汽油消费量的 15%。David Pimentel and Tad Patzek，“Ethanol Production Using Corn，Switchgrass，and Wood；Biodiesel Production Using Soybean and Sunflower，” *Natural Resources Research* 14，no. 1，March 2005；UNEP，*Global Environment Outlook 5*，pp. 68-71；and George Bush，“State of the Union Address，” Washington，DC，2007. 到 2010 年，美国 29%的粮食生产已经投入使用乙醇燃料生产上(Worldwatch Institute，*Vital Signs 2012*，p. 82)，在 2012 年，经过严重干旱的夏天，26%的玉米产量将产生约 105 亿加仑的乙醇(国际能源署，“美国乙醇生产下滑至两年低位”)，参见：IEA. org，August 13，2012，https://www. iea. org/newsroomandevents/news/2012/august/us-ethanol-production-plunges-to-two-year-low. html.

②　古德斯坦估计，传统电力反应堆的已知铀储备量只能提供目前的能源需求 5 到 25 年时间。原则上，将其他更丰富的放射性物质转化为反应堆的可用燃料是可能的，但风险远远超出商业使用的核技术的风险。参见：Goodstein，*Out of Gas*，pp. 106-107. 这表明，核能投资最多只是短期的解决方案，但这却需要对确保放射性废物无泄漏进行长期的投资。

并解决所有困难和不确定性。① 我们将在随后各章中讨论这个问题。在这一章的结尾，我们将简单地指出社会面临的三大类危险。

第一类，也是与生态可持续和生产可持续发展最为密切相关的，是一个社会在破坏或损害其所依赖的自然资本、生态承载力和不可再生资源方面所面临的风险。与损害或破坏 RNC 生物承载力类似的还有对 NNC 的破坏或者使其无法被再利用，如化石地下水的污染。另一方面，对社会政治稳定与可持续的进一步的环境威胁是海平面上升导致的灾难性风暴和海岸淹没。② 比约恩·隆伯格(Bjørn Lomborg)和其他一些学者认为，人类社会变得越来越富裕，并且可能会继续富裕下去；同时市场经济中的商品历史表明，随着时间的推移，商品变得越来越丰富也越来越便宜。③ 可能正如卡斯·桑斯坦(Cass Sunstein)所说，在隆伯格等人提出这个说法的 200 年内，“大多数人与以前的人相比，会获得更多、更丰富的信息、收入、消费品和各种福利待遇”。然而，这并不能表明对环境退化、资源短缺和与人类福祉有关的风险的担忧不符合“人类的历史”④，也不能说明这些问题对社会政治可持续没有任何威胁⑤。历史和考古记录表明，无数比我们持续了更久的文明最后也都崩溃和灭亡了，至少部分原因是环境和资源问题。⑥

第二类风险就是社会的结构化过程，该过程需要不可持续的物质和能源流(unsustainable flows)，以至于任何由于社会行为活动造

---

① Tainter, *The Collapse of Complex Societies*, p. 4.

② Hansen et al., “Ice Melt, Sea Level Rise and Superstorms”; Tollefson, “Antarctic Model Raises Prospect of Unstoppable Ice Collapse”; Pollard and DeConto, “Contribution of Antarctica to Past and Future Sea-Level Rise”.

③ Bjørn Lomborg, *The Skeptical Environmentalist*, Cambridge: Cambridge University Press, 2001, pp. 70ff., 350-352.

④ Cass Sunstein, *Worst-Case Scenarios*, Cambridge, MA: Harvard University Press, 2007, p. 190.

⑤ Ibid.

⑥ Redman, *Human Impact on Ancient Environments*; McAnany and Yoffee, *Questioning Collapse*.

成的损害都会传导到其赖以生存的自然系统中去；之后，总有一天，该社会所处的生态将无法提供相应的物质和能源流，从而导致社会的衰败和崩溃。我们已经把这种过程比作不可持续的金字塔骗局(pyramid schemes)。这种结构的范例就是，对不断扩大的资源流动的依赖限制了它们的生存能力。

第三类风险是社会政治制度以一种会逐渐破坏其本身合法性(legitimacy)的方式而渐趋结构化。合法性是指一种能让社会成员辨别公正、持续尊重其规范性并且愿意通过合作来履行其重要职能的能力。就像柏拉图(Plato)在 2 400 年前观察到的一样，如果经济运行规则允许通过剥削一些人的方式来促进其他一些人财富的无限增长——被认为是“寡头政治的邪恶特征(an evil characteristic of oligarchies)”，那么这类风险就会发生。[①] 当一个社会中大部分成员不再认为合同条款是公平的或者说可容忍的，并且选择抵制和欺骗的话，那么合法性危机(legitimacy crisis)就发生了。

1.7　结论

本章旨在澄清可持续的性质、形式及其重要性，并概述不可持续的主要成因和表现形式。要想建设性地参与可持续问题，就需要我们理解成功解决这些问题的障碍。如果不可持续是人类活动的一个方面，那么，我们就有必要了解各种各样的人类因素，以解释为什么这些人类活动变得越来越不可持续。对这些因素的研究是本书第 2 章的主要任务。

---

① John Cooper, *Plato: Complete Works*, Indianapolis: Hackett, 1997, pp. 1163-1164 (*Republic*, 552).

第2章　可持续的障碍

可持续科学与生态成本核算经济学研究已经取得诸多进展，足以证明我们的结论，那就是：生态容量下降和气候突变将导致越来越严重的经济与非经济损失，除非人类活动的物质生产量大幅削减①，否

① 联合国环境规划署2011年报告估计，由于环境破坏造成的经济损失2008年为全球总产值的6.6万亿美元，占全球产量的11%，到2050年这样的损失可能会达到28.6万亿美元(UNEP FI, *Universal Ownership*: *Why Environmental Externalities Matter to Institutional Investors*, Geneva: PRI Association and UN Environmental Programme Finance Initiative, 2011, p. 88)。英国财政部2006年的一项里程碑式的报告里量化了气候变化造成的成本，预计将导致全球平均消费水平下降20%(Nicholas Stern, *Stern Review on the Economics of Climate Change*, London: HM Treasury, 2006, http://webarchive. nationalarchives. gov. uk/+/http:/www. hm-treasury. gov. uk/sternreview_index. htm)。对于已经发生的气候干扰的成本估算，参见：NRDC, "Groundbreaking Study Quantifies Health Costs of U. S. Climate Change-Related Disasters & Disease," NRDC, November 8, 2011, http://www. nrdc. org/health/climate/extreme-weather-ticker-2012. asp; and World Wildlife Fund, "2012 Weather Extremes: Year-to-Date Review," December 6, 2012, http://www. wwfblogs. org/climate/sites/default/files/2012-Weather-Extremes-Fact-Sheet-6-dec-2012-final. pdf. 巨额再保险公司慕尼黑再保险公司(Munich Re)维护了一个NatCatSERVICE数据库，被广泛引用并确认了"自1980年以来在欧洲的天气相关自然灾害，发生率翻了一番"(Wolfgang Kron, "Increasing Weather Losses in Europe: What They Cost the Insurance Industry?," *CESifo Forum* 12, no. 2, 2011, p. 74)。为了分析哪些极端天气事件可归因于人为气候不稳定，请参见：Stephanie C. Herring, Martin P. Hoerling, Thomas C. Peterson, and Peter A. Scott, eds., "Explaining Extreme Events of 2013 From a Climate Perspective," supplement, *Bulletin of the American Meteorological Society* 95, no. 9, September 2014, http://journals. ametsoc. org/doi/pdf/10. 1175/1520-0477-95. 9. S1. 1. See also Gernot Wagner and Martin L. Weitzman, *Climate Shock*: *The Economic Consequences of a Hotter Planet*, Princeton, NJ: Princeton University Press, 2015.

则这很有可能是永久性的。我们在第 1 章已经提到，为了避免出现这些损失，到 2050 年年底，全世界碳排放量必须减少三分之二，到 2100 年年底需要杜绝碳排放，同时全球总产量至少要比 2008 年降低三分之一。为使大自然和社会政治系统能有更强的恢复能力或弹性(resilience)，同时有能力面对各种突发挑战，人类就必须更多地减少碳排放和物质生产总量，以上说的是总体目标。不过我们已经看到，可持续与人类集体的整体实践行为相关，而现在这些人类集体活动还通过全球大气层和全球经济紧密联系在一起。这种联系的结果是，作为一个全球性的集体，我们正面临着前所未有的全球协调问题。

为了解决这一问题，我们必须克服许多障碍(如与人类系统特征有关的障碍)，正如第 1 章概述的可持续问题涉及的自然系统特征一样。较之于其他方法，第 1 章中介绍的那些有利于可持续或可持续诱因的概念，为我们提供了更为全面的基础，以对这些障碍进行有效分类。① 依据我们对有利于可持续的因素的定义，人的属性、实践活动、规范、环境、结构、文化、机构、制度和政策，都可能是

---

① Cf. Dodds, *Humanity's Footprint*, which offers a biological perspective on competitive accumulation and propensities to cooperate; Robert Gifford, "The Dragons of Inaction: Psychological Barriers That Limit Climate Change Mitigation," *American Psychologist* 66, no. 4, 2011 (待审稿); Tim Kasser et al., "Materialistic Values: Their Causes and Consequences," in *Psychology and Consumer Culture: The Struggle for a Good Life in a Materialistic World*, ed. Tim Kasser and Allen Kanner, Washington, DC: American Psychological Association, 2004, 将唯物主义归因于引起焦虑或个人不安全的社会模式和经验; Elinor Ostrom, "A Multi-Scale Approach to Coping with Climate Change and Other Collective Action Problems," *Solutions* 1, no. 2, February 2010, http://www.thesolutionsjournal.com/print/565, 及相关作品展开讨论; James Speth, *The Bridge at the Edge of the World and America the Possible: Manifesto for a New Economy*, New Haven, CT: Yale University Press, 2012, 其重点是全球资本主义和美国政治经济的动态; Andrew Szasz, "Is Green Consumption Part of the Solution?," in *The Oxford Handbook of Climate Change and Society*, ed. John S. Dryzek, Richard B. Norgaard, and David Schlosberg, Oxford: Oxford University Press, 2011.

有利于或者不利于可持续的。而那些被认为是不利于可持续的因素，都被归类为实现可持续的重大障碍。由于人类活动受到所有这些因素的影响，所以从一开始我们就应该清楚，克服可持续的障碍，需要通过公民的集体社会和政治行动，来正确面对和改革诸多违规的制度、结构和政策等方面问题。当今世界，全球总产量的80%都由拥有巨大政治和社会权力的1 000家企业控制，显而易见，我们需要优先解决的事项是“大幅改变上市公司和跨国有限责任公司的架构，就像前几代人消除和改变君主制的控制一样”①。公司是法律框架内的一种发明，对于如何能最大限度地通过法律来有效改变公司架构，使其朝着有利于可持续的方向运行，一直是个公开但尚未得到有效解决的问题。

仅仅期望个体减少消费或者自愿购买“绿色”产品是远远不够的，这些针对政治行动、企业改革和集体可持续项目的协调工作，只有在充分认识和理解可持续障碍的性质与多样性之后，才有可能取得突破性进展。② 本章任务就是提供一些这方面的基础知识。由于可持续在根本上就是一个全球合作的问题，所以我们认为，有必要在一开始就通过那些未经三类基本形式(旨在促进可持续性的政府规

---

① John Cavanaugh and Jerry Mander, *Alternatives to Global Capitalism: A Better World Is Possible*, San Francisco: Berrett-Koehler, 2002, p. 124. 有助于可持续发展的公司法改革的建议，包括重新引入强制要求来为定义的公众进行服务、限制企业政治活动，以及扩大企业管理层和股东的个人责任。美国公司法领域有影响力的学者琳恩·斯托特(Lynn Stout)提出了一个重要论点，即对于营利性公司的“股东财富最大化”作为唯一履行义务的这一主张，是没有现有的法律作为依据的。她提出企业活动需要依赖社会合作伙伴活动理论，以此来促进对可持续发展的改革。参见：Stout, *The Shareholder Value Myth: How Putting Shareholders First Harms Investors, Corporations, and the Public*, San Francisco: Berrett-Koehler Publishers, 2012.

② 关于非政府组织(non-government organizations, NGO)和社会运动组织(social movement organizations, SMO)促进集体政治和社会行动以减轻气候干扰和促进可持续发展的一系列方式，参见：Ronnie Lipschutz and Corina Mckendry, “Social Movements and Global Civil Society,” in *The Oxford Handbook of Climate Change and Society*.

制、集体行动和市场机制）协调的个体选择，来识别各种可持续的障碍。而后我们将考虑采取协调的集体行动以实现可持续。① 在这个领域，个体行动和协调行动都共同面临很多障碍，但要首先解决前者，因为这样有利于澄清为什么采取协调行动是必要的，以及如何运作这样的行动。充分了解这些协调工作是如何运行的，有利于揭示为何在可持续伦理层面达成共识至关重要。如果可持续问题在很大程度上属于社会协调的问题，并且只有通过遵守公平的合作条款或原则才能予以解决的话，那么对这种原则缺乏广泛的共识必将构成可持续的一大障碍。

由于协调行动对可持续至关重要，因此我们首先得认清需求公式（demand formula）的局限性。根据需求公式的定义，生产量或需求量是人口、人均消费和基本消费单位足迹强度的乘积。② 对该公式的正确理解就是：当从生态环境中获得产品和服务的资源，并且将废弃物最终返还给环境时，为了实现可持续，需要尽量减少这个过程中的能源和物质消耗。根据该公式，如果我们想降低需求，可以选择减少人口、人均消费、基本消费单位的足迹强度或是它们之间的任意自由组合。消费与消费足迹强度最主要的区别在于，基本消费单位足迹强度是由系统决定的，个体很难控制或改变。这也是为什么说仅仅通过未经协调的个体行为来促进可持续是远远不够的。所有社会结构特征方面的可持续诱因，包括住房、交通、能源和粮食系统，都与基本消费单位足迹强度这个变量密切相关。

也许更有启发意义的是该公式的局限性。在这个公式中，生产量的概念依赖于通过消费的资源流和再次返回到环境中的废弃物。这种理解虽然抓住了要点，但也有误导性。有些经济生产量并不是消费支出而是资本支出，而后者可能包括对自然资本或生物承载力

---

① 关于协调机制的更详细的概述，参见：John Dryzek, *Rational Ecology: Environment and Political Economy*, Oxford: Blackwell, 1987. 亦可参见：Dryzek, *The Politics of the Earth: Environmental Discourses*, 3rd ed., New York: Oxford University Press, 2013.

② 正如我们在第 1 章中所指出的那样。

的投资。其他一些物质生产量的概念特别是在战争中，正好起到相反的作用——破坏自然和制造业资本。在战争时期，人们为了满足战争需要而重新在荒山栽种植被、改造水道、建设卫生及能源类的基础设施，从某种意义上来说也是有利于促进可持续的，但是这些都未被归类到消费或者废弃物的概念中去。此外，通过将机构消费(如武装部队、企业和非政府组织等)等同于人均消费，该公式引入了一个总消费的概念，即不管是个体的自然人，或是一个不明确的“消费者”所从事的消费，其总和都被归为总消费的范畴。

这样来看，经典的 IPAT 方程，环境影响(I)＝人口(P)×富裕度(A)×技术(T)，如果只被理解为“足迹强度仅是技术函数或说仅受技术影响”的话，上述公式就不能很好地反映这个概念，甚至解释起来会更糟。足迹强度是一系列行为和过程的函数，涉及单位消费的产生、运输及后续影响。因此，它和科技发展没有必然联系，科技进步并不表示足迹强度就一定会减弱。在新油田勘探越来越难的情况下，石油生产技术的改善有助于保持石油流量，但是 EROEI 较低。除非在勘探、生产和交付过程中消耗的自然资本能够进一步减少①，否则较低的 EROEI 将导致每生产 1 加仑汽油需要占用更大的足迹强度。

然而，如果富裕度(affluence)和人均消费(per capita consumption)只是一种术语，用来表示人均收入(per capita income)，或者如果技术(technology)只是一种术语，用来表示消费收入或生产对环境的影响(environmental impact of spent income or production)，那么需求公式就等同于 IPAT 方程，而且不管是个体消费者选择还是技术改进，都将不符合它们原先被普遍给予的意义。

---

① 关于 IPAT 方案的相关批评，以及个人消费者选择的重点关注，参见：Thomas Princen, Michael Manites, and Ken Conca, eds., *Confronting Consumption*, Cambridge, MA: MIT Press, 2002, esp. chaps. 1, 3, 4, and 5.

2.1　通过未经协调的个体行动实现可持续所面临的障碍

尽管如此，通过个体行为活动减少家庭消费还是有可能帮助实现可持续的。2009 年的一项研究发现，“美国家庭的直接能源消耗所排放的二氧化碳约占该国二氧化碳排放总量的 38%，或者说约占全球排放总量的 8%，超过了除中国以外任何国家的排放量。……并且，研究表明有 17 种以上的家庭生活方式可以更有效地降低排放量，这些新的生活方式不仅消耗的成本更低甚至是零成本，并且还能带来非常可观的投资回报。更重要的是，这些新的生活方式并不会降低人们目前的生活水平和质量”①。这可以说对减少排放有立竿见影的效果，非常有价值。在信息高度发达及社交媒体发展迅速的今天，这样的生活方式可能很快就可以在全社会范围内得到普遍认可及推广。

信息扩散和说服公众等协调努力，可以让大多数人相信，目前气候和可持续性问题是真实而紧迫的。消费低碳商品和绿色食品，确实也是一种对每个人都有好处的理念。② 据报道，广告和营销中误导性绿色声明的成分很高。③ 因此，相关公众教育的欠缺和虚假广告的治理，都应被列为可持续的障碍。虽然个人减少消费的努力令人钦佩，而且对个人也颇有益处，但是只有公民集体行动才能获得更为有效的公众反应。此外，要想让家庭消费量大幅降低，仅仅靠个人积极响应和努力是远远不够的，而且我们这里所说的消费也不单单是指家庭消费。

---

① Thomas Dietz et al., “Household Actions Can Provide a Behavioral Wedge to Rapidly Reduce US Carbon Emissions,” *Proceedings of the National Academy of Sciences* 106, no. 44, November 2009.

② Szasz, “Is Green Consumption Part of the Solution?”; and Frances Bowen, *After Greenwashing: Symbolic Corporate Environmentalism and Society*, Cambridge: Cambridge University Press, 2014.

③ Szasz, “Is Green Consumption Part of the Solution?,” p. 601.

2.1.1 超出个体控制范围以外的足迹强度与消费

消费单位并不是附属于它们的足迹强度的。在我们购买终端产品和服务时，几乎不知道它们产生和交付的过程，以及整个行为过程中我们可以间接获得的好处等信息。关于如何处理那些废弃的东西，我们的选项有限，并且也不知道这些选项将带来何种后果。由于缺乏这些知识，我们通常也就不了解所购买的相关产品的自然资本消耗情况。① 价格敏感性是决定人们是否购买的重要影响因素，但价格通常是生成产品或服务过程中一个很不准确的衡量指标。② 产品或服务生产时所消耗的全部自然资本成本通常并没有完全反映在价格上，这是可持续的另一大障碍，也是本该完全透明和有利于可持续市场体系的一大欠缺。③ 能源、水资源和食品体系为这个问题提供了生动的例证。④

---

① 即生命周期评估(LCA)，该评估涉及与产品生产、使用和处置的每个阶段和方面相关的环境影响。详情参见：the US EPA's LCA webpage，http://www.epa.gov/nrmrl/std/lca/lca.html#define.

② 正如我们前面讨论的那样，消极的外部性(由第三方承担的损失)并没有反映在价格上，联合国环境规划署估计了与世界 3 000 家最大企业的业务相关的年度环境外部性为 2.1 万亿美元(UNEP FI, *Universal Ownership*, p. 88)。

③ 我们将在第 3 章中讨论透明度的性质和伦理问题。

④ 补贴保险是经济交易的另一个领域，价格和环境风险的偏差有时会引发不可持续的选择。房主洪水保险就是一个很好的例子。参见：A. D. Eastman, "The Homeowner Flood Insurance Affordability Act: Why the Federal Government Should Not Be in the Insurance Business," *American Journal of Business and Management* 4, no. 2, 2015; A. B. McDonnell, "The Biggert-Waters Flood Insurance Reform Act of 2012: Temporarily Curtailed by the Homeowner Flood Insurance Act of 2014—A Respite to Forge an Enduring Correction to the National Flood Insurance Program Built on Virtuous Economic and Environmental Incentives," *Washington University Journal of Law and Policy* 49, no. 1, 2015; and Committee on the Affordability of National Insurance Program Premiums, *Affordability of National Flood Insurance Program Premiums. Report 1*, Washington, DC: National Academies Press, 2015, http://www.nap.edu/catalog/21709/affordability-of-national-flood-insurance-program-premiums-report-1.

能源单位的碳强度：一个以石油、煤炭、天然气为基础的经济体，是典型的碳密集型经济体，在这样的体系下，对于广泛采用低碳继承技术(low-carbon successor technologies)的重要性，可谓无可争议。这类技术对减少足迹强度来说至关重要，但是如果没有正确的激励与支持，这些创新性技术所需要的研发就不会出现。而一旦新技术得到发展和推广，就必然会面临当一种能源体系向另一种能源体系转换时所出现的各种障碍与挑战。2007 年美国能源部的报告指出，为了将这些障碍概念化为"商业化和商业部署"的障碍，需要弄清楚以下最重要的几点：新技术性能的不确定性有多大、开发研究所需要专业知识的成本有多高、是否要取消某些已建立的基础设施、全新的技术支持系统和现在及以往的技术之间必不可少的竞争，以及化石燃料导致的温室气体(GHG)排放未得到统一定价①等方面问题。简言之，从化石燃料经济向低碳经济转型，在能源、材料和人力资本方面的成本都非常高昂，并且在技术和市场方面充满了不确定性。同时，在没有国内法律也没有足够利润的情况下，这种转型往往是不可取的。而且，迟早会有限制碳排放的国际公约出现。

如果燃烧化石燃料的全部成本都能反映在价格上，那么目前低碳能源技术在价格方面的劣势就可以得到有效缓解，甚至完全消除。商业交易中买卖双方都不承担的成本被统称为经济负外部性(economic externalities)，这是对第三方的无补偿损害。这里提到的"第三方"指的是当下的我们以及我们的下一代。不管是谁都逃脱不了气候的干扰，例如会因气候异常、酸雨及化石燃料燃烧排放有毒气体

---

① Marilyn Brown Jess Chandler, Melissa V. Lapsa, and Benjamin K. Sovacool, *Carbon Lock-in: Barriers to Deploying Climate Change Mitigation Technologies*, Oak Ridge, TN: Oak Ridge National Laboratory, 2007, pp. ix, xii. 现有的技术支持系统将包括政府补贴。Jordan Weissmann, "America's Most Obvious Tax Reform Idea: Kill the Oil and Gas Subsidies," *Atlantic*, March 19, 2013, http://www.theatlantic.com/business/archive/2013/03/americas-most-obvious-tax-reform-idea-kill-the-oil-and-gas-subsidies/274121/; and Oil Change International, "Fossil Fuel Subsidies: Overview," 2016, http://priceofoil.org/fossil-fuel-subsidies/.

等因素而受到伤害。碳税或碳排放限额与交易（许可证）制度（carbon tax or cap and trade），旨在解决与气候有关的负外部性问题，使那些自愿出售与购买化石燃料的企业和个人承担这类产品的相应成本。[1] 以这种方式将外部成本内部化是相对公平的，这也是一种有效弥补市场失灵（市场对成本和收益的低效分配）的方式。况且，市场失灵一直被认为是阻止新兴无害技术推广应用的一大障碍，而这类新兴无害技术本可以有效降低基础能耗单位的碳足迹强度。[2]

将化石燃料的全部环境成本内部化，将对目前依赖这些燃料的生产、分销或运营的所有产品的价格产生广泛影响。这更加鼓励了人们去从事低碳排放的技术创新。低碳生活面临的结构性障碍也许能通过这种方式得到克服。而对碳敏感的价格信号，可能会使每个人减少其碳足迹。这样一来，不仅可以减少单位能耗的足迹强度，还可以减少用于其他消费的能源单位（energy units）数量。当然，其他事物的足迹强度也很重要。

每日通勤的足迹强度： 每天上下班的过程算是一个消费单位吗？我们假设它是一个消费单位。每日通勤的足迹强度，很大程度上是

---

① 除了看到它们在经济上是等同的，我们不会解释这些方法的细节；就像通过税收一样，我们可以通过排放许可费来确定相同的碳价格。从政治上说，有利于贸易的方式显然是避免使用税款。

② 这种所谓“公平”的道德逻辑，并不是说第三方造成的各种形式的损害包括英年早逝，都可以体现在价格上，使其能够在经济上得到充分的补偿。相反，价格机制可以发挥的作用，是限制使用那些导致英年早逝发生风险的产品，对于总体而言，这是对人类福祉至关重要的途径。碳税或许可证将被理想地定价，以将公民可接受限度内的英年早逝和灾难性危害的总体风险限制在一起——平衡由碳排放的限制引起的危害，从而减少碳排放造成的相应危害——而这最终将通过并确定所谓的民主进程。注意，作为对比，室内吸烟禁令的选择，以防止第三方不经意地因二手烟而英年早逝；在与非自愿英年早逝相当的公共场所，吸烟的利益是不存在，所以“有效地”将英年早逝定为在公共场所吸烟的想法是道德上的。禁令是道德上可辩护的选择。对于有关问题的一些考察，参见：Robert Goodin，“Selling Environmental Indulgences，” in *Climate Ethics：Essential Readings*，ed. Stephen M. Gardiner et al.，Oxford：Oxford University Press，2010.

城市设施及其交通系统能源与结构方面足迹强度的函数。从一个经济上负担得起的理想住所到工作单位的距离是多少？公共交通工具有多方便？使用公共交通工具，较之于使用私家车，是否使得乘客每日通勤的足迹强度明显降低了？个人步行或骑车去上班，在多大程度上是可行的？是否有为行人准备的人行道？是否有安全的自行车道？是否既可以骑自行车也可以坐电车？是否有可以步行到达的商店？这些商店是否集中在郊区附近？关于城市设计和可持续的许多提议，相比征收碳税的提议而言，是更难让公众选择的问题。因此，虽然我们提倡有利于可持续的个人生活方式，但更重要的是要了解塑造个体生活方式的系统、环境和结构，并鼓励在公共行动和公私伙伴关系中的合作，从而使这些决定因素指导个人选择转向更有利于可持续的生活方式。

食物足迹强度：如果我们不仅考虑化肥、家畜温室气体排放和机械燃料的碳强度，还考虑森林砍伐、土壤流失、肥料、禽畜排泄物、除草剂和农药滥用等给生物承载力造成的损失的话，生产一单位食物所要消耗的自然资本是多少？这些成本一方面表示单位食物的足迹强度，另一方面也体现了第三方由于生物承载力的丧失而减少的机会。将这些成本内部化在食物价格中，与温室气体排放(GHG emissions)的价格内部化相比，优势并不明显，但是将这些成本内部化，不仅需要征收碳税，而且需要征收生物承载力税(biocapacity tax，为了限制生物承载力损失或促进生态可持续而进行评估)。如果目标是生产可持续，还需要对化石水的提取进行限制。那么，这些措施是否能够降低单位食物的足迹强度，从而有利于可持续？答案是肯定的，但是这个过程主要还是要通过诱导人们改变饮食习惯来实现。毕竟可持续需要的是不同的(different)消费(变化)模式，而不仅仅是减少消费量。

机构型消费：企业和政府的机构型消费是总消费的很重要的组成部分，然而，市场机制、对公司董事会和股东的问责制及政治问责机制等因素对这些机构型消费的限制程度并不明晰。对于商业消费的调控，某种程度上取决于所研究市场的各方面特征，包括参与者规模，以及影响市场基本状况的公共监管环境，后者是一个直接与政治关联的问题或者说是由政府行为所主导的公共事业。对于公共机构消费的调控和限制，大概是最有利于可持续的。尤其在民主国家，人们都已经充分了解可持续的意义，也愿意通过不懈的努力来贯彻可持续这一目标，同时保证社会的有序发展(即透明、公开地尊重正义原则和证据)。[①] 不过需要注意的是有多少公司机构型消费是由于面对公众压力以及公司自身的疏忽造成的。这些消费不仅超出了个人所能控制的范围，而且还会让那些致力于确保公司行为与公共利益保持一致的做法和提议受到打压。

2.1.2 减少消费所面临的文化与社会结构性障碍

发明是必需品的重要源泉[②]**：**有些消费的目的是避免剥夺社会中已成为必需品的东西，因为创新已经使以前罕见的消费形式被广泛接受。正如亚当·斯密(Adam Smith)说的那样：这种意义上的必需品(necessities)，“也包括那些和国家特定风俗有关的、避免让人们感到羞愧的事物，甚至可能只是一些最基本的风俗。人们会因为缺乏这些必需品而在公共场合中感到羞愧”[③]。我们曾在第1章中提到这种消费，并把它们和可尊重的规范和造成耻辱或失去面子的原因联系在一起。这种消费对于体现社会地位和自尊有着重要意义，

---

① 第4章解释了正义原则和证据对一个秩序良好社会的重要性。

② 我们需要朱迪斯·利希滕贝格(Judith Lichtenberg)这个令人愉快的配方，参见：“Consuming Because Others Consume,” *Social Theory and Practice* 22, no. 3, Fall 1996, p. 277。也可参见：Jared Diamond, “Invention Is the Mother of Necessity,” *New York Times Magazine*, 1999, http://partners.nytimes.com/library/magazine/millennium/m1/diamond.html. 戴蒙德(Diamond)写道：“发明创造了我们以前从未感受过的需求，是必需品之母。”但他并没有区分必需品和只是觉得必需的产品(4)。

③ Adam Smith, *Wealth of Nations*, , ed. R. H. Campbell and Andrew S. Skinner, Oxford: Clarendon Press, 1976, vol. 2, pp. 469-471. 进一步讨论参见：Lichtenberg, “Consuming Because Others Consume,” pp. 282ff.; Amartya Sen, *Development as Freedom*, Oxford: Oxford University Press, 1999, pp. 73-74.

是让人们在这个社会环境中活得更好的必不可缺的条件。但从另一个角度考虑，这种消费也可能是一种完全没必要的奢侈品，有没有它对人们生活质量的影响都不大。这种消费通常会受到通货膨胀的影响："似乎只要出现物质或技术进步，新产品就会逐渐成为'代表风俗时尚'的标志……这一点很重要，因为它表明了对技术进步和自我尊重的需要很有可能会促进这种超前消费。"①

摆脱贫困，对于实现人类潜能(human possibilities)来说是必要的，但达到北半球富裕国家早已超越的门槛水平以后，富裕水平的提高基本上是一种进步的错觉。虽然相对(relative)社会地位对幸福感有很大影响，但是越来越多的财富可能只是提高了体面与成功的门槛，这已超出许多人力所能及的范围。此外，别无益处。②

从某种程度上来说，如果个人因无法满足社会消费期望而丢失面子，而这些期望并不能保证这类消费有助于他们活得更好，那么这类期望(或说消费规范)就是阻碍人们为减少消费而进行的各种努力的障碍。

文化：文化随着发明而发展，但也可能保留着对消费习惯与规范的依附关系，也会使人们的消费形式变得更具破坏性。贾里德·戴蒙德(Jared Diamond)曾解释过，格陵兰岛北部人类文明的灭亡主要是由于他们的文化依附于一个不适合养殖业且高度碎片化的土地，并且他们拒绝将丰裕且容易获取的鱼类作为食物(有证据表明，挪威考古遗址几乎完全没有和鱼有关的记录)。③ 他们的故事说明了人们为保护自身文化和被赋予的特殊身份而遭受的风险和伤害。

---

① Lichtenberg, "Consuming Because Others Consume," p. 284.

② 关于社会地位对福利的影响，参见：Schor, *Plenitude*, pp. 176ff.; and Brian Barry, *Why Social Justice Matters*, Cambridge: Polity Press, 2005, esp. parts 2 and 5. For overviews of research on the unimportance of absolute affluence to happiness above a threshold of poverty, see Tim Kasser, *The High Price of Materialism*, Cambridge, MA: MIT Press, p. 43; and Speth, *The Bridge at the Edge of the World*, pp. 126-146.

③ Diamond, *Collapse*, pp. 211-276, 222-230. 格陵兰岛的挪威定居点成立于 984 年，但直到 14 世纪才有生存足迹。

在婚礼中交换黄金的习俗形成了一个有趣的对比：它仍然是一个具有象征意义的重大仪式，无数人参与其中，但是很少或根本没有人意识到黄金的足迹强度已经远远超过了其过去几年的平均水平。世界上剩余的黄金矿石的质量逐渐下降，每提取 1 盎司①黄金需要处理 30 吨矿石，并且由于用到了氰化物浸出技术(cyanide leaching process)，提取过程后的残渣碎片对山林带来了巨大的污染与破坏。② 即使在印度尼西亚巴图希瑙更环保的露天矿场，也需要从 250 吨岩石和矿石中才能生产出 1 盎司黄金。有毒的化学尾矿通过管道排入海洋，废弃的岩石分布在原来的原始雨林中。仅仅是那些遗留下来的矿井，就已经大到在外太空都可以被观察到。③ 地面上只剩下微小的金色斑点，而为了保证供应和运输安全所需的工程也是非常巨大的，并且具有极大的破坏性。黄金的使用是阻碍可持续文化方面的一个典型例证。我们剖析这类障碍，旨在呼吁保留我们文化习俗中的精华部分(对于我们的身份认同和福祉至关重要的部分)。难道我们真的需要通过计算美丽投资比率(beauty return on beauty invested，BROBI)，来了解我们在购买黄金时的回报吗?

战略消费与职位优势：个人和企业倾向于通过竞争有利的职位和努力提高他们所拥有的有利条件来谋求自身的利益。他们根据职位优势(positional advantage)从事战略消费(strategic consumption)，这种消费受通货膨胀的影响，而且从某种角度上来说是完全没有必要的。通常而言，这样的消费，较之于前文提到的通过必需品消费来“显

---

① 1 盎司=28.350 克。

② Jane Perlez and Kirk Johnson, “Behind Gold's Glitter: Torn Lands and Pointed Questions,” *New York Times*, October 24, 2005, http://www.nytimes.com/2005/10/24/international/24GOLD.html?th+&emc+th&pagewa; and Jane Perlez and Lowell Bergman, “Tangled Strands in Fight over Peru Gold Mines,” *New York Times*, October 25, 2005, http://www.nytimes.com/2005/10/25/international/americas/25GOLD.html?th+&emc=th. 淘金造成的损害在某些方面更糟，因为它通常涉及汞的直接处理和溢出。

③ Brook Larmer, “The Real Price of Gold,” *National Geographic* 215, no. 1, January 2009.

示时尚风俗”的行为，要更容易避免。但是在一个利益无法从较高社会阶层转移到较低阶层的制度体系中，这样的消费绝无可能消失。

为了说明这一问题，可以考虑复活节岛的森林被完全毁坏的例子。这一切都是由部落酋长之间的地位竞争造成的。酋长们竞相建造能够代表祖先崇高地位的最高石头雕像(moai)，监督树木的砍伐过程，以建造雪橇、绳索、杠杆和“独木舟梯子”，这些都是用来运输中心采石场的石头并将它们竖立在沿海的平台上的器具。最高的石像高达 32 英尺①、重达 75 吨，但在研究者们所发掘的将近 887 尊雕像中，约有一半的石头雕像都处在未完成阶段，可以看出这个行业曾经快速增长而后又迅速崩溃。这些行为导致 21 种树木被摧毁，能够作为燃料的木材被耗尽，本土鸟类减少，用于建造深海捕鱼独木舟的材料减少，土地无法吸收雨水，以及土壤侵蚀严重。②

某种程度上来讲，对竞争优势的过度追求加剧了不可持续，这是一个集体选择的问题。解决这个问题需要一些规范与政策来限制竞争的强度和破坏性。

2.1.3　广告

广告可以诱使人们购买他们本来不会购买的产品和服务。我们可以想象这样一个世界：在这个世界里，广告向人们传播了完全真实的信息并倡导理性的行为，同时需要考虑到产品和服务的真正利益和全部成本，但我们生活的世界离那样的理想世界还相去甚远。我们应该承认，广告是追求可持续的一大障碍。它诱导人们购买

---

① 1 英尺＝0.304 8 米。

② Diamond, *Collapse*, pp. 79-119，详细说明了森林砍伐的证据，所有这一切在 1400 年至 1600 年完成，1700 年时，人口从 1400 年至 1600 年的高峰值减少了 70%。然而，也可参见 Patricia McAnany and Norman Yoffee, eds., *Questioning Collapse: Human Resilience, Ecological Vulnerability, and the Aftermath of Empire*, Cambridge: Cambridge University Press, 2010，对于细节的纠正，特别是关于老鼠的作用——老鼠是被无意中带入岛内的入侵物种——严重限制了森林的再生。

他们本不需要的产品和服务，并且助长这种消费文化，使人们不再感到快乐，更严重的是，人们为此背负了更多债务进而感到焦虑。

广告商从他们所雇用的心理学家那里学到，焦虑使人们变得不那么快乐，导致人们变得贪婪，可以激发购物欲望。所以，他们制定了易于引发焦虑的信息，他们很清楚这样的信息在刺激销售的同时，也会让人们变得不快乐。关于幸福感的研究表明，人们观看的广告越多，就越不快乐。① 他们越看重财富，就越不快乐。他们购物越多，就越不快乐。广告商将目标积极地对准儿童，用已知对他们有害的信息轰炸他们。广告信息及其传达的物质价值观不仅会让儿童产生焦虑，而且还会导致抑郁和消极的自我形象、更冒险的行为，以及与父母的冲突。②

无论出售的是什么，广告所传达的一个普遍讯息就是，作为消费者，只有积极地参与市场才能解决个人问题并让生活变得更好。大量产业对市场的赞誉强化了这种信息，同时也削弱了集体与政府的行为，并经那些在一线组织、服务于产业议题的高端智库的调解以及政治发言人的站台。这些都是为了使公众疏于对商业活动的监督、削弱劳工的谈判地位并使尚未被商业化的活动商业化。让公民意识到，自己作为集体中的一员，只有身在集体之中才能分享到公共利益——这一任务虽然艰难，但确实非常重要。

2.1.4 生育自由

劳里·马祖尔(Laurie Mazur)和希拉·萨佩斯坦(Shira Saper-

---

① Kasser, *The High Price of Materialism*; Kasser et al., "Materialistic Values"; and Tim Kasser et al., "Some Costs of American Corporate Capitalism: A Psychological Exploration of Value and Goal Conflicts," *Psychological Inquiry* 18, no. 1, 2007.

② Juliet Schor, *Born to Buy: The Commercialized Child and the New Consumer Culture*, New York: Scribner, 2004; and Kasser et al., "Some Costs of American Corporate Capitalism".

stein)在《一个关键的时刻：人口、环境与正义》这部重要著作的后记中写道："人们对人口与环境有很多担忧——甚至有时是敌视的。"①恐惧是可以理解的，但认识到人口增长是阻碍追求可持续的一个重要原因也是不可否认的。随着人口的增长，许多对于可持续而言至关重要的事物变得越来越难维系。对管理社会生态系统至关重要的人力资本发展的任务很容易被人口增长所压倒。同样，如果从资源系统的长期视角来看，减贫也是个体发展的先决条件。较之于南半球普遍的人口增长，北半球的人口增长与南半球富裕的飞地在人类足迹的增长中起到了更大的作用，但从长期来看，贫困与不安全感是所有地区实现可持续的障碍。从伦理的角度来看，贫困人口的脆弱性和世界多数地区妇女生育权利被剥夺的情况是受到关注的主要问题。从削减足迹的角度来看，国际发展和人权界普遍认为，减少贫困、普及女孩基础教育、普及妇女生育权等，是稳定人口最有希望的途径。

1994 年在开罗举行的国际人口与发展会议提出了由 179 个国家联名签署的《开罗行动纲领》(Cairo Program of Action)，第一次在国际政策文件中明确提出了生育权利(reproductive rights)："生育权利……是建立在承认所有夫妇与个人自由地(并负责任地)决定子女数量、生育间隔和时间，并拥有这样做的信息和手段，以及获得性与生殖健康这一最高标准权利之外的又一人类基本权利。它还包括有关在人权文件中表达的不存在歧视、胁迫和暴力的生育自由的权利。"②若要稳定人口，任何政策措施的合法性和有效性，几乎都必

---

① Laurie Mazur and Shira Saperstein, "Afterward: Work for Justice?," in *A Pivotal Moment: Population, Justice & The Environmental Challenge*, ed. Laurie Mazur, Washington, DC: Island Press, 2010, p. 394. 对于早期的讨论人口与环境联系的工作，参见：B. O'Neill, F. L. MacKellar, and W. Lutz, *Population and Climate Change*, Cambridge: Cambridge University Press, 2001.

② UNFPA, *Programme of Action: Adopted at the International Conference on Population and Development, Cairo, 5-13 September* 1994, Geneva: United Nations Population Fund, 2004, p. 46.

须建立在尊重这些基本权利和相关人权的基础上。妇女可以自由地选择延迟生育时间，并且在能够获得教育的时候自由选择生育数量，这些都是赋予女性的基本权利。①

若单从人口稳定方面考虑的话，缺乏知识和生育自决权可以说是可持续性的主要障碍。有充分的证据表明，加强普及女孩基础教育是使妇女能自己做出负责任的生育决策的良好投资，并在缩小全球基础教育领域的性别差距，以及确保基础教育普及化方面取得了良好进展。1990 年，接受过小学教育的女孩数量仅为男孩的三分之二，但到 2010 年，这一数字已经上升到与男孩相当的水平。② 目前，接受过小学教育的儿童人数比世界上的小学学龄期儿童人数要多，尽管还有其他一些不利于生育自由的因素仍可能是实现可持续的障碍，但这已经令人鼓舞。

2.1.5 公共知识的系统性缺陷

通过未经协调的个人行动来实现可持续的另一个障碍是公共知识体系(public knowledge)的缺陷。公共知识体系指的是，根据客观和可靠的方法进行调查并通过这种方法建构对公共有利知识的制度体系。③ 我们所知道的大部分知识都是依赖于他人而获得的，这种

---

① Jacqueline Nolley Echegaray and Shira Saperstein, "Reproductive Rights Are Human Rights," in *A Pivotal Moment*, ed. Mazur, p. 348; Mazur, ed., *A Pivotal Moment*, p. 395; Martha Nussbaum, "Women's Education: A Global Challenge," *Signs* 29, no. 2, 2003; and Sen, *Development as Freedom*, pp. 195-199. 森(Sen)写道："女性读写能力与生育力之间的负相关性似乎在经验上是有根据的。这种联系已经被广泛观察到……受过教育的妇女不情愿接受持续抚养儿童明显起到了作用……教育也使视野更加广阔，有助于传播计划生育知识。当然，受过教育的妇女往往有更大的自由行使她们的家庭决定，包括生育和分娩问题。"(199)

② Jeffrey D. Sachs, *The Age of Sustainable Development*, New York: Columbia University Press, 2015, pp. 253-254.

③ Philip Kitcher, "Public Knowledge and Its Discontents," *Theory and Research in Education* 9, no. 2 (2011); and Kitcher, *Science in a Democratic Society*, Amherst, NY: Prometheus Books, 2011.

认知依赖(epistemic dependence)是人类社会的基本内容。一旦我们的信赖被错置，就会面临极大的风险。但若人们被有效地组织起来，区分真理与缪误并分享重要真理，我们在知识汇聚方面的能力将提供巨大的优势。开放型社会通过投资于科学探究和机构来追求这种优势，相关调查的结果可以被传达给决策者与公众。这就必然要求建立一种认知性劳动分工(division of epistemic labor)以培养多种形式的认知专长与诚信，由此产生的知识美德在公共利益中得到可靠的体现。因此，这就需要建立一个基于认知专长来分配可识别的认知权威的制度体系，以增加对那些最认真和值得信赖人士的投资，也要求这些机构严格按照认识论中描述的良好工作(good work)条件去执行。良好工作条件是指，重要的真理能得到良好的辨别和交流。[①] 国家科学院和政府间气候变化专门委员会等研究机构的目的是收集经过同行评审的研究成果，确定与公众利益相关的共识，并传播他们所确定的已知和重要的内容。这些机构通过专家们的呼吁来为公众利益服务，但这些呼吁是否能被大众听到和重视则是另外一回事了。

绝大多数科学家都了解，他们在公共知识体系中所扮演的角色仅限于在其专业领域内做好研究、将其成果发表在同行评审期刊上，以及培养未来的科学家。尽管许多科学家也是教育工作者，但他们没有责任直接向公众和政策制定者传达他们的研究成果，使其指导一些重要决策；科学家们也不会经常寻求跨学科的合作以服务于公共利益。显然，可持续需要更好的科学传播支持，并增加不同研究议题之间的协调，以及解决当前各种跨专业的问题。因此，现行的专业责任规范与限制对可持续构成了障碍。当前，“并不存在一种新的全球变化科学，能够更好地兼顾经验上的、技术上的、政治上的、

---

① 参见上注，以及 Allen Buchanan，“Social Moral Epistemology，” *Social Philosophy and Policy* 19，2002；Buchanan，“Political Liberalism and Social Epistemology，” *Philosophy & Public Affairs* 32，no. 2，2004；and Howard Gardner，Mihaly Csikszentmihalyi，and William Damon，*Good Work*，New York：Basic Books，2001，其中涉及研究和新闻学相关领域。

伦理上的问题及其他事项”，那么，公共知识体系将如何应对全球公共问题，并向公众通报公开审议的状况①？科学家们也在讨论这个问题。②

教育机构：各级教育机构的一个明显功能就是传播对公共利益至关重要的知识，这显然应该包括可持续的概念及其如何实现的内容。但事实上，美国大多数学校几乎不传播这方面的知识，这也是可持续的另一个明显障碍。虽然可持续在现有的国家科学教育标准中被提及，但实际上可持续教育的条件是普遍缺乏的。课程整合比较少，再加上高风险的考试体系，鼓励学生重视基础技能和知识记忆，却以牺牲跨学科理解、批判性思维及各种问题解决能力为代价，而这些方面内容对于可持续教育来说至关重要。美国教育工作者还没有准备好参与到和可持续相关的、具有重大意义的教学工作中来，并且没有提供足够的资源来解决这种准备不足的问题。要想把足够的可持续课程引入高等教育领域，首先遇到的障碍就是通识教育的逐渐弱化，更多的是碎片化、专业化和以职业规划为重点的学习课程，还包括一些学术生活的规范。这使大学教师往往忽略他们的集体责任，而他们本该为学生提供一个连贯的通识教育。

媒体：不幸的是，大众媒体的局限性阻碍了专家群体对重要真

---

① Noel Castree, “Reply to ‘Strategies for Changing the Intellectual Climate’ and ‘Power in Climate Change Research’,” *Nature Climate Change* 5, May 2015; Noel Castree et al., “Changing the Intellectual Climate,” *Nature Climate Change* 4, September 2014; Myanna Lahsen et al., “Strategies for Changing the Intellectual Climate,” *Nature Climate Change* 5, May 2015; and Lauren Rickards, “Power in Climate Change Research,” *Nature Climate Change* 5, May 2015. 关于科学如何通过伦理和政治考虑充分告知和获悉信息的另一种观念，参见：Kitcher, “Public Knowledge and Its Discontents” and *Science in a Democratic Society*. 另见第4章的开头。

② 关于代表综合科学的宣言，参见：Murray Gell-Mann, “Transformations of the Twenty-First Century: Transitions to Greater Sustainability,” in *Global Sustainability: A Nobel Cause*, ed. Hans Joachim Schellnhuber et al., Cambridge: Cambridge University Press, 2010.

理的广泛传播。新闻“平衡主义”的思想，往往导致新闻报告的内容不能反映真实信息，从科学家角度传达出来的信息和那些相关评论员所说的内容有时出入很大，这主要是由于评论员可能已经多年没有进行研究、不再积极投身于科学领域，以及不再尊重相关科学界成员的研究成果等。共识科学有时会被推翻(即被新的共识所取代)，但在相关专家机构内部达成的共识仍是公众获取真相过程中的最佳指南。即使在专家群体中也存在一些异议，但这并不证明新闻界中常见的那些“怀疑论者”的做法就是合理的。在相关的科学家群体中，怀疑论者将有机会影响共识，同时他们也应该再拥有一次向公众宣传他们观点的机会。我们不能将他们公开表达的一些有“争议”的观点统统归为对公众的误导。那些不属于相关科学界的、真正出于公众利益考虑的怀疑论者，应该在该领域的学术论坛上展示他们的想法。他们的努力仍然有助于促进公众利益及推动知识的形成与发展。

尽管记者并不需要成为他们所报告的科学内容方面的专家，但他们确实需要了解科学的本质，认识到那些可信赖的机构在科学实践与传播方面的作用，并且区分(1)“他说，她说”之类的由诸多证人参与的争议，以及(2)那些通常引致政府拖延公共卫生和环境保护措施的人对于科学知识的批判。① 科学报道的失败在美国媒体中是系统性的现象，其主要原因在于意识形态导向致使媒体市场的分化加剧，以及公众对那些与意识形态相容的新闻更加信任——

① James Powell, *The Inquisition of Climate Science*, New York: Columbia University Press, 2011, esp. chapter 11, “Balance as Bias”; Naomi Oreskes and Erik Conway, *Merchants of Doubt*, esp. the epilogue, “A New View of Science”; Riley E. Dunlap and Aaron M. McCright, “Organized Climate Change Denial,” in *The Oxford Handbook of Climate Change and Society*, ed. John S. Dryzek, Richard B. Norgaard, and David Schlosberg; and Judith A. Layzer, *Open for Business: Conservatives' Opposition to Environmental Regulation*, Cambridge, MA: MIT Press, 2014.

这些原因导致气候学家们所知的情况与公众认知间一直存在差距。①

企业公关： 近年来，美国公共关系支出迅速增长，其中很大一部分支出都被用于“绿化”企业形象。② 这些公关努力严重误导了公众对许多问题的认识与判断，包括污染对公共卫生的影响、气候变化领域中的科学共识强度，以及对于好的科学的定义，等等。这些公关策略是多样化的、资金充足的、极具迷惑性的，主要以烟草业为代表。特别是化石燃料行业，其投入大量资源，削弱了公众对于气候变化领域科学共识的理解，而这一科学共识至少在 20 年前就已

---

① Anthony Leiserowitz et al., *Climate Change in the American Mind: October 2015*, New Haven, CT: Yale Project on Climate Change Communication and George Mason University Center on Climate Change Communication, 2015, http://climatecommunication. yale. edu/wp-content/uploads/2015/11/Climate-Change-American-Mind-October-20151. pdf. 尽管三分之二的美国人了解全球变暖正在发生，并且一半的人了解全球变暖大多数是人为因素造成的，但只有 10%左右的人认识到，几乎所有的气候学家都接受了人为气候变化的发生。相关作者 2016 年春季的研究(*Global Warming and the U. S. Presidential Election, Spring 2016*, New Haven, CT: Yale Project on Climate Change Communication and George Mason University Center on Climate Change Communication, 2016, http://climatecommunication. yale. edu/wp-content/uploads/2016/05/2016_3_CCAM_Global-Warming-U. S. -Presidential-Election. pdf)发现，除了特德·克鲁兹以外的每个主要政党总统候选人的大多数支持者都认为全球变暖正在发生，但这项研究也证实了以前的研究结果，美国人对气候变化的信念和关注程度随着主要政党的隶属关系而变化很大。支持者对全球变暖的信念范围从 38%(克鲁兹)和 56%(特朗普)到 92%(克林顿)和 93%(桑德斯)。在莱斯洛维茨(Leiserowitz)等人 2012 年研究政治派别分裂时，81%的民主党人赞同全球变暖，但只有 47%的共和党人同意全球变暖正在发生(Anthony Leiserowitz et al., *Global Warming's Six Americas in March 2012 and November 2011*, New Haven, CT: Yale Project on Climate Change Communication and George Mason University Center for Climate Change Communication, 2012, http://environment. yale. edu/climate/files/Six-Americas-March-2012. pdf)。正是由于媒体信任的新闻来源的实质性的变化，才导致了观察到的事实之间有如此大的差距。

② Bowen, *After Greenwashing*.

经被业内科学家私下接受。①

许多年来，烟草业其实一直进行着一个秘密的运动，这个运动旨在反驳和阻止关于烟草能够令人上瘾并导致癌症及其他疾病的证据，而这些证据早已被其业内科学家们所确认。这场运动涉及公关公司、一些前沿组织如健康科学联盟前进党(The Advancement of Sound Science Coalition，TASSC)，以及自诩为了公共利益而担当“健康科学”独立卫士的行业科学家们。这场运动的目的是通过扭曲证据标准、误导行业赞助研究来制造科学争议的假象，同时通过限制商业与大学的合作、操纵法律及攻击独立科学家等来阻止其他竞争性研究。由烟草业律师所雇用的公关公司发明的所谓“健康科学”的战略和标语，演变成一场对抗那些不被待见的科学研究的运动。他们通过行业赞助来大力支持“反环境保护”的智库，支持否认气候变化的网站及一些虚假的气候会议，并在这些气候会议上让科学家们无休止地讨论那些早已被揭露的观点。② 国家物理科学联合会(National Physical Science Consortium)执行主任鲍威尔(James Powell)于 2011 年在回应关于加强科学界对气候变化的共识时写道：“1997 年，阿莫科、英国石油公司、杜邦、福特和壳牌公司从全球气候联盟组织(Global Climate Coalition，一个由全国制造商协会发起的不承认气候变化的组织)中退出，并加入有环保义务的商业环境领导委员会”，但在 1998 年至 2005 年，埃克森美孚公司“向 40 多个拒绝承认全球变暖的组织提供了 1 600 万美元”。③ 依据忧思科学家联

① Elliott Negin, “Documenting Fossil Fuel Companies' Climate Deception,” *Catalyst* 14, Summer 2015. 对于该文遵循的 85 个内部行业文件和有关科学家联合会的报告，参见：Union of Concerned Scientists, *The Climate Deception Dossiers*, Cambridge, MA: UCS, 2015, http://www.ucsusa.org/decadesofdeception.

② 关于这些和相关索赔的大量文件，参见：Kristin Schrader-Frechette, *Taking Action, Saving Lives*, New York: Oxford University Press, 2007; Oreskes and Conway, *Merchants of Doubt*; Powell, *Inquisition of Climate Science*; Dunlap and McCright, “Organized Climate Change Denial”; and Union of Concerned Scientists, *Climate Deception Dossiers*.

③ Powell, *Inquisition of Climate Science*, pp. 94-95, 110.

盟(Union of Concerned Scientists)2007年曝光的《烟雾、鬼镜和吹牛：埃克森美孚如何利用大烟草公司的策略来制造关于气候科学的不确定性》(*Smoke, Mirrors, and Hot Air: How ExxonMobil Uses Big Tobacco's Tactics to Manufacture Uncertainty on Climate Science*)，埃克森美孚运用与烟草业相同的战略及其一些主要参与者，“制造不确定性，清洗信息，提倡伪科学，呼吁‘健康科学’以将人们的注意力从无可争辩的科学证据之中转移开来，并利用这个方法游说政府拒绝和推迟有关行动”①。然而现在确定的一点是，埃克森美孚公司并不是资助这些运动的唯一一家公司。尽管壳牌和其他公司在1998年开始承认化石燃料排放是气候变化的主要原因，但是美国石油协会(工业贸易集团)、西方石油协会和其他一些化石燃料公司仍然持续扩大这些混淆视听类的运动。②

杰出的科学哲学家菲利普·基切尔(Philip Kitcher)对我们当前面临的困难直言不讳：“关于自由讨论的价值，我们大部分人的想法都是以个人主义认识论为前提的，这使得公民们都必须承受自己存在可以补救的无知这一事实——他们潜在的本能会让他们把那些成功者所倡导的言论视为真理。在当代世界，这个前提是远离现实的，即使是在理想化的情况下也很难让人相信。当向投票公众散播信息的渠道系统性地扭曲了原先已经达成充分国际共识的结论之后，无法补救的无知必将蓬勃发展。”③气候“怀疑论者”利用常识可以适当指导真理的假设，就像某些诡辩“正如所有人都认为的那样，自然界

① Powell, *Inquisition of Climate Science*, p. 111. 另可参阅：Union of Concerned Scientists, *Smoke, Mirrors, and Hot Air: How ExxonMobil Uses Big Tobacco's Tactics to Manufacture Uncertainty on Climate Science*, Cambridge, MA: UCS, 2007.

② Union of Concerned Scientists, *Climate Deception Dossiers*, p. 11.

③ Kitcher, “Public Knowledge and Its Discontents,” pp. 119-120.

是受稳定的负面反馈支配的，而不是不稳定的正面反馈”①。这是一个很好的例证，说明在气候变化这个复杂而又有争议的问题上，光靠常识是不够的，而运转良好的公共知识体系至关重要。

2.1.6　心理特质和调解性的社会规范与实践

通常情况下，有些共同的认知、动机和情感特质可能会成为实现可持续的障碍，例如，有碍于理性接受证据的认知处理、理解复杂系统过程的困难、促成过度消费和拖延症的动机，以及易于引起否定或否认事实的负面情绪反应。这些特质一定程度上可以通过精心设计的教育干预措施和制度安排予以克服，这样的方式也有利于指导整个社会构造不同的选择组合，集体回应和处理一些消极负面的情绪。从某种程度上来讲，以上提到的特质都是通过未经协调的个人行动来实现可持续的障碍。

心理学家罗伯特·吉福德(Robert Gifford)试图将削减家庭消费的心理障碍归为七类。②

① Powell, *Inquisition of Climate Science*, p. 11，引用麻省理工学院气象学教授理查德·林德森(Richard Lindzen)的主题演讲，“Climate Alarm”(by Richard Lindzen, an MIT professor of meteorology, speaking at a March 2009 Heartland Institute conference)。共识是，林德森的研究和其他任何人的研究，都没有发现任何可能减缓气候变化的负面反馈机制，而几个积极的反馈超过了 IPCC 的预测：海洋冰川的退缩(导致表面反射率的下降)，加速衰减的土壤中的有机物质(释放温室气体)，由于干旱和有害生物而造成的森林下降，以及海床升温和融化永冻层释放甲烷。亚马孙 2005 年和 2010 年的干旱导致了在 gigatons(GtC 或数十亿吨碳)中测量的碳排放量，估计在 2010 年为 1.2 至 3.4 GtC，并减少随后的碳封存。WWF, *Living Planet Report 2012*, p. 95; and Brian Kahn, “Drought Weakens the Amazon's Ability to Capture Carbon,” *Climate Central*, March 9, 2015, http://www.climatecentral.org/news/drought-amazon-carbon-capture-18733.

② Gifford, “Dragons of Inaction”. 对于风险的看法的调查，参见：Robert E. O'Connor, Robert E., Richard J. Bird, and Ann Fisher, “Risk Perceptions, General Environmental Beliefs, and Willingness to Address Climate Change,” *Risk Analysis* 19, 1999; Peter Slovic, *The Perception of Risk*, London: Earthscan, 2000; and Anthony Leiserowitz, “American Risk Perceptions: Is Climate Change Dangerous?,” *Risk Analysis* 25, 2005.

(1)认知局限：由于对竞争的忧虑、知识缺乏、对不确定性事件的不合理反应、不完全接受事实证据、乐观倾向，以及认为自己无法影响整体事件的想法等，而导致的注意力分散。

(2)意识形态：相互冲突的世界观、对超人类或技术救星的盲目信仰，以及安于现状的偏向。

(3)社会规范的影响：例如，暗示和模仿受人尊敬的人的消费习惯，以及社会比较(或说同类互比)在感知权利中的作用。

(4)沉没成本：包括金融投资、既定习惯和既得利益等形式。

(5)不信任：对不受欢迎信息的不信任、否定，以及完全对立的反应。

(6)感知风险：审视新奇事物时不理智的风险厌恶。

(7)限制行为习惯改变的倾向：人为限制那些成本最低的行为习惯改变。

一个不需确信长期气候变化的争论在美国至少会遇到以下一些障碍，或者是这几种障碍的组合，例如：无视气候学家们就气候干扰问题而达成的那些确定共识；在意识形态上不信任环保人士、联合国及坚持主张政府规制与加税的人士；坚持维护一切现状不改变的既得利益者；空间贴现(spatial discounting)，或者说倾向于假定气候变化问题更容易发生在其他国家和地区而不是自己所处的地区；以及对市场调节能力产生了错误的信念，认为我们生活中任何被破坏的事物都能通过各种市场产生替代品并最终得以解决。一些否定或不信任，根植于人们的恐惧、内疚，以及一种掌控自己命运的需要。并且，人们通常倾向于过度重视那些支持自身信念的证据，而相对排斥那些不符合自身信念的证据(被称为“证实偏见”，confirmation bias)。这些特征导致许多人一直生活在自己的幻觉中，并没有意识到环境已经和原先大相径庭。这些特征也可能使许多人无法意识到他们得出的结论是多么荒谬和奇幻，即人们一直坚信，市场能够可靠地识别我们所欠下的大量生态债务，并扩大技术上的包容与宽恕，始终及时地确保人类发展可以一帆风顺。

通过社会规范和实践行为来调节否定： 否定，并不仅仅是个人因无助和愧疚而产生的一种精神心理上的自我保护反应，而且是一种综合集体性的社会过程(social process)。这种过程需要由文化规范和实践行为来调节，而这些规范和实践行为有助于调节人们的注意力(attention，即因对竞争的忧虑而造成的注意力分散)、情感(emotion)和可接受对话(conversation)的边界。① 因此，它可能在调节个人对气候和可持续性问题的反应方面发挥强大的作用，甚至在那些理解和关心这些问题的人当中也是如此。② "我们都是从周围人们身上学习如何看待和思考的"，卡里·玛丽·诺加德(Kari Marie Norgaard)在一个有关挪威气候变化及公众是如何对这件事保持沉默和不作为的研究报告中写道。③ 根据她的观察，正如我们在自己的教学中看到的一样，学习了解气候变化和可持续的其他方面内容确实会令人不安(disturbing)。由此带来的脆弱、内疚和无助，不但让人们难以忍受，而且还会影响个人的健康和福祉，尤其是在这些问题通过某些建设性方案之后仍然无法得到缓解的情况下。④

这种糟糕的感受能否通过建设性地参与或是拒绝相信而有所缓解？显然，这在很大程度上是由社会实践行为与规范的调节所决定的。缺少可以邀请并帮助人们建设性地参与到有利于可持续活动中

---

① 关于拒绝的形式和动态的综合审查，参见：Stanley Cohen, *States of Denial*, Cambridge: Polity Press, 2001.

② Kari Marie Norgaard, *Living in Denial: Climate Change, Emotions, and Everyday Life*, Cambridge, MA: MIT Press, 2011, p. 207.

③ Ibid., p. 5.

④ Cf. Ottar Helevik, "Beliefs, Attitudes, and Behavior towards the Environment," in *Realizing Rio in Norway: Evaluative Studies of Sustainable Development*, ed. William Laverty, Morton Nordskog, and Hilde Annette Aakre, Oslo: Program for Research and Documentation for a Sustainable Society, University of Oslo, 2002, p. 13.

去的社会团体，可能是所有可持续障碍中最重要的也是最容易克服的一个障碍。只要我们每个人都愿意积极主动地采取相关行动，问题就能得到解决。关于气候变化和有关问题，最有效的沟通形式就是“让人们团结起来，并给予他们机会就消费这一话题进行全面对话、增进理解并表述观点”①。这可能也是为何要对“否定”进行社会调节的一个重要原因。要想帮助人们克服在气候变化与不可持续证据面前糟糕的负面情绪反应，就需要创造社会环境来为那些有助于促进可持续的对话和有意义行动提供机会。

认知特征：确切地讲，吉福德总结列举的并不是一种心理障碍的分类目录，而是由内在心理特征与外在心态或意识状态构成的混合体，它是致使人们对气候变化及其危害了解不足并且也没有采取足够有效的行动去减缓气候变化的重要原因之一。证实偏见（confirmation bias）很明显是一种心理特征，也构成了理性信念形成的一种障碍。但是，知识匮乏或者拥有一些被证实偏见强化了的错误先验性信仰，其实是源于个体的思想状态，这种状态由个人获得意识形态、世界观和知识的社会、文化和制度环境所决定。如果将心理倾向（psychological dispositions）与外部心态区分开来，前者可以被认为是实现可持续性的障碍，因为它们在合理性、合情性或者这两方面都存在缺陷——合理性（rationality），是指如何判断关于气候和可持续性的证据，并决定如何保护自己的利益；合情性（reasonableness），是指尽自己所能来促进可持续。在回应证据事实过程中所存在的一般合理性的缺陷，也应与人们在认识理解复杂系统时所面临的困难区别开来，这些复杂系统涉及存量与流量、时间延迟及反馈

---

① Laurie Michaelis, “Consumption Behavior and Narratives about the Good Life,” in *Creating a Climate for Change: Communicating Climate Change and Facilitating Social Change*, ed. Susanne Moser and Lisa Dilling, Cambridge: Cambridge University Press, 2007, p. 254.

特征(气候调节和生态系统的基本特点)等。①

这些回应证据时的一般性认知缺陷和理解复杂系统时的具体困难，需要通过构建以批判性思维(让学生自我监督和提高自身思维质量)为指导的教育体系和制度来解决，同时还需要增强对环境系统和可持续性(与人类系统相关的方面)的认识，也包括一些通过文化规范和实践活动去限制对可持续性问题适度回应的方式。

动机特征：吉福德同样把社会规范的影响(influence of social norms)归类为一系列规范与倾向的混合体，这些倾向主要是指易于模仿并将自己与那些具有优越社会地位的人相比较的倾向。在可持续和环境类文献中提到的其他动机特征还包括占有欲和偏好异常，两者都会导致拖延症或未能及时采取行动，从而错失了更优的结果。

心理学家认为，占有欲(acquisitiveness)可能因不安全感和其他特定因素的作用而有所不同，但也可能是一种性格特征，生物学家认为这符合人类生存和成功生育繁衍的适应性特征。② 这两种观点都不意味着占有欲一直是实现可持续的障碍，但在目前的情况下(过度消费的文化、不断扩大的不平等对满足感和不安全感的影响等)，人类占有欲的某些方面仍是实现可持续的障碍。

低估未来奖赏的价值，或者说对当前奖赏的重视程度高于未来

---

① John D. Sterman, "Communicating Climate Change Risks in a Skeptical World," *Climatic Change* 108, no. 4, 2011, doi: 10.1007/s10584-011-0189-3, http://link.springer.com/article/10.1007%2Fs10584-011-0189-3，概述了这些困难，以及如何在通信中克服气候变化的建议。对个人理性或判断的一般缺陷更全面的介绍感兴趣的读者可参阅：Thomas Gilovic, Dale Griffin, and Daniel Kahneman, *Heuristics and Biases: The Psychology of Intuitive Judgment*, Cambridge: Cambridge University Press, 2002; Daniel Kahneman and Amos Tversky, *Choices, Values and Frames*, Cambridge: Cambridge University Press, 2000; and D. Kahneman, P. Slovic and A. Tversky, *Judgment under Uncertainty*, Cambridge: Cambridge University Press, 1982.

② Kasser et al., "Materialistic Values"; and Dodds, *Humanity's Footprint*.

奖赏，是人类普遍的本能和倾向，它将导致人们偏好排序的逆转。①这种偏好的逆转，或者说人们的欲望或偏好强度暂时性达到峰值，通常发生在令人愉快但却是次优选择的对象几乎到手或者很接近的时候，例如，对冰激凌的偏好超过对避免糖尿病的偏好时。由于这些刺激是短暂的，那些满足一时偏好的行为最终更多的是带来遗憾。一旦最初的兴奋感消失，相比拥有这个东西之前的状态，此时人们会变得更不开心、更为沮丧。② 更麻烦的是，一系列的类似偏好逆转，会逐渐诱导人们放弃那些更为优先的目标。例如，吸烟者有很强的戒烟欲望，他会告诉自己这根烟之后不再抽下一根，但在每一个选择点我们都会发现下一根烟永远都是他最强烈的欲望。同样，对于那些喜欢购物的人来说，他们的首要目标应该是避免债务，因为要为退休之后积攒储蓄，但他们却大多会推迟开始储蓄的时间。总的来说，在当下每一个选择的时点，人们总会偏向于及时行乐，而不是对未来进行某种投资。在许多这类瞬间理性的选择中，可能会产生一种极端的非理性选择：每个人都无法通过控制自己的欲望来避免一场本该避免的灾难，这种失败也可以算是非理性的。

当我们认识到一些非理性选择是结构性问题时，作为公民，我们就可以单独或共同致力于及时改变我们选择的结构，例如，实施退休自动储蓄计划、国家养老金制度和普遍碳税等方面的措施。这

① Kris Kirby and R. J. Herrnstein, "Preference Reversals Due to Myopic Discounting of Delayed Rewards," *Psychological Science* 6, 1995; Andrew Millar and Douglas Navarick, "Self-Control and Choice in Humans," *Learning and Motivation* 15, 1984; Ted O'Donoghue and Matthew Rabin, "Doing It Now or Later," *American Economic Review* 89, 1999; George Ainslie, *Breakdown of Will*, Cambridge: Cambridge University Press, 2001; Chrisoula Andreou, "Understanding Procrastination," *Journal for the Theory of Social Behaviour* 37, 2007; and Andreou, "Environmental Preservation and Second-Order Procrastination," *Philosophy & Public Affairs* 35, no. 3, 2007.

② Kasser, *High Price of Materialism*.

些措施有益于重塑选择结构。①

2.2 协调的障碍

人们普遍认为，保护大气层这种全球公共物品或者说共同财产(commons or common asset)，需要一个全球范围的治理体系，本质上是一套国际法体系。任何不全面的治理体系终将失败，因为全球合作需要每个地区的人都在尽自己的责任。如果资源向公众免费开放的话，会发生公地悲剧(tragedy of the commons)。更具体来说，如果多个用户可以免费使用、损害或者任意耗尽公共资源，他们将会理性地选择继续或加速使用这些资源，以便在竞争对手用完之前从中获得更多好处，即使大家都意识到长远的合作可以给他们带来更多的利益，他们依旧会这么做。② 集体行动理论(theory of collective action)认为，要解决这些集体行动问题，需要通过规则或协调原则(coordinative principles)从外部强制实施一些措施。因为如果没有这种外部强制措施的话，个人的理性行为将成为互利合作的根本性障碍。当涉及选择协调原则的个体数量很大，以至于无法实现每个人面对面谈判时，就必须选出领导者；之后，一旦这些基本的合作规则得到确定，就必须成立对冲突和共同执行机制进行仲裁的机构。因此，集体行动理论和社会契约理论认为，缺乏有效的治理权力(包括立法、司法和刑事权力等)是实现可持续必须克服的一大障碍。至于这种权力如何确立发展并进一步结构化，例如，如何集中或分散，目前仍然不清楚。

旨在限制温室气体排放的国际条约谈判工作一直就是基于对这种情况的理解而展开的，但那些工作目前又遇到了其他障碍。其中一个障碍是边缘策略，即各国为了尽可能获得最大的好处而拖延合

---

① Jon Elster, *Ulysses Unbound: Studies in Rationality, Precommitment, and Constraints*, Cambridge: Cambridge University Press, 2000.

② Garrett Hardin, "The Tragedy of the Commons," *Science* 162, 1968, pp. 1243-1248.

作的进度。如果没有双方都承认的、达成协议的最后期限，国家间的合作就有可能无限期地延迟下去。南半球贫困国家和北半球富裕国家在历史责任与脆弱性等方面的不对称性，也有可能使谈判变得复杂。之后，即使各国之间达成了相关协议，一项国际条约也只有在特定多数签署国批准并通过在其管辖范围内授权立法的情况下才能生效。政治领导人必须面对国内选民对于这些法律条款的抵制，如果没有有利的政治条件，他们估计也不愿意为了这件事拿自己的事业前途来冒险。通过国内法来执行国际环境法也是建立全球信任的一大障碍，这对于围绕一套完善的全球合作协议达成共识来说至关重要。人们很容易怀疑，其他国家的政府如何才能有效地监督和执行这些协议与承诺。即便以上所有这些障碍都得到了克服，要想在国内成功管理和实施这些协议仍然存在障碍，比如需要有效地监督和执行以确保高效地遵守协议条款，但这基本上是不可能实现的，尤其是在合作条款没有被广泛认定为合法或公平的，以及为了适应当地形势而不断变化协议内容的情况下。在适当地注意到这些细节之后，我们可以合理地得出以下结论：成功实现可持续的最大障碍是，人类在面对和处理像人为气候变化这样如此庞大的挑战时缺乏经验(无论是在规模、风险程度或是复杂性方面)。先前经验的好处是，可以将其作为课堂中的教学案例来学习，并运用到实践中。

这些都会构成通过广泛、有效的全球协定以获得可持续结构条件的障碍，它们最有可能通过多尺度方法(multiscale approach)加以克服。诺贝尔经济学奖得主埃莉诺·奥斯特罗姆(Elinor Ostrom)是研究公共资源自我组织管理的先驱。她的研究阐明了地方和区域自治组织发展的有利因素，并强有力地表明，通过各种规模组织的合作来应对气候变化等环境类集体行动问题是非常有效并且具有显著优势的。几十年来的研究显示，对集体行动理论的实证支持远低于预期，同时也表明“涉及集体行动的问题时，大多数人都在积极合作”。这一点让学者们很吃惊。与传统理论所预测的相反，一个区域内的小规模团体会自发组织，以共同解决一些中小型的资源开发问题。① 在缺乏集中执行规则的情况下，要充分保证其他人会合作。因此，自愿遵守规范并通过社会网络参与执行的方式是合理的。基于这项研究，以及因为使用集中式治理取代共同资源系统管理的失败教训，在过去10年中，发展中国家普遍转变了治理方案，通过采用地方化的公共资产管理达到一种去中心化的环境治理模式。②

奥斯特罗姆认为，有助于增加共同资源的自我组织管理成功可能性的最重要因素包括：每个人对生态系统功能和自身行为的成本和收益有正确的了解；每个人都认为这个系统或资源是重要的，并且在决策过程中注重其长期价值；让每个人都获得"值得信赖的合作者"声誉；可以相互沟通；能够进行"非正式监督和制裁"，并且每个人都认为这样做是适当的；最后，"社会资本和领导力的存在"与"之前解决共同问题上的成功"息息相关。③ 另外两个重要的因素是，"分享关于如何进行合作的道德和道德标准……以及关于彼此拥有足够信任来遵守协议"的用户更有可能合作，而且当用户"在集体选择层面具有完全自主权来制定和执行自己的一些规则时，合作将更有可能发生"④。缺乏这些因素及其他使合作更有可能实现的特征，可

---

① Elinor Ostrom, "A Multi-Scale Approach," 29; Thomas Dietz, "Elinor Ostrom: 1933-2012," *Solutions* 3, no. 5, August 2012, http://www.thesolutionsjournal.com/node/1166.

② Committee on the Human Dimensions of Global Change et al., eds., *The Drama of the Commons*, Washington, DC: National Academies Press, 2002, http://www.nap.edu/openbook.php?record_id=10287&page=1. See esp. chap. 2: Arun Agrawal, "Common Resources and Institutional Sustainability". See also Paul Stern, Thomas Dietz, and Elinor Ostrom, "Research on the Commons: Lessons for Environmental Resource Managers," *Environmental Practice* 4, no. 2, June 2002.

③ Elinor Ostrom, "A Multi-Scale Approach," 29. Josiah Ober offers a similar account in *Democracy and Knowledge: Innovation and Learning in Classical Athens*, Princeton, NJ: Princeton University Press, 2008.

④ Elinor Ostrom, "A General Framework for Analyzing Sustainability of Social-Ecological Systems," *Science* 325, July 24, 2009, pp. 420-421. 这些页面引导的讨论指出，"创业技能"和"大学毕业生的存在"具有"强有力的积极作用"。

能是合作中的一大障碍。准确的理解、沟通、共同规范、信任、自治和领导都是非常重要的，因为任何形式的教育都会对这些方面产生潜在影响。

奥斯特罗姆注意到，在地方和区域层面进行自我组织是有可行性的，因此，她提出了三个重要的理由，以进行一种多维度的解决方案，同时她也承认全球协定是不可或缺的：一是与全球维度相比这些维度组织的相对速度(speed)；二是分散式管理的功效(efficacy)；三是多维度自我管理对增强任何新出现的全球环境治理体制合法性(legitimacy)的重要程度。我们认为第三点是非常重要的，政府的政策和法律不能自我执行，也不能强加给人们。基于对政策公平的理解与认知而自愿遵守至关重要，因为如果缺少这一点，政策的执行成本会高到无法想象，那么这种政策也是不合理的。①

参与多中心和多维度的自组织(polycentric and multiscale self-organization，即以多个地点为中心并且在多个地理范围内运行的组织活动)是完全有可能做到的。② 它通常在发起地最为有效，而且大部分是由社交网络、非政府组织和社会运动组织(social movement

---

① 第3章将讨论合法性的道德规范。奥斯特罗姆写道："相信政府官员客观、有效、公平，在政府政策能成功实施方面，比依靠强制的方法更重要。"("A Multi-Scale Approach," p. 29)

② Mark Cooper, "The Economic and Institutional Foundations of the Paris Agreement on Climate Change: The Political Economy of Roadmaps to a Sustainable Electricity Future," January 26, 2016, http://papers.ssrn.com/sol3/Papers.cfm?abstract_id=2722880; Elinor Ostrom, "Polycentric Systems for Coping with Collective Action and Global Environmental Change," *Global Environmental Change* 20, no. 4, 2010; Elinor Ostrom, "Nested Externalities and Polycentric Institutions: Must We Wait for Global Solutions to Climate Change Before Taking Actions at Other Scales?," *Economic Theory* 49, no. 2, 2012; and Timothy Randhir, "Globalization Impacts on Local Commons: Multiscale Strategies for Socioeconomic and Ecological Resilience," *International Journal of the Commons* 10, no. 1, 2016, https://www.thecommonsjournal.org/article/10.18352/ijc.517/.

organizations，SMO)进行协调的。① 它可能会更侧重直接资源管理、社区和区域的可持续项目、改变企业行为的谈判和政治行动、影响自己政府政策的政治行动或者影响国际条约谈判的政治行动。② 这种参与形式对于构建全球社会而言非常重要，全球社会可以促使国际机构担起责任，代表全球不同的利益攸关者，并参与到关于依据环境治理进行审议的跨国公众对话中去。全球环境治理的民主合法性理论，对于问责制、代表性和跨国公共话语领域参与等问题的侧重有所不同，但似乎一致主张，这些都是有助于增强全球环境治理

---

① Kent E. Portney，*Taking Sustainable Cities Seriously*：*Economic Development*，*the Environment*，*and Quality of Life in American Cities*，2nd ed.，Cambridge，MA：MIT Press，2013，chap. 5；and Layzer，*Open for Business*. 波特尼(Portney)回顾了现有的关于当地环境行动主义的研究，并得出结论："当行动是由当地的非营利组织带领时，可以最有效地促成合作(克服公共资源的悲剧，克服不公平的环境危害的选择等)，并且与市政府合作，执行与可持续发展有关的行政职能。"(185)对可持续发展社区的进步将需要"非常重视促进社区建设进程"(184)。莱泽(Layzer)也注意到当地环保行动主义的"变革力量"的局限性，同时也注意到其吸引力。像许多其他人一样，她强调"构成激励机制的政策"的重要性(364)。瑞达尔·卡伦(Randall Curren)和查克·多恩(Chuck Dorn)解决了与波特尼有关的社区建设过程的各个方面，参见：Curren and Dorn，*Patriotic Education in a Global Age*，Chicago：University of Chicago Press，2017，chaps. 4 and 5. 他们的重点是共同的价值观念、公民友谊，以及通过非营利组织提供的行动主义在本地和全球范围内的关系、能力和自决需求的满足。

② Lipschutz and Mckendry，"Social Movements and Global Civil Society"；M. E. Keck and K. Sikkink，*Activists beyond Borders*：*Advocacy Networks in International Politics*，Ithaca，NY：Cornell University Press，1998；Kate Nash，"Towards Transnational Democratization?，" in *Transnationalizing the Public Sphere*，ed. Kate Nash，Cambridge：Polity Press，2014；J. Scholte，ed.，*Building Global Democracy? Civil Society and Accountable Global Governance*，Cambridge：Cambridge University Press，2011；and S. Tarrow，*The New Transnational Activism*，Cambridge：Cambridge University Press，2005.

体制合法性的重要因素。① 从我们的角度来看，对全球环境治理体制合法性至关重要的是，广泛参与到多中心和多维度的自组织中去，直到足以创建一个功能性的全球社会，这也是全球环境治理体制可能被广泛理解和体现公平的先决条件。

分散式管理的有效性的论据就基于此，以及一些其他方面的因素，例如：大型政府部门往往缺乏有效管理资源问题的能力，依靠当地监督机构至关重要，进行必要的适应性调整以管理当地情况也很重要，在规模较小的体系之中更容易建立起信任，地方合作可以建立在节能和其他方面利益的基础上，以及通过多维度的方法容许开展一些有助于指导未来工作的实验——逐渐增加和积累经验，以利于人类解决全球气候变化这类的问题。奥斯特罗姆写道：

> 关于全球气候变化的文献，很大程度上忽视了许多公共和私人行动者为减少温室气体排放所采取的小而积极的措施。全球政策通常被认为是唯一需要的策略……为了启动减缓气候变化的进程，我们正在采取各种规模较小的积极行动……建立全球制度是必要的，但鼓励多中心体系的出现，可以有效减缓温室气体排放的进程，是一种对国际机制的刺激手段。②

詹姆斯·斯佩斯(James Speth)和彼得·哈斯(Peter Haas)利用多年参与国家与全球环境治理的经验，提出了相关论点，即家庭和公民通过非政府组织采取集体行动来减少人类足迹对于推动可持续非常重要。知情的公民往往愿意承担自身消费的一部分外部成本，而为更环保的产品和实践创造市场，并展示了政府采取更有力行动的可能性。令人鼓舞的是，越来越多的企业领导者通过创新、自愿

---

① Karin Bäckstrand, "The Democratic Legitimacy of Global Governance after Copenhagen," in *The Oxford Handbook of Climate Change and Society*, ed. John S. Dryzek, Richard B. Norgaard, and David Schlosberg, Oxford: Oxford University Press, 2011.

② Elinor Ostrom, "Nested Externalities and Polycentric Institutions".

性的环境标准和标签来应对市场预期和机遇。消耗臭氧的氟氯化碳(CFCs)的使用量下降，说明就像林业和渔业环境可持续认证标准一样，新的倡议已初见成效。气候和可持续领域中的政治领导者无疑将对公众更高的期望和更大的行动压力做出反应，再加上多维度的个人自发努力和政府介入，以表明人们共同行动的愿望。① 仅改变个人行为和非政府组织本身是不够的，但它们可以做出重大贡献。它们通过建立社会资本、转变规范模式，以及表明公众已经愿意并准备好为实现可持续而接受改变等有力手段，充当政府行动和全球协定之间的重要桥梁。②

与此同时，在过去 20 年的温室气体(GHG)减排计划失败之后，2015 年的巴黎气候协定中出现的合作制度看起来并不像一个全球性社会契约，这种契约本应该由一个总体性监管机构执行，因此它更像是奥斯特罗姆所研究的自组织环境管理系统。如果各国能够顺利进行分散监测和批准，这可能会成为最有希望的发展方向。然而，奥斯特罗姆的观察表明，虽然我们必须建立并继续依赖多中心和多维度的自治形式，但是采纳一种可执行目标的国际体制将至关重要。当然，这些目标必须基于公平合作条款，也必须控制每个关键的地球系统资源边界(planetary boundaries)，而不仅仅是管理气候稳定这一问题。要想做到这点，一个可能的方法就是，在遵守商定的减排和其他措施情况下，让成员国加入“地球边界俱乐部”，并通过对“非成员国出口到俱乐部成员国的商品征收统一百分比的区域性进口

---

① Daniel Farber, “Issues of Scale in Climate Governance,” in *The Oxford Handbook of Climate Change and Society*, ed. John S. Dryzek, Richard B. Norgaard, and David Schlosberg, Oxford: Oxford University Press, 2011.

② James Speth and Peter Haas, *Global Environmental Governance*, Washington, DC: Island Press, 2006. 关于区域自治在建立全球环境治理中可能发挥的中介作用的另一种观点，参见：Ken Conca, “The Rise of the Region in Global Environmental Governance,” *Global Environmental Politics* 12, no. 3, August 2012.

关税”来惩罚非成员国。①

2.3　结论

我们在本章中提到了可持续涉及的各种障碍，并认识到需要采取什么样的措施才能有助于我们实现可持续，最终永续保留享受美好生活的机会。我们的基本结论是，可持续问题很大程度上是社会协调问题，无论合作是产生于非政府的集体行动还是政府行为，只有在人们遵守公平合作原则的情况下，问题才能得到解决。除此之外，我们也接受这样一种观点，即可持续进展及其所需的政策、条约及立法的合法性和有效性，都将取决于人们在多大程度上能够广泛地参与到多中心和多维度的自组织中去。我们将会在第 4 章和第 6 章中介绍关于公平正义的内容和有利于可持续的机构，以及通过优化教育来更好地促进可持续的方法。我们也注意到，政府政策在提高价格激励的同时，对于实现可持续亦有重要作用，但我们把重点放在了用于指导政策的规范原则上，而不是具体的政策机制。

第 3 章的任务是确定基本的道德规范和公平原则，以引导集体和政府共同努力创造并保护永续享受美好生活的机会。我们在第 1 章中写道，任何不被认为是对签署国相对公平的气候条约都是无法通过的，也无法获得国内相关法律的授权支持，更不会得到广泛遵守。同样的道理也适用于管理那些事关未来人类福祉的地球边界条约。正义理论(theories of justice)为这些问题提供了重要的视角。在下一章中，我们将简要介绍这一领域的发展状况，概述一种能够反映幸福与动机心理学研究并有助于“永续保留享受美好生活机会”的方法。

---

① William Nordhaus, “A New Solution: The Climate Club,” *New York Review of Books* 52, no. 10, June 4, 2015, p. 39. 对于采用基于权利的绿色治理方法，纳入了奥斯特罗姆研究的见解，参见：Burns H. Weston and David Bollier, *Green Governance: Ecological Survival, Human Rights, and the Law of the Commons*, Cambridge: Cambridge University Press, 2014.

第3章　可持续伦理与正义

我们在上一章中谈到，可持续问题很大程度上属于社会协调的问题，只有通过遵守公平的合作条款或原则才能加以解决。不过，公众对于这些原则缺乏广泛共识，是实现可持续的主要障碍之一。本章任务就是抛砖引玉，为克服这些障碍提供一些原始素材或讨论的起点。基于第1章提出的可持续概念，我们确定了可持续伦理的基本要素。掌握这种伦理的基本要素以后，我们将专注于政府的责任，为关于分配正义(distributive justice)的主要工作提供一些方向，并勾勒出一套正义理论以阐明过好生活而需具备的必要充分条件。只有参照这些条件和基本要素，才能将永续保留享受美好生活的机会这一说法进行充分的概念化。在阐述此正义理论的过程中，我们介绍了关于目前什么才是不利于人们美好生活的心理学研究状况，并解释了追求富裕与经济增长的意义。这项研究的重要价值在于，发现了物质富裕对个人幸福而言，远远不如人们普遍认为的那样重要。这项研究的第二个重要方面在于，较之于对主观幸福感的测度或者一些机会均等(人们平等获取社会可用资源的前提)的概念，它为追求和概念化“永续保留享受美好生活的机会”提供了一个信息量更大也更有教育意义的基础。①

① 托马斯·迪茨(Thomas Dietz)在题为“通过环境决策和其他科学领域推进认知可持续科学”的演讲中捍卫了追求可持续的主观幸福感的措施。paper presented at the NRC Sustainability Science Roundtable Irvine, CA, January 14-15, 2016, http://sites.nationalacademies.org/cs/groups/pgasite/documents/webpage/pga_170344.pdf.

3.1 通向可持续共同伦理

纵观许多实践探索和调查研究领域，人们都正将道德纳入关于人类生存轨迹产生影响的讨论之中，而人类生存轨迹产生的影响肯定越来越趋向于灾难——既是人类的大灾难，也是数以百万计其他物种的灾难，更是我们所有人赖以生存的生态系统的灾难。① 围绕可持续伦理的内容，以及和可持续密切相关的伦理范畴，已经出现许多探索性的工作。② 虽然目前有很多关于可持续伦理的探索，但

---

① Kathleen D. Moore and Michael P. Nelson, eds. , *Moral Ground*: *Ethical Action for a Planet in Peril*, San Antonio, TX: Trinity University Press, 2010; and Ryne Raffaelle, Wade Robison, and Evan Selinger, eds. , *Sustainability Ethics*: *5 Questions*, Copenhagen: Vince, Inc. Automatic Press, 2010. 这些合集包括不同作家的许多短篇小说。关于教皇弗朗西斯(Francis)的开创性气候环境的总结和引用，参见：Andrea Thompson, "Pope's Climate Encyclical: 4 Main Points," *Climate Central*, June 18, 2015, http://www.climatecentral.org/news/4-main-points-pope-climate-encyclical-19129.

② David Crocker and Toby Linden, eds. , *Ethics of Consumption*: *The Good Life*, *Justice*, *and Global Stewardship*, Lanham, MD: Rowman & Littlefield, 1998; Brian Barry, "Sustainability and Intergenerational Justice," in *Environmental Ethics*, ed. Andrew Light and Holmes Rolston III, pp. 487-499, Malden, MA: Blackwell, 2003; Lisa Newton, *Ethics and Sustainability*, Upper Saddle River, NJ: Prentice-Hall, 2003; Bryan Norton, *Sustainability*: *A Philosophy of Adaptive Ecosystem Management*, Chicago: University of Chicago Press, 2005; Cass Sunstein, *Worst-Case Scenarios*, Cambridge, MA: Harvard University Press, 2007; Naomi Zack, *Ethics for Disaster*, Lanham, MD: Rowman & Littlefield, 2009; Peter G. Brown and Jeremy J. Schmidt, eds. , *Water Ethics*: *Foundational Readings for Students and Professionals*, Washington, DC: Island Press, 2010; Stephen M. Gardiner et al. , eds. , *Climate Ethics*: *Essential Readings*, Oxford: Oxford University Press, 2010; Christian Becker, *Sustainability Ethics and Sustainability Research*, Dordrecht, Netherlands: Springer, 2011; John Broome, *Climate Matters*: *Ethics in a Warming World*, New York: Norton, 2012; Willis Jenkins, *The Future of Ethics*: *Sustainability*, *Social Justice*, *and Religious Creativity*, Washington, DC: Georgetown University Press, 2013; and Dale Jamieson, *Reason in a Dark Time*, Oxford: Oxford University Press, 2014.

尚未合成一个明确界定的调查领域，也没有一个清晰的指导概念，阐明该领域究竟是什么。在原则方面，我们将承担的哲学任务并不是制定什么道德准则(或者无论其他什么定义)，而是尽可能说清楚，共同道德(common morality)的基本思想怎样才能与可持续事宜联系起来，怎样才能承担与可持续有关的具体责任。因此，我们提出的可持续伦理，实际上是共同道德(基于可持续生活事实)原则的应用。共同道德要求对这些事实做出回应，因为我们所有人都有义务尽可能努力地了解我们自身行为对周边环境造成的破坏，并且尽力避免这些伤害。这显然与目前的主流观点并不一致，主流观点认为，现有伦理框架对解决可持续问题毫无帮助，因为它们是基于并且反映了一个边界宽广、资源充裕的世界。我们所依赖的基本伦理有许多重要的影响和启示，不过却被长期历史演化忽略了。但它们并没有被因环境问题而几乎毁灭的古希腊文明所忽视，可以说，很多先贤非常重视并强调这些基本伦理，所以我们将他们视为可持续伦理的源泉。

气候变化与生态超载，只是属于一系列伦理危机中新近才出现的危机，引发了人们对传统公共道德体系的严重偏离。这些危机包括大屠杀，承认系统性的性别歧视，以及强烈反对拯救濒危物种的各种努力与尝试。所有这些危机，都值得我们进行持续的自我道德反省，并有可能改变我们原先持有的一些信念，但是也没有必要一开始就假定，我们之前所接受的整个价值观和原则体系已经完全腐朽不堪并且必须被替代。我们已经认识到，什么才是对人类和其他生物有益的事情。我们目前所需要的，主要还是具体而清晰阐述我们伦理道德的行动指导原则，阐述那些能够反映我们所知事物的政治正义(political justice)。

我们在第1章中提到过，保留过好生活的机会(preservation of opportunities to live well)，是可持续问题关注的规范核心。因此，可持续伦理(sustainability ethics)可以被定义为，与人类每个领域活动都息息相关的伦理和伦理探究。因为这些人类活动都关乎自然系统是否有能力可在将来无限期提供至少和当前一样的过好生活的机会。我们认为，可持续伦理与人类每个领域的活动都息息相关，也就等同于承认，可持续伦理是普遍存在的个人伦理、社会伦理及政治正义的重要方面。个人伦理(personal ethics)涵盖了任何时间与地点的所有人的行为范畴。社会伦理(social ethics)涉及各种机构的行为准则和行为方式，以及我们在其中所扮演的角色，包括职业角色。政治正义(political justice)则涉及公民和政府之间的责任。所有以上涉及的角色，包括专业人士和公民在内的各种角色，都承担着超出我们这里提到的共同道德或个人伦理之上的特殊职责。我们认为，可持续伦理与人类活动的各个方面息息相关，因为人类活动关乎保留过好生活的机会，这也等于暗示，我们行为的许多方面都会对可持续造成显著影响。同时，这种观点也相当于假定各种个人性格、职业角色、制度文化和政策背景等因素塑造了我们的行为。个人美德、共同道德的基本承诺、由这些基本承诺衍生出来的原则、职业道德操守，以及对行为实践、制度机构和政府行为的道德批判，都有可能在塑造可持续伦理上发挥作用。

可持续伦理并不像商业伦理那样只局限于某个具体活动领域，同样，它也不像环境伦理那样只关心非人类自然世界的价值。可持续伦理与环境伦理有重叠的部分，前者涉及人类和非人类的生活前景，并且可持续伦理还可以有助于确定有关原则或责任，并且成为目前被商业伦理或其他职业伦理所公认的原则或责任的有益补充。可持续伦理与环境正义的领域也有重叠，可持续涉及与环境正义有关问题，但并不是所有环境正义问题都是可持续问题。环境正义主要关注环境负担和利益的公平分配问题，但实际上，如果这种不公平(历时性)有助于保留未来过好生活的机会，那么，不公平地分配一些环境负担和利益方面(同步性或说共时性)反而可能更符合可持续。例如，太阳能电池板工厂的工人们在从事有助于实现可持续人类足迹的工作时，可能会遭受暴露于环境毒素之中的不公正待遇。如果更广泛的毒素释放超过了化学污染的安全边界，那么当然它就既是环境正义问题，也是可持续问题。但从局部或本地来看，这可能只是环境正义问题，而不是可持续问题。

3.1.1 对个人的普遍尊重

我们首先讨论一个理念，那就是尊重理性个人的伦理。这种伦理通常与伊曼努尔·康德(Immanuel Kant)的主张相关，其中涉及非暴力、非强制、讲述真相及互帮互助的道义责任。康德的道德建构主义(moral constructivism)旨在表明，对于理性人而言，我们有充分的理由去接受和认可这些责任的权威性。抽象或公正地来讲，假设我们知道：我们属于理性存在，拥有许多我们希望去实现的目标；同时又属于有限存在，非常脆弱并且对于实现那些目标所需具备的知识与能力有限；也有许多其他有限存在，他们的帮助往往可以促使我们更好地实现我们的目标，同时又不需要消耗他们太多成本。因此，我们所有人在信息分享与互帮互助的过程中，最好都采纳礼貌式自我约束(respectful self-restraint)与合作的规范，不过前提是，这样的合作对各方来讲成本都不会太高。① 康德认为，如果我们认识到，有一些目标必须通过与他人合作方能实现，所以作为有限理性存在(如人类自身)，不会将非合作视为普遍法则。礼貌式自我约束(self-restraint)需要人们注意不要造成其他伤害，履行这项保护责任(duty of care)时，需要个体注意其正在做的事情，有时候也要采取一些预防措施，例如，研判一个人的行为性质以确保该行为没有潜在危害。这是英国、美国和加拿大普通法系中长期纳入或者说充

---

① Immanuel Kant, *Grounding for the Metaphysics of Morals*, trans. James Ellington, Indianapolis: Hackett, 1981; Barbara Herman, "Mutual Aid and Respect for Persons," in *Kant's Groundwork of the Metaphysics of Morals*, edited by Paul Guyer, Lanham, MD: Rowman & Littlefield, 1998; Onora O'Neill, "Consistency in Action," in *Kant's Groundwork of the Metaphysics of Morals*; and Onora O'Neill, "Constructivism in Rawls and Kant," in *The Cambridge Companion to Rawls*, ed. Samuel Freeman, Cambridge: Cambridge University Press, 2003.

分体现的一种共同道德。①

康德认为，在人类活动的各个领域都要具有这些权威性的共同道德义务，只有如此，这些共同道德义务才能约束和限制公民、国家彼此之间的交往方式。最明显的要求是，这种交往和治理主要是通过真实合理的说服、指导与协商来实现的，当然只有在最后万不得已的情况下才采取强制或暴力的手段。这些责任也部分界定了治理或法律的内容，例如，通过履行不伤害他人的道德责任。然而，自然的道德责任还不足以充分界定人与人相互尊重的道德关系。它们不能完全确定财产权，或者确定对可接受强加风险和援助扣留的界限。这类事项的规范对合作而言是必要的基础，所以，那些不能或不选择进行彼此互动的个体，即便只能通过其行为的远隔效应(remote effects)，他们也有义务加入一种社会契约，该契约可以建立一个法律与治理的共同准则。② 换句话说，如果他们的行为影响到其他人利益或生活前景，他们就有义务围绕他们之间的相互影响开展公平合作条款谈判(obligated to negotiate fair terms of cooperation)。

这一点简直太重要了。人际尊重的基本责任支配着协商谈判的背景和性质，以及(任何涉及合作单位会员资格的地方)建立自由和平等的会员制，并将其视为法治共同准则下开展合作的根本基础。互相援助(不具体指定援助的程度与时间安排)的道德责任，也可以作为一个更具体的法律问题，就如同确定平等共同奉献的公民责任一样。例如，相互援助的普遍道德责任可以具体运用到气候变化领域，并被理解为排放许可证、费用负担或者类似事物在各国之间进行分配。道德保护责任也可以被编成法典并进行定期更新，如同法律事务一样，可以让那些意外伤害更易于被人们理解和宽恕。

这种尊重伦理的基本内容其实在苏格拉底(Socrates)的哲学中已

---

① 关于美国法律框架下的这种关心责任的背景，参见：G. Edward White, *Tort Law in America: An Intellectual History*, New York: Oxford University Press, 1980.

② Kant, *The Metaphysics of Morals*, sec. 6.

经有所体现，苏格拉底设想了一个由理性主导的社会政治秩序。按照苏格拉底的观点，柏拉图(Plato)和亚里士多德(Aristotle)道德和政治思想的中心主题都是，作为互相尊重的理性人，社会基本伦理要求应尽可能通过真实合理的说服和指导来规范社会，武力和暴力只是作为最后迫不得已的方式才使用。各个社会应该担起责任，让它们的法律以及其他一些合作规范被理智的人(reasonable people)自觉自愿合理地接受。各个社会也应该承担一种不可推卸的责任，即提供相应的教育，使其所有成员都了解个中缘由，并做到理性自治和自决(self-determining)。① 这些都算是公共责任，适用于任何尊重个体的伦理情况，任何这些情况都有责任订立一种可以授权共同法律准则的社会契约。因为理性和理性自决的能力只能在外界帮助下才能获得。履行这些教育责任，不仅对于法律体系的合法性至关重要，而且对于其颁布实施，进而成为一种可以有效运转的法律准则也至关重要。至于遵守法律主要是法律处罚结果的假设，目前并没有得到任何证据的支持。②

这种尊重个人的基本伦理以及第 1 章中介绍的可持续概念，是随后各项原则的基础。谨慎做到不伤害他人是共同道德的根本责任，所以，那些造成过好生活的机会减少，以及伤害到每个人利益的行为，都将被看作与这些原则精神背道而驰。用康德的话来说，作为有能力并且需要合作的存在，我们不可能使之成为一种普遍法则，即我们以一种将自动破坏过好未来机会的方式生活着。同样，我们也不可能使之成为一种普遍法则，即我们无法时常研判我们的行为是否可能破坏了过好生活的机会、是否就行为或做法的破坏性欺骗了他人，抑或，当我们的生活如同现在一样已经在全球范围内紧密相连并将他人暴露于不合理的伤害风险时，无法协商公平的全球合作条款。

---

① 本论点得到发展和辩护是基于：Randall Curren, *Aristotle on the Necessity of Public Education*, Lanham, MD: Rowman & Littlefield, 2000.

② Tom Tyler, *Why People Obey the Law*, Princeton, NJ: Princeton University Press, 2006. 其核心发现是，如果人们认为合法的话，人们会自行遵守法律，所以，法律的执行起着相对较小的作用。

3.1.2　可持续伦理的原则

我们已经说过，人类集体的整体实践是生态可持续的，只要这些实践与其赖以生存的自然系统长期稳定性相符合。这种可持续是最基本的，因为它与维持生物承载力或 RNC 息息相关，后者提供一些不可替代的生命支持、供应补给品和调节服务等，这些都是人类生存和福祉必需的东西。例如，稳定的气候对于适度可靠的降雨和获取饮用水等其他方面来说都至关重要，而且目前还找不到可行的替代品以代替天然淡水资源。可持续伦理的第一个原则关注生态可持续。

第一，注意确保人类整体实践行为在生态上是可持续的。

鉴于 RNC 在人类生存和福祉中的根本作用，注意确保不伤害 RNC 这一基本责任，是直观上很容易得出的结论。解释和应用这一原则，需要测度可持续并且清楚地知道该如何指导各类决策与参与者的行为。关于可持续伦理的探索，主要局限于气候突变及如何分配与可持续相符的碳排放“预算”，但第 1 章中描述的地球边界模型(planetary boundaries model)提供了一种更为全面的方法。基于该模型，第一条原则可被解释为注意确保不要超过任何一种地球系统资源边界的使命(例如，关于生物多样性丧失、磷径流、土地覆被的转化、大气气溶胶的负载和除氮、污染，等等)。对于可能涉及的相关各类参与者和决定，这一原则确定了政府与政府官员的责任，也明确了个体作为公民在个人与职业事务中的责任，都去支持那些符合并有利于促进自然系统长期稳定的选择。

我们已经定义了生产量可持续(throughput sustainability)的概念，该概念对长期保留过好生活的机会也非常重要，具体原因是：当且仅当某些人类集体所依赖的物质生产量符合自然系统的预计供应补给品能力时，这些人类集体的整体实践行为才是可持续的。只要人类活动的物质总生产量低于保守估计的 RNC 最大值，那么，不可再生、累积的生态系统产品(NNC)损耗，如含水层，相比于生态不可持续而言，就是无足轻重的问题。例如，如果所有人类对 NNC 的依赖只需要30％的生物承载力，那么，停止使用化石水和化石燃料或许就是可控的，也是可以实现的。由于我们目前的需求已经大约是地球生物承载力的 150%并且还在不断上升，人类将会发现不可能长期维持当前的实践行为及其规模。过好生活的机会所依赖的经济生产量将会下降，进而这些机会自身也必然会变化。整体而言，过好生活的机会未必就一定会更糟，但生产量下降的前景仍将对保留这些机会构成严重威胁。因此，保护不去伤害的基本责任，是可持续伦理的又一个原则。

第二，注意确保人类整体实践行为的生产量需求与自然系统的预计供应能力相一致。

这也是确定政府和政府官员责任的一个原则，同时也确定了个体作为公民在其私人及职业事务中的责任。和第一个原则一样，这个原则的运用也将包括同一类生态稳定的措施，因为它需要预测那些有可能负载过重自然系统的未来供应能力，同时还将需要测度供应侧的生产量。我们将把第一和第二个原则视为机会保留的原则(principles of opportunity preservation)。[①]

前两个原则的重要含义在于，作为保护责任，就是它们都含有预防性或警戒性的内容。生态可持续和生产量可持续都要求自然界限不能被超过，但如果要确保不超过这些自然界限，就必须彻底了解和调查人们的行为活动情况、采取必要预防措施，以及避免造成损害，例如，保留一些额外或者剩余的系统容量。同样值得注意的是，当这些总量界限被超过的时候，预期损害将会逐渐增加。过上美好生活的机会受到威胁和缩减，这件事情本身虽然不能主导一切，但绝非无足轻重，所以采取措施避免伤害具有十分重要的意义。换

① 我们注意到，这些初始原则依赖自然资本的概念，被定义为“天然资产”，这种天然资产产生了“对未来有价值的商品或服务”的流动(Robert Costanza and Herman Daly, “Natural Capital and Sustainable Development,” *Conservation Biology* 6, no. 1, 1992, p. 38)，这将自然概念化为仅有工具价值。我们在第 1 章中指出，自然对人类生活质量的一些贡献，可能取决于将其视为具有非工具价值，但从保持总体人机会生活的角度来看，这不需要进一步引入更多的原理。聚合人们体验自然的机会，并以有意义的方式与之相关联，除了能对人类福祉有最好的了解之外，这不能超越其他类型的可持续发展的良好机会。

句话说，没有任何门槛效应可以证明，目前为了阻止发生破坏性的地球变化而做的努力已经太晚了，更不能说明我们为了避免未来的糟糕处境，可以什么都不做。

确保整体人类实践行为在生态上和供给侧生产量上都是可持续的另一个重要方面是，相关选择不仅包括具体行动，还包括(因为各类行动者都有权力、权威或影响力来改变这些选择)某些属性、规范、环境、结构、文化、机构、系统和政策，这些因素或多或少都有利于生态可持续或生产量可持续。这可以在第一和第二个原则的推论中得到明确表述。

> 推论 1 和推论 2：注意确保在个人控制、权威或影响范围内的人类属性、做法、机构、系统和政策都有利于生态可持续和生产量可持续。

“注意确保”(take care to ensure)这种提法，在本书其他地方也多有使用，这里可以做个注释，是指“做出一切合理的努力以确保”(make every reasonable effort to ensure)，当然，合理性是根据所有处于危急关头的事物、知识运用和预防保护的成本、施加影响等因素来判断的。①

作为个体，我们很多行为活动都在全球范围内逐渐增加不可持续的人类足迹，而且往往没有任何可识别的受害人，使得我们很难弄清哪些行为才能算作完全或充分遵守这些原则。这些原则要求每个人都做出合理的努力，但是多少努力才算合理呢？个体的自愿行动会有多大影响？其中一个答案是：人类足迹造成的伤害是逐渐递增的(harm is incremental)，所以我们每个人排放污染与废弃物的增量都至关重要。另外一个答案即第 2 章提出的，改变我们个体的生

---

① 判断力，在适用这一原则方面的作用，不应该是独一无二的或令人反感的。原则在指导、判断和正当行动方面发挥了重要作用，但认为使用它们时不涉及任何判断，是完全错误的想法。

活方式(在政府采取充分而适当的政策措施之前就主动自愿地这么做)是必不可少的，而且也能有效改变可持续的政治博弈。不过，我们必须承认的事实是：将基于环境安全的集体边界(collective limits)转化为针对个人所作所为而公开制定且实施处罚的边界，是一个有效手段，通过这个手段我们可以最终决定什么是充分的个人约束，什么是不充分的个人约束。我们目前在可持续方面的状况类似于汽车行业的早期阶段，那时还没有规定限速和其他交通法规。司机可能会降低行驶速度以减少碰撞的风险，但是多低的速度才算安全呢？通过民主的手段制定汽车速度限制和其他交通法，是指我们集体来定义有关汽车交通事故情况发生时所能接受的风险，以此来制定相应的法规。碳排放税或许可证(碳排放限额和交易)制度，是我们现在用来定义可接受环境风险边界的一个重要方面，而且我们需要同时采取相关的政策干预措施，来公平地分配与其他地球边界有关的集体自我约束负担。同时，我们还需要一套NNC的使用者许可证制度。

因此，可以肯定的是，即便有环境保护意识的个体努力寻求用符合可持续的方式生活，我们所有人都仍然要承受的一个基本责任(不管是个人、机构还是政府官员)就是寻求公平的合作条款，这也是可持续地生活所必需的。早些时候，我们就注意到，当个体行为对他人产生影响时，寻求公平的合作条款是人际尊重的基本要求，而且不可否认的是，我们已经在全世界范围内与他人进行互动，但其实都是以一种损害他人利益的方式在进行。我们不可持续的能源和交通运输系统已经在全球范围内造成了破坏，其中每年估计有15万人因气候不稳定而死亡。① 当各国犹豫是否应该通过谈判来达成

① WHO，*Climate Change and Health*，*Fact Sheet No. 266*，*Revised August 2014*，Geneva：WHO Media Centre，2014，http://www.who.int/mediacentre/factsheets/fs266/en/. 2007年，世界卫生组织对气候变化造成的直接死亡人数的估计为每年15万人。热浪、暴风雨和疾病发病率升高，直接意味着由于食物或水资源的减少而导致的间接死亡。在2014年，对2030年至2050年的预测是直接死亡人数将达25万人。另见：Tee L. Guidotti，*Health and Sustainability：An Introduction*，Oxford：Oxford University Press，2015.

一个相互同意的气候协定和其他环境保护条约时，我们实际上正在产生这样的影响，这种犹豫在道德上颇为不妥。我们的行为给别人带来了风险和伤害，而且还拒绝面对他们的质问，并拒绝对我们的有关行为加以合理的限制，这显然违背了人际尊重最基本的规范。从道德上来讲，我们也应该平等地面对他们，并依据法律条款详细地说明我们彼此之间的道德关系。在实践中，这意味着个体有责任鼓励政府采取行动来促进谈判，颁布实施具有约束力的协议，并让那些他们选举出来的官员对未能采取这些措施而承担相应的责任。

这就引出了可持续伦理的又一个原则。

第三，寻求有利于可持续的公平合作条款。那些行为彼此影响的活动者们有义务联合谈判公平的合作条款，进而能以一种集体可持续的方式生活。

毫无疑问，公平合作条款，不仅规定了实现可持续人类足迹过程中的参与条款，而且还能定义哪些行为可归为会对特定人口和辖区带来环境风险的不当行为或非法行为(wrongful impositions)。从这个方面来说，实现可持续过程中的合作条款也将涉及当前的环境正义相关议题，例如，跨界酸雨污染导致其他国家森林被损坏的问题。

合作中的公平，要求参与合作的各方都能了解合作条款及其具体细节内容，并且这些条款的接受不能以欺瞒任何一方为前提。人们自由地接受协议条款，因为大家都认为这样做符合谨慎原则和道义上的利益，但他们往往缺乏别人所拥有的信息，这就相当于给了其他那些人(如果他们是自私的话)一种机会，通过歪曲事实来吸引对方，让对方签订对于自身不利的协议。因此，清晰、准确的信息披露是推动实现公民合作与其他自愿交易(如商业交易)过程中公平或互相尊重的重要方面。这通常被称为透明度(transparency)，或者在政治领域被称为“公开要求”(publicity requirement)，即要求某些事物必须公开，例如，作为证据或证词记录提交的文件。[1] 从这个

---

① Amy Gutmann and Dennis Thompson, *Democracy and Disagreement*, Cambridge, MA: Harvard University Press, 1996, p. 95.

意义上来讲，透明是确保协定合法性的必然要求，但透明往往不能确保人们已经同意了的协定和商业交易实际上就能符合他们各自的利益。

公民和经济关系在服务人民群众利益方面的效能(efficacy)和效率(efficiency)，则需要更强的透明度。它不仅要求合作或交易条款涉及的所有各方了解相关事实，而且还要求每一个人都知道究竟什么东西实际上已经面临较大风险，特别是在关乎他们合理谨慎与道德利益的所有事物中，即关乎他们做什么及应该关注什么的事物中。[①] 要想实现这种充分事务透明(full transactional transparency)，需要协调各方工作，发现并传达有关事实，这些事实可能包罗万象，从基础科学如气候学的进展，到运用相关科学调查拟议风险项目各种成本和收益的可能性，就像由一家机构或商业公司准备一份环境影响报告，以此证明某个可能会涉及环境风险的项目的合理性。[②] 有很多理由可以把共同追求公共知识作为一个基本宪法所关注的问题——这也是我们很快将要讨论的问题，但现在就足以发现，在任何情况下，都将会有一些公共决策亟待制定，这些公共决策主要是关于承担和报告公共利益事项调查(比如企业环境影响)的责任分配问题。这是与寻求公平合作条款责任相关的透明；当一个人可以这么做去帮助别人并且又不会给自己带来太多成本的情况下，这也是一种基本的道义责任。同时，我们这里所说的责任，应该更明确地被指定作为社会合作条款的一部分来对待。然而，有关透明责任，属于正义方面的内容，其本身并不属于共同道德的应有之义。

---

① 在这个意义上，公民和经济效益或效率，不要求也不会许可，让人们知道那些他们没有合法知情权知道的事情。侵犯自然人隐私以满足窥探的好奇心或非法欲望，将不被获得许可，也不需要披露可预测地促进不公正行为的信息。例如，如果在寡头垄断市场的劳工谈判中存在不对称的话题，那么完全的交易透明度，就不会要求弱势方揭露他的某些方面或可预测地促成不公平结果的情况。这种结果的一个例子是：将那些与工作资格无关的残疾条件作为就业准则的门槛，将部分劳动力排除在外。

② Gutmann and Thompson, *Democracy and Disagreement*, p. 98.

同样，披露审议细节的要求，也不是普遍的伦理责任。透明被广泛认为是责任追究和遏制腐败的必要条件，但也有些反对意见认为，在很多情况下合理、适度地保护隐私也是必要的。公开所有审议意见是否总能有助于做出正确的判断，目前还不清楚，但究竟要保留多少隐私和秘密才是最佳选择，这个问题值得大家公开辩论和商定。① 如果有腐败风险及一系列也许会隐藏多年的严重危害，如一些污染物对健康的影响和当前碳排放对气候的影响，在这种情况下就应该坚决反对那些主张对这些信息进行保密的行为。然而，这些又都属于合理公共政策和正义的考虑范畴，而不仅仅是对他人基本道德尊重的要求。

说到这里，我们可以从人际尊重的基本伦理中得出可持续伦理的第四个原则。

第四，不要妨碍关于可持续的透明与合作。

对于透明的妨碍，可能包括以下几种形式：公司对于科学共识的否定，但实际上该公司自己的科学家内部都承认这些共识；创建一种科学争论的假象；精心策划各种运动来诋毁那些已经做了宝贵工作的诚信科学家；扭曲或误读科学的性质，以便向整个科学领域施加许多模棱两可的怀疑；散播一些困惑；等等。所有这些都是通过公司声明或其代理(赞助网站、新闻媒体、行业前沿团体和政治家、假的公民团体、伪造信件及那些受企业资助并要求不要揭露其“金主”身份的科学家们，等等)来实现的。② 妨碍合作，也可能会以这些方式中的任何一种而出现，通常更多是直接通过以下方式来阻止合作：游说；法律诉讼；赞助那些愿意迎合行业短期利益的政客；向立法者提供削弱环境标准、执行力度或两者兼而有之的立法草案。妨碍其他人为履行他们自身伦理职责而可能会参与的合作，是一种

① Gutmann and Thompson, *Democracy and Disagreement*, p. 104.

② Powell, *Inquisition of Climate Science*; Oreskes and Conway, *Merchants of Doubt*; Dunlap and McCright, “Organized Climate Change Denial”; Negin, “Documenting Fossil Fuel Companies’ Climate Deception”; and Layzer, *Open for Business*.

冒犯，这不同于自己未能履行个人寻求公平合理条款的职责。这是第四个原则的一个方面内容，并不是第三个原则的要求。不过，它可以依据第三个原则来得到捍卫，并将其视为一种隐含的普遍道德责任，并不通过强迫或欺骗，阻止他们履行他们自己的道德义务。

对于可持续相关的合作与透明的妨碍，明显表现出对社会中个体自决与集体自决和整个社会的不尊重，而且有证据显示，这种妨碍已经大规模出现，这也是为何我们认为，全球经济的制度结构与文化是不利于可持续的原因之一。现代社会在创造当前各种营利性公司的同时，也创造了各种法律体系来指挥无限的金融与法律资源，并且他们赌定，这些发明创造一定能够提供必要充分的监督和管理，以确保这些公司的活动在追求盈利的同时还能符合公众利益。大体上看，现代社会的命运是以维持在信息军备竞赛领域的优势为基础的，同时技术创新的速度迅猛发展，用于追逐私人利益的科学、公共关系、广告、诉讼和游说的企业资源也被允许无限增长。一个尽职尽责去保护公共利益的政府，应该重新评估这种赌注是否明智，然后考虑对公司法进行适当的修改。各个社会以及它们的政府，对于创造和维持有利于可持续的机构体系、与可持续有关的透明度，明显具有道义上的兴趣。这一事实对研究、教育和其他公共知识机构的影响是巨大的。我们将在第 4 章回到这个话题。

妨碍关于产品与商业实践行为环境影响的透明度，不仅是令人反感的不诚实行为，也是寻求公平合作条款以追求可持续的一大障碍，而且还可能诱导人们危险地依赖于易受损系统，使人们暴露于他们非自愿接受的危害风险之中。他们本来是可以避免这种风险的。

被诱导的这种危险性依赖，使人们暴露于不合理的危害风险，从而无法做到注意保护他们不受到伤害。思考一个例子，让人们在海上的游艇聚会但是不能保证他们安全返回港口，从而使他们面临不合理的伤害风险，并且可能会以任何方式发生，例如，不注意游艇的安全入住人数限制(邀请人数超过这个限制)，尽管警告说暴风雨在其预定的路线上正在汇集但是仍然扬帆起航，使用如此之多的燃料来为香槟制冰以至于没有可在风暴前赶回到港口所需的燃料，将救生衣留在岸上为香槟腾出空间，以及未能修复燃油管路中的泄漏，等等。与不可持续有关的一种危险就是，过度依赖于容量或能力有限的系统，这也是由于生态破坏和自然资本损耗导致可能发生严重危害的决定性因素。

所以接下来的第五个原则要揭示的就是，通过诱导或引致危险性依赖而使人们受到伤害的这种错误做法。

第五，不要让个体或集体产生有害依赖。不要让任何人从根本上依赖危险的或脆弱的系统或资源，即如果依赖这些系统或资源，就一定会让他们的根本利益承担不合理的风险。

该原则认定了强加风险本身就是一种错误的形式，这个原则侧重于可持续讨论中涉及的已经处于危险状态下的各种系统性风险(systemic risks)：生态系统可能崩溃的风险，或者基础社会系统在可持续的替代品出现和推广之前其调节能力遭受大幅度下降的风险。[①] 它涉及诱导型(inducement)的行为，具体指人们由于被诱使而依赖上某种危险或不可靠的东西，或者由于人们的依赖将会变得危险或不可靠的东西；同时它也涉及那些会造成原本可以依赖的东西逐渐变得不太可靠或不能够再依赖的行为。前者的例子是化石燃料行业的行为，即阻止那些限制他们产品使用的行为。任何大型企业，如果能够开发和销售比当前产品更利于全球可持续的产品，当然也会有利润空间，而没有选择这么做的话，就都违反了有害依赖这条原则。后者的例子是在领海内非法捕鱼，居住在岛上的人们凭借传统方法，在靠近海岸几米之内的地方以捕鱼为生。[②]

---

① 熟悉法律原则的读者将认识到，这一原则是作为有害信赖的法律原则或基于信赖的不容反悔的法律原则(公平不容反悔原则)的道德版本，比通过信任途径的法律原则更为普遍，比依赖的各种特征更为具体，而且缺乏可上诉或可赔偿的要求。在道义上，将不合理的风险本身视为一件坏事是合乎情理的，我们关心的是要捕捉与不可持续发展有关的道德上的区别。

② 在适用该准则的情况下，有害的依赖原则增加了对第一个原则禁止减少自然资本的明确的具体要求，这取决于与第三个原则有关的资格或要求合理的合作条件。除非有理由认为保护领海在政治上是不公正的及不具有道德意义的，否则这些原则在偷猎案中也是适用的。

这个原则既可适用于具体的个人行为，也可以适用于整个社会或文明的集体行为。就后者而言，从本质上说，如果我们为自己的后代强加了不合理的风险，使得他们依赖于完全无法为他们提供足够过好生活机会的系统，这样是错误的。同时，该原则也旨在反映诱使人们不可持续地生活、将他们置于危险之中的错误，以及通过我们当前不可持续的生活而将我们的后代置于危险之中的错误。总的来说，这个原则似乎可以通过其他原则所没有的方式来捕捉关于不可持续的道德困扰问题。

人们应该阻止自己本可以低成本阻止的伤害，这个原则已被视为很好的理由，援引证明投资于减少碳排放和稳定地球气候的合理性。① 如果找不到其他理由让个人、政府和企业参与者做出适当奉献，从而足以避免灾难性的气候突变，那么，这个原则仍然可以提供合适的理由。然而，因为它单独适用于任何行动者对预期伤害的因果关系，所以它并不能捕捉那些会将其他人置于危险之中并且与可持续相关行为的明显错误。例如，每个人都应该去拯救一个处于危险之中的溺水儿童，即使他溺水不是你的过错。但是没有这样做，跟邀请一个孩子到装备不良的游艇上参加盛大的生日聚会并驶入暴风雨中，是性质完全不同的两件事情。

20 世纪 30 年代的“沙尘碗”(Dust Bowl)沙尘暴灾害，提供了一个形象的例子，说明人们如何被诱导以不可持续的方式生活，从而暴露在不合理的伤害风险中。开荒者们(homesteaders)被诱使去耕种一片根本不适合种植的地区，因而严重破坏了北美第二大生态系统草原②，也就是 1820 年被命名为“美国大沙漠”(Great American Desert)的高地平原草原。该地区后来被测量员重新命名为“大平原”(Great Plains)，因为他们认为该地区太过干旱而不适于耕作。然而，在负责铁路和草原的州参议员的鼓励下，1909 年通过了《扩大

① James Garvey, *The Ethics of Climate Change*, London: Continuum, 2008, p. 85.

② 以下内容摘自：Timothy Egan, *The Worst Hard Time*, New York: Mariner Books, 2006.

宅基地法》(Enlarged Homestead Act)，打包分配未开发的联邦土地，鼓励发展旱地农业。然后，随着宅基地在1914年达到顶峰和第一次世界大战爆发，美国政府大力鼓励种植更多的小麦，以应对俄罗斯小麦在全球市场的倾销。在某些异常潮湿的年份，高原小麦是有利可图的。农民们扩大种植，由于小麦价格很高，所以农民们承担一些债务也说得过去。但是随着战争结束和小麦价格回落，农民债务问题变得严重起来。为了偿债，他们只好继续扩大种植。在这整个过程中，他们铲掉了所有的天然野生牧草，这些天然野生牧草有助于固定土壤，并且也是数百种生物赖以生存的生态系统。在随后20世纪30年代的旱灾中，这些未被固定的土壤和沙尘，被风卷入高达10万英尺甚至更高的山岭，让牲畜窒息和致盲，让道路受阻，在数百千米范围外倾倒了数千吨的尘土。许多婴儿死于“尘肺”(dust pneumonia)，导致人口出生率急剧下降。约有四分之一的人被诱导去那些此前只有少数美洲原住民营地和村庄的生活区域定居和种植。这些被诱导的人们失去了一切，只剩下了1亿英亩①被完全毁坏的废墟。

3.1.3　可持续的美德

在可能会有利于可持续的诸多因素之中，我们已经总结出了一些美德特征。我们注意到，“判断力”(judgment)这个优秀品格所必须具备的一种智慧美德，在运用这些原则的过程中发挥重要作用，包括之前提到的那些原则。我们现在应该适当谈谈一些好的判断力与品格，以及它们是如何有利于促进可持续的。在此之前，我们必须指出，过去30年来关于美德的大部分内容已经被美德伦理学(virtue ethics)理论家的观点所塑造，他们的观点已经表明，良好的伦理决策不必依赖于任何原则或规则。我们并不赞同这种美德伦理学的理论观点，即用美德伦理代替其他道德决策或正确行动理论。我们

---

①　1英亩=0.004 047平方千米。

的立场，简明扼要地说，就是所有这些原则和美德都是相互需要的。①

道德美德(moral virtues)是欲望、情感、感知、信仰、行为及对推理和证据反应等相关配置或搭配的集合。美德能够促使人们对事物的价值做出适当的反应，以及做出合理的行为。从个人角度来说，美德涉及人类生存的循环反复或说经常特征，例如，遇到危险(需要勇气)或实现某个有价值目标时的困难(需要毅力和耐力)。当它们同时呈现在一个人身上，并且经由良好的判断力予以调节时，它们形成了一种美好的品格状态，有助于促使这个人在各种各样的情况下正确行事。个人美德被认为仅是习惯性并且未经良好的判断力调节，所以可能会对有关因素视而不见，从而导致人们做坏事——就像某一个人的行为不忠于他的一位朋友，同时也没有足够尊重其他有价值的事物。相比之下，一种真正的道德美德(true moral virtue)或说优秀的品格状态，将会对一种情况下各种与伦理有关的因素都比较敏感，并且它将以好的判断力作为指导。与真正美德相关的道德动机(理想情况下)会对个人行为处境中所有利害攸关的道德价值均做出回应，当然，这只有在一个人能够很好地适应与道德有关任何事物的情况下才可能会发生。道德动机的核心在于重视那些具有道德价值的事物，最初主要包括人和其他芸芸众生、他们生活的精华，以及为保留过好生活的机会所要具备的必需品。道德动机可以让一

① 我们对亚里士多德关于道德美德的性质和形成的观点是在瑞达尔·卡伦相关文章基础上发展起来的，参见：Randall Curren, "Motivational Aspects of Moral Learning and Progress," *Journal of Moral Education* 43, no. 4, December 2014; "Judgment and the Aims of Education," *Social Philosophy & Policy* 31, no. 1, Fall 2014; "Virtue Ethics and Moral Education," in *Routledge Companion to Virtue Ethics*, ed. Michael Slote and Lorraine Besser-Jones, London: Routledge, 2015; and "A Virtue Theory of Moral Motivation", paper presented at the Varieties of Virtue Ethics in Philosophy, Social Science and Theology Conference, Oriel College, Oxford, January 8-10, 2015, http://www.jubileecentre.ac.uk/userfiles/jubileecentre/pdf/conference-papers/Varieties_of_Virtue_Ethics/Curren_Randall.pdf.

个人适当地回应他赖以生存的这个世界上所谓的道德好坏与是非美丑。

我们尚未确定那些关乎自然世界、非人类生命形式及对这类生命形式有利事物非工具性价值的可持续原则，但是以美德为动机仍然要求对这类价值做出回应。在这种情况下能被有效区分开来的价值类别包括内在价值、非工具价值和工具价值。我们把内在价值(intrinsic value)看作关乎有见识或智慧的人及他们固有的、令人羡慕的优点或美德。非工具方面有价值的(noninstrumentally valuable)实体、活动和品质，是指那些有见识的人所珍视的东西，例如，美好生活的有益活动及这些活动重点关注的对象和目标。① 然后，工具价值(instrumental value)可以被理解为一种基于前两种价值形式相互关联的价值概念。大自然的某些方面可能具有非工具价值，只要它们被人类或其他有识之士进行非工具性估值(如被爱或被享受)，它们也可能因其对美好生活的物质贡献(如作为生态系统服务)被工具性估值。

良好的判断是基于对事物价值的协调和回应(在寻求道德美德过程中形成的欲望、情感、感知和信念的组合)，同时也表现为对事物的理解，以及思考事物的能力和倾向。如果没有对道德领悟并理解那些把人类选择与世界各地的结果联系起来的复杂自然过程，那么，在复杂的世界中，想让一个人具备好的判断力进而促成好的行为是不可能的。在这方面，一种可以使人理解世界如何运作的教育，是负责任之人道德构成的最高境界。良好判断力所必备的道德领悟，将会同样有助于促使把价值事宜置于中心地位。识别并确定不同的模式或普遍性(universals)，是理解自然与道德领域的基础。对于后者，我们已经开始识别并确定广泛的可持续伦理的原则，本章后面部分我们将介绍一些人类福祉的普遍要求，这将有助于我们理解保

---

① 参见：FitzPatrick，“Valuing Nature Non-instrumentally”. 自然的意义或思考能力是有意识地重视任何东西(包括自己)、人生条件等的重要性。自我估价可能是我们可以给予内在价值观念最好的考验或最佳的意义。

留过好生活机会所包含的相关内容。

同时我们也注意到，一些个体美德的存在也是有利于可持续的。基于柏拉图的观点，我们可以从智慧、正义、节制(moderation)和勇气开始探讨。在智慧或说良好判断的指引下，要想真正有利于促进可持续，将要求每个人都了解可持续和人类福祉的有关事宜，区分重要真理和那些无关紧要的纷扰与宣传，批判性地评估当前流行的各种规范与实践，精确地评估风险，以及创造性地思考如何以符合可持续的方式过上欣欣向荣的生活。在正义的指引下，各地方与全球公民彼此之间的合作、善意及符合此前列举原则的对他人的尊重，都将有助于推动实现可持续。① 在节制的指引下，我们将更好地培养耐力和定力，以抵制不必要的奢侈和诱惑，不通过炫耀性消费来定义和衡量成功，并且持续稳定地尊重事物的真实价值。最后，我们所有人都必须拥有迎接眼前挑战的勇气，并且在面对我们不愿意深思或讨论的风险危害时，仍然能坚持做正确的事情。

这些美德适用于所有人，既适用于他们的私人事务，也适用于他们的职业角色和领导角色。我们所有人都应该展示和培养这些美德。承认这点，依然不能掩盖以下事实：进步只能从少数人开始，这些人愿意承受“尚未完成转型社会中主动革新或首创精神”的负担，也能够展示这些首创精神的美德，例如，能够“认识到事态的紧迫性，自觉按照轻重缓急的优先次序处理问题，保护正义并千方百计增加公益，以及勇于向前迈进的决心”。② 如果要开始努力迈向可持

---

① 公民身份的前提、范围和实质都是辩论的问题，参见：Andrew Dobson, *Citizenship and the Environment*, Oxford: Oxford University Press, 2003; and Andrew Dobson and Derek Bell, eds., *Environmental Citizenship*, Cambridge, MA: MIT Press, 2006. 我们遵循卡伦和多恩，《爱国主义教育》，第6章，“全球公民教育”，将全球公民身份视为参与全球宪法的活动包括全球环境治理，将宪法活动定义为人们将自己视为功能性和情感性的全球公众和形式的活动，并维护和规范保证全球秩序的宪法原则。

② Melissa Lane, *Eco-Republic: What the Ancients Can Teach Us about Ethics, Virtue, and Sustainable Living*, Princeton, NJ: Princeton University Press, 2012, pp. 170, 164. sôphrosunê 在希腊语中是温和自律的意思。

续，我们就需要这样的柏拉图式的美德。政治理论家梅利莎·莱恩(Melissa Lane)写道："通过对有必要以国家行动解决可持续问题的分析，需要采取积极主动作为，而不是坐以待毙"；对国家而言，"实际上拥有一大批个体行动者，他们竞相获得相应权利，并以国家的名义开展行动"。[①]

3.2 政治作为一门可持续的艺术

如果我们没能做到以一种集体可持续的方式生活的话，后果很可能不堪设想。如果没有经过协调和系统性的公共努力，那么第2章我们提到过的那些障碍就会让实现可持续的集体实践遥不可及。所以，协调一致的公共行动显然必不可少。公平合理的政治将在这门可持续的艺术中起领导作用，即过好当前生活的机会与长期保留这种机会并不矛盾，通过道德明晰、公共教育运动和课程、政策干预和投资，从而在促进实现可持续过程中扮演领导角色。如同莱恩写到的那样，"可持续挑战是一种既需要通过政治艺术又需要通过哲学洞察力才能加以解决的挑战。若不掌握科学知识并具备有关伦理道德，没有人能够成功地应对这一挑战"[②]。技术在这其中发挥着重要作用。可以说，如果没有重大的政策和技术突破去追求可持续，基本上没有成功的可能性。但若仅有技术进步，很可能会失之于缺乏远见、自我约束与合作。合作需要领导力和共同的理解，这不仅仅依赖于个人领悟，而且还依赖于社会和公民的交往规范、关注，以及对相关问题和由它们引起的不良情绪的及时回应。

---

① Melissa Lane, *Eco-Republic: What the Ancients Can Teach Us about Ethics, Virtue, and Sustainable Living*, Princeton, NJ: Princeton University Press, 2012, pp. 164-165. 莱恩指出了属于"负责任的主动性伦理学"的两项主要任务或道德责任："要全面了解，并采取相关行动"(170, 171)，"将这些结合在一起，就必须根据潜在的最大框架和理解，来实现有利于可持续发展的行动"(173)。这两个伦理责任都隐含在我们列举的美德之中。

② Ibid., p. 183.

将政治或政治家精神视为一门可持续的艺术，即保留过好生活机会的艺术(an art of preserving opportunity to live well)，其实是有历史先例的。然而，这个先例并非始于常被美国制宪者吸收引用的现代欧洲政治思想时期，而是来自古希腊传统，他们对于宪政治国的理解大多最终也是源于此。约翰·洛克(John Locke)在1689年写到，他支持把英格兰那些已经远非共同使用的农场和牧场土地封闭起来，最终在1820年之前创建一个没有土地的工人阶级。他有个著名的论点是，上帝赋予了人类共同使用和享受地球的权利，所以任何土地、任何部分都不能被任何人包围起来而单独使用，除非(unless)这样做也有利于其他人。他甚至还无耻地认为，英国在美国的所作所为并没有违背这个“洛克限制条款”(Lockean proviso)，因为大量的美国土地依然是现成可用的，而且这些土地并没有被它们的原住民占有或者圈封起来。① 随着这些美洲大陆逐渐被征服，洛克和17或18世纪任何其他欧洲政治理论家一样，都不怎么关心这种“征服进程”的局限性，即使当时这种剥夺行为其实也对他们自身的生活前景造成了限制与伤害。与洛克观点相反，柏拉图写了他的著作《理想国》(*Republic*)，这是欧洲传统中第一本政治理论巨著，当时雅典已经不再将其没有土地的贫民送到殖民地去了，将贫民送到殖民地是那个时代很流行的、换取本国社会安宁的一种经济增长方式。不过，在柏拉图正义理论的表象下存在一个问题：如果无限增长不是合理的选择，那么社会应该怎样才能确保社会政治的可持续呢？

---

① John Locke, *Second Treatise of Government*, Indianapolis: Hackett, 1980, chap. 5 (“Of Property”), pp. 28, 32-47. 因为这个条约被违反了，人们可能会问，这样的否认一些提供给自身来满足他们需要的手段，以便他们可以无止境地积累财富，是否是一种不道德的行为。洛克建议(第47～50段)，金钱的发明使财富的积累变得无害，并可能扩大财富和相关的机会，以使附带条件无关紧要，但如果这是他的观点，那么它仍然是基于存在无限制或无限制扩张的机会才能成立的。我们非常感谢理查德·迪斯(Richard Dees)对我们提出这方面的指正。

雅典、斯巴达和罗马是独一无二的，在它们那个时代能够成功摆脱或避免社会冲突与政治动荡，而这些问题在其他国家都非常普遍。对此，共同的解释是，它们都属于成功的战胜国。① 随着时间的推移，雅典遣送了一大批穷人到那些在其征服领土上建立起来的殖民地，并利用征收受难人口的税款来补贴那些留在本国的人，但这一切在雅典与斯巴达之间爆发的伯罗奔尼撒战争（Peloponnesian Wars）之后就都被终结了。就是在战争之后的时代背景下，面对日趋严重的环境问题，柏拉图写下了巨著《理想国》。从哲学上来讲，这本书明显是关于正义或善良的性质及善良与幸福之间关系的，但其背后的担忧推动了基于过度消费（overconsumption）这一问题而派生出来的一系列对话。过度和破坏性消费的理念，是被一些关于贪婪和非正义之类的语言慢慢引发出来的，更具体地说，就是指那些“不必要的”和“无法无天的”欲望。② 第2册书中“真实”而“健康”的城市与奢华“狂热的城市”形成鲜明对比。③ 真实而健康城市中的人们过着简单的生活，即便到了老年的时候，每个人的需求都能得到满足。这种城市是属于跨代可持续的；它是一个无阶级并且具有自发性的合作关系，彼此之间进行自由和互利互换的产品交易；人们享受性爱，但限制孩子数量，使之“不超过他们资源所能允许的范围”；他们通过这样的方式避免贫困与战争。④ 这个“健康”的城市可能就是柏拉图所描绘的伊甸园（Eden）的形象。而不健康的城市，明确或隐

---

① Moses Finley, *Land and Credit in Ancient Athens, 500-200 B.C.*, New Brunswick, NJ: Rutgers University Press, 1953; and Finley, *Politics in the Ancient World*, Cambridge: Cambridge University Press, 1983.

② 瑞安·巴洛特（Ryan Balot）记录了雅典对这些主题的广泛关注，以及他们对柏拉图在古典雅典的贪婪和不公正的研究工作中的重要性（Princeton, NJ: Princeton University Press, 2001）。

③ 对柏拉图研究的翻译工作来自：John Cooper, ed., *Plato: Complete Works*, Indianapolis: Hackett, 1997. See *Republic*, pp. 369-372, 372e, 373. 页面参考了亨利·艾蒂安（Henri Estienne）的柏拉图的希腊文本的“斯蒂芬尼斯数字”。这些出现在大多数英文翻译的页边处。

④ *Republic*, pp. 372d, 372d, 369dff., 372c, 372b-c, 372c.

晦地来讲，就是指不具备以上这些特征和事物的城市。第一个不健康的选择就是吃肉，因为吃肉导致城市需要猎人、畜群、更多的土地和医生。① 对奢侈品过度向往，就需要更多的资源、更多的土地，最终导致对军队和军事扩张主义政策的需求。雅典本身就是这个样子的。柏拉图通过讲述《理想国》的故事，希望将雅典这座奢侈豪华的城市，通过机会和产品的公平分配，修复至一种健康的均衡状态，一种社会和谐、社会合作的状态。

我们从其他文章中得知，柏拉图关于可持续和过度消费的关切并不仅限于发动战争和有限资源之间的关系。在柏拉图出生的时候，希腊的自然环境和美丽风景已经由于过度放牧和山坡森林过度砍伐而遭受重创，进而导致一系列法案出台，以促进重新植树造林、限制土壤侵蚀。② 在充分认识到森林砍伐造成的洪水、土壤被侵蚀和水资源短缺等灾难之后，柏拉图在《克里底亚篇》(*Critias*)一书中写道，“今天的阿提卡(Attica)就像一种消耗性疾病所展现出的骨架，一旦所有富饶的地表都被侵蚀，剩下的将只有单薄的躯体遗留在大地上”③。他又描述了一个人口稠密的亚特兰蒂斯市(Atlantis)，不断被商业占领，最终因为对奢侈和财富的痴迷而被毁灭。④ 正如《理想国》所描述，这些教训就是，当“占有作为一种被追求的目标和荣誉的体现”时，人类就超出了谨慎和正义的极限，并且陷入了无法逃避的糟糕结局。⑤ 柏拉图为这种“城市病”开的药方是：更好地理解什么是幸福与过好生活所必备的东西，一种关于幸福与正义的基础教育，以及一种可以确保所有人都能通过某种方式满足其自身需求的正义。

雅典正在通过军事征服来应对奢侈之风和经济扩张的风险，柏

---

① *Republic*, p. 372b-d.

② Clive Ponting, A *Green History of the World*, London: Penguin, 1991, pp. 76-77; and Michael Williams, *Deforesting the Earth*: *From Prehistory to Global Crisis* (*An Abridgment*), Chicago: University of Chicago Press, 2006, p. 62.

③ *Critias*, p. 111b.

④ Ibid., pp. 117-121.

⑤ Ibid., p. 121a.

拉图及其学生亚里士多德的道德和政治思想为可持续理论家们的工作提供了先例，这些可持续理论家正在应对一个平均每10年就会大约增长7万亿美元的全球经济的风险。柏拉图对可持续问题的担忧在亚里士多德的著作中得到了回应，特别是在后者关于以下问题的评论之中均有所体现：误导性的财富积累、限制人口的重要性、公平分配过好生活的机会，以及作为制度崩溃最重要原因的不公正。[①]亚里士多德的道德思想近年来影响很大，这也是本章稍后会概述的正义理论的重要出发点。亚里士多德哲学的核心内容，就像苏格拉底和柏拉图一样，是重新评估价值观，特别是物质主义(或说唯物主义)和地位竞争，这些价值观本身既不利于幸福，也不利于稳定的公民秩序。心理学家们今天有了比亚里士多德更加严格地研究物质主义、社会竞争力和幸福之间关系的工具，并且很多亚里士多德的说法已经被测试和证实。现在有了一个叫作幸福主义心理学(eudaimonistic psychology)的领域，其包含亚里士多德关于过好生活(幸福)思想，并且主要是以积极的方式来实现人类潜能的产物。[②]

所有这些都表明，可持续是一门双重的政治艺术。其第一个任务是保留机会的自然基础，以免超过长期可维持的生产能力。要想做到这种保留，就需要了解人类的动机，以及除了自然系统知识以外，还有什么东西能让人们感觉他们的生活很幸福或者一帆风顺。第二个相关的任务是尽可能最优地利用人类所消耗的生产能力，以

---

① Aristotle, *Politics*, pp. 1256b27-1258b8, 1265a38-b16, 1326a5-b2, 1327a15, 1335b21-27, 1301a36-b4. 这些页面引用是指伊曼努尔·贝克(Immanuel Bekker)的1831年版的亚里士多德作品的希腊文本的页面、列和行号。这些是出现在大多数现代版本和翻译边缘的数字。

② Richard M. Ryan, Randall Curren, and Edward L. Deci, "What Humans Need: Flourishing in Aristotelian Philosophy and Self-determination Theory," in *The Best within Us: Positive Psychology Perspectives on Eudaimonia*, ed. Alan S. Waterman, Washington, DC: American Psychological Association, 2013; Richard M. Ryan, Veronika Huta, and Edward L. Deci, "Living Well: A Self-Determination Theory Perspective on Eudaimonia," *Journal of Happiness Studies* 9, 2008; and Kasser, *High Price of Materialism*.

便提供过好生活的最佳机会，当然，这些机会也符合可持续伦理的五项基本原则。了解对于希望其生活幸福或一帆风顺的人而言，什么东西是必要的，什么东西无足轻重，这很重要，也是决定第二个任务能否完成的根本因素。幸福主义心理学同时是保留过好生活机会这门艺术两方面内容的基础理论。

3.3　正义理论的背景

康德关于共同道德原则的推论，只取决于最普遍的“人类境况”或者有限理性主体的情形。自20世纪60年代以来，英语政治哲学(anglophone political philosophy)往往依赖于一种相关的建构主义(constructivism)，去阐释正义或者社会合作公平条款。最初关注这个问题并支配相关领域讨论的主要是约翰·罗尔斯(John Rawls)1971年的经典巨著《正义论》(*A Theory of Justice*)，以及他随后对这个问题进一步的细化讨论和拓展延伸，见诸《政治自由主义理论》(*Political Liberalism*)(1993)、《论文集》(*Collected Papers*)(1999)、《正义即公平：重述》(*Justice as Fairness：A Restatement*)(2001)。总体来看，这些作品向人们展现了一个令人印象深刻的关于正义社会的愿景，其中政府权力受公众理性调节，这些公众理性主要基于一些共同的宪法价值观，以及理性推断与证据的规范。这个愿景还包括，公民可以获得最大程度的自由，以追求他们所理解的美好生活。① 接下来我们将介绍罗尔斯的

---

① 对于他所捍卫的拥有财产的民主，罗尔斯列举了四个不符合他正义原则的主义——自由放任资本主义、自给自足的资本主义、国家社会主义和自由(民主)社会主义。John Rawls，*Justice as Fairness：A Restatement*，Cambridge，MA：Harvard University Press，2001，p. 135. 在介绍罗尔斯理论的一些基本方面的时候，我们将主要着重于2001年的重述，而忽略他的“政治自由主义”——指放弃了他以前声称为自由和平等公民的理想的道德普遍性的立场，以及他所拥有的正义原则的卫冕。我们在下一节概述的契约主义的爱国主义中采纳了罗尔斯理论的一些方面，但也只是在普遍的道德上，不是政治自由主义的一种形式，而是道德自由主义的一种形式。刚接触这些辩论的读者，应该注意到，政治哲学家所理解的“自由主义”，与公民的自由和平等理想都是相关的，但是与“新自由主义”或新自由主义经济政策无关，也不应将自由主义视为美国政治中的一个菜单选项。

理论(Rawls's theory)，因为它在这个政治哲学领域占据主导地位，并且将其视为与我们话题最为相关的起点。我们将借鉴建构主义方法及罗尔斯关于支持平等基本权利和自由的一些观点，但在其他方面，则以我们自己的研究方法为主。我们的目标是运用一些罗尔斯理论所没有涉及的方法来讨论和处理可持续事宜。

罗尔斯理论始于以下理念：社会应该作为“一代又一代人社会合作的公平系统”，公民们生而自由平等并且愿意接受那些已被发现和商定的社会合作公平条款，正义原则是对那些公平合作条款的详细说明。① 当代民主国家展现出了许多关于美好生活的概念，并且和自由与平等公民身份有关的自由也捍卫这些概念，只要这些概念是合理的(reasonable)，也就是说，它们符合基于自由和平等公民身份的公平合作条款。在合理多元主义(reasonable pluralism)情况下，社会基本结构的合法性(规范其主要机构的宪法原则)将取决于重叠的共识(overlapping consensus)，即那些持有不同关于美好生活概念的人，却发现他们可以找到不同理由来支持一个基本框架。② 理想情况下，希望找到公平合作条款的意愿，将引导他们支持共同的正义原则(principles of justice)及相应的公共理性(public reason)前提。罗尔斯认为这是“公民相互理解其政治判断的共同基础”③。

因此，关于宪法原则的原始协议(original agreement)将分为两部分：正义基本原则和关于推理原则与证据规则的协议。根据这个协议，公民们将决定是否适用正义原则，什么时候及多大程度上才能满足这些原则，在现有的社会条件下哪些法律和政策可以最有效地履行这些原则。④ 这些推理原则和证据规则指的是“常识以及没有争议的科学方法与结论”。罗尔斯进一步认为，它们不仅适用于宪法

---

① John Rawls, *Justice as Fairness: A Restatement*, Cambridge, MA: Harvard University Press, 2001, pp. 5-7.

② Ibid., pp. 32-35.

③ Ibid., pp. 27, 89-94.

④ Ibid., p. 89.

事务，而且还适用于广泛意义上的立法和公共政策事务。① 同其他主流民主理论家一样，他坚持认为，在有关科学家圈内已经达成共识类的事情，应该在研判公共领域的重大经验性事务方面具有权威性。② 公民彼此之间应该具有文明义务(the duty of civility)，“在公共理性方面，我们应对我们支持的立法与公共政策适时提出好的看法”，或者“呼吁认可并推广基于常识和科学推理与证据的公正宪法价值观”。③ 一些公民可能会倾向于根据自己的个人宗教或哲学世界观来选择性地排除当代科学中的一些结论，但正义原则是不允许这种做法的。罗尔斯的论点是，上述这些公共理性的条款，是在当代民主国家条件下推进合作的唯一可行且相互尊重的基础。目前科学证据的标准，是对即将达成的关于现行事宜的协议而言最中立和最权威的基础。如果没有就那些与公众利益息息相关的事宜达成共识的话，是没法治理社会的。

对于罗尔斯理论这一观点，我们认同，公共理性(public reason)的理念非常重要，但也要反对他提及的合法性和公民性理念不可以公平对待的这一观点。艾伦·布坎南(Allen Buchanan)提出了这种反对意见，并提出了另外一种观点，我们首先要承认在没有他人的认识(epistemic)或相关知识领域的合作时，我们所有人在我们可能知道的事物方面确实存在很大的局限性。这导致他没有把关注点放在管理公民政治对话的公共理性规范上，而是放在了一个对于“自由制度”的人类基本需求上，这种自由制度被定义为，可以通过区分是非和传播真理而减少了谨慎和道德风险的制度。④ 布坎南认为，我们都有根本利益，无论是谨慎方面还是道德方面，这些利益需要通过

① John Rawls, *Justice as Fairness: A Restatement*, Cambridge, MA: Harvard University Press, 2001, p. 90.

② 关于科学在民主审议中的权威作用的相关声明，参见：Gutmann and Thompson, *Democracy and Disagreement*, pp. 14-15, 65.

③ Rawls, *Justice as Fairness*, pp. 90, 91.

④ Allen Buchanan, “Political Liberalism and Social Epistemology,” *Philosophy & Public Affairs* 32, no. 2, 2004.

真理来实现；我们需要真理来促进我们自身的幸福，同时也避免对他人造成伤害。从这个角度来说，此观点符合我们完全交易透明的理想状态，在现存制度中，我们都有一种谨慎和道德利益，这些制度可以尊重推理和证据规范，同时通过传播我们为了过好生活最需要知道的真相来为公众利益服务。布坎南将这些制度描述为求真(veritistic)或告知真相的(truthtelling)制度，它们也可以被描述为公共知识(public knowledge)的制度。① 罗尔斯发展和完善了他的正义理论，聚焦于人类社会的某些重要方面，但这些并不包括人类认知方面的弱点和认知产品(epistemic goods，真理、知识和理解)的重要性。他主要关注的是平等公民权、不平等以及多元文化背景对宪法合法性的重要性。

分配正义的问题(problem of distributive justice)涉及社会基础结构制度如何受到规制与管理，"从而能够在一代又一代的历史时期中，维持一种公平、高效和多产的社会合作体系"②。罗尔斯两大正义原则的主要任务就是"依据其如何管理公民的初级产品份额来评估基本结构"③。这些初级产品(primary goods)是公民"在其完整的人生过程中享受自由平等权利所必需"的"多用途手段"(all-purpose means)。可以说，一个人在生活中初级产品的可得性等同于他的人生前景。④ 罗尔斯确定了五种初级产品：(1)基本权利和自由；(2)在面临各种机遇的背景下，活动的自由和选择职业的自由；(3)权力以及办公室岗位和职位的特权；(4)收入与财富；(5)自尊的社会基础。⑤ 财富(wealth)被广泛定义为合法地支配或有权使用、接受或受益于"满足人类需求和利益的可交换手段"，包括诸如"有权访问图书

---

① Kitcher, "Public Knowledge and Its Discontents"; and *Science in a Democratic Society*, Amherst, NY: Prometheus Books, 2011.

② Rawls, *Justice as Fairness*, p. 50.

③ Ibid., p. 59.

④ Ibid., p. 59.

⑤ Ibid., pp. 58-59.

馆、博物馆和其他公共设施”这类事物。① 正如人们预期的那样，在罗尔斯的定义中，财富依然是经济类别，但有权使用认知类和环境类产品，如果通过合适的安排使其可以交换(exchangeable)，那么它们可能也应被视为财富。那些通过付费才能换来的信息获得权是可以交换的，同样向大气层中排放碳的权利，在一种排放费用的限额与交易体系中也是可以交换的。

罗尔斯对其原则的辩护非常复杂，但他依赖于一个重要的思想实验，就是在各项原则的决定过程中，通过代表们的无知来确保公正性。他试图让我们设想，这些代表在政府创建之前就处于他的所谓“原始立场”，同时代表们知道关于人性和社会的普遍真理，包括“社会组织的基础和人类心理法则”，但他们不了解有关他们自身的特定事实、他们在社会中的地位、他们代表哪些人。② 罗尔斯认为，在这个“无知之幕”的背后，他们将选择那些正义的原则，以保障平等和广泛的权利和自由、机会的公平与均等及对不平等的限制：

> (1)每个人都具有相同不可剥夺的权利，要求享受一个完全充分的平等基本自由计划，该计划要与所有人的自由计划相一致。
>
> (2)社会和经济差距需要满足两个条件。第一，它们将依附于在机会公平均等条件下对所有人都开放的办公室岗位和职位；第二，它们应该符合社会中最弱势群体的利益最大化(差异原则)。③

机会的公平均等“不仅要求公务职位和社会公职真正对外开放(对所有人，所有职位根据才能来分配)，而且每个人都应该有公平

---

① Rawls, “Fairness to Goodness,” in *John Rawls: Collected Papers*, ed. Samuel Freeman, Cambridge, MA: Harvard University Press, 1999, p. 271.

② Rawls, *Justice as Fairness*, pp. 85-89; Rawls, *A Theory of Justice*, rev. ed., Cambridge, MA: Harvard University Press, 1999, p. 119.

③ Rawls, *Justice as Fairness*, pp. 42-43.

的机会。……那些具有相同水平（自然）才能和能力的人及同样愿意使用这些才能的人，无论他们来自哪一个社会阶层，都应该具有相同的成功愿景”①。

一些简短的解释说明和评论会有所帮助。第一个观察是：如果没有成功履行差异原则（difference principle，DP），那么，第一原则所保障的政治自由主义的“公允价值”，以及第二原则所保障的机会公平均等（fair equality of opportunity，FEO），都不可能实现。DP是指“阻止社会中的一小部分人控制经济并且间接控制政治生活”②。FEO要求孩子们有相对公平的机会发展自己的才能，并获得理想的就业和工作岗位。如果社会中的一些家庭控制着大量财富，而其他一些家庭比较贫困或一无所有，那么以上提到的这些状况都是不可能实现的。然而，即便实现了FEO，它本身也不会确保每个人都有足够过好生活的机会。它确保对现有职位的招聘进行公平竞争，但那些职位的性质和报酬可能会偏向并造成一种赢家通吃的制度（winner-take-all system），只能使少部分幸运儿活得更好。DP也涉及这个问题。它通过限制和构建不均等的初级产品获取方式，让更多人获得更多理想的机会，这种方法有助于尽可能改善那些因其社会阶层出身而处于弱势地位人们的生活。罗尔斯认为，如果一个系统构成允许比这更多的不平等，那么就不是正义的或与自由平等的公民身份相兼容。

我们在第1章中指出，长期保留过好生活的机会是可持续的规范核心；因为FEO与机会息息相关，它似乎与可持续也是最相关的。然而，对这方面的理解仍然存在很多问题。罗尔斯以这样一种方式来概念化FEO，这种方式取决于存在可让不同社会阶层出身公民公开竞争的公共职位与办公室岗位，但是这种由职位与办公室岗位组成的公共资源并非一直固定不变，这就使得跨代比较是行不通的。在现实社会中，特别是在那些教育体系不断发展的社会中，社

---

① Rawls, *Justice as Fairness*, pp. 43-44.

② Ibid., p. 139.

会所能提供的职位资源也不断变化，因而FEO的条款可能永远无法得到满足。如果所有社会阶层，在教育体系扩张的每个阶段，在各级教育体系中，都能得到同等对待，那FEO就可能世世代代延续下去。然而，如果一些社会阶层在他们参与其中的整个教育体系各个上升期，只是在追随其他阶层，就像他们通常所做的那样，那么，不同阶层的成员当达到某个给定教育程度的时候，可能不会面临完全相同的机会结构。他们将不会争取这种由诸多职位与办公室岗位构成的公共资源，同时在趋向不同社会阶层之间机会均等方面也不会有什么明显的进步。虽然罗尔斯明确表示，他的原则只适用于一代人内部，而不是跨代人之间，但对一代人边界的定义并不明确。如果FEO适用条件并不能持续很长时间，而且还需要政府干预，很可能至少是数十年，那么，FEO几乎就不能为追求正义提供有益指导。

《正义论》这部著作发表的时代，适值教育机构被社会学家广泛认为是由经济关系塑造的二级机构或附属机构，并且它们彼此之间没有相互的影响。罗尔斯很可能持同样的观点，因为他所处的社会已经呈现出阶层间的不平等现象并且引起了他的关注和担忧。学校，仅作为二级机构，能发挥FEO所要求的作用，公正地把天然才能转变为共同就业岗位所需的真正就业资格。当然，这只是一个假设而已。如果教育机构不仅仅是二级机构，而且会对职业性质和职业分级的程度和条件造成影响(如果它们会改变机会的结构)，那么，当处于追赶性社会阶层的成员们达到了教育体系的不同程度时，他们将面临不同的社会结构，完全不同于他们所追赶的社会阶层成员面临的机会结构，也永远不会有一个共同的职业机会，使他们可以在“机会公平均等的条件下”公开竞争。①

如果要想知道过好生活的机会是否稳定，我们就需要在时间序列的每一时点上独立地衡量，机会究竟有多好。然而，正如我们所强调指出的，FEO并不是规定社会提供的机会质量(quality)，而仅

① Rawls, *Justice as Fairness*, p. 42.

指竞争获取这些机会的公平性。[①] 不过，对于这种直觉，即长期保留过好生活的机会是政治正义需要根本解决的问题，FEO 并没有给出原则性的表述或说法。

作为一种代际正义的工具，DP 也颇有问题。罗尔斯坚持认为，DP 只适用于一代人内部，而且他所建议的代际替代方案也不是什么好的办法，执行起来非常困难。[②] 他认为，几代人之间共有的，其实是一个公平储蓄的原则(principle of just savings)。[③] 他认为，实际上，如果社会依然不能满足正义的两项原则，那么就需要实行真实储蓄，“从而可能具备确立并跨期保留正义的基本结构所必需的条件”。一旦这些条件实现了，“净实际储蓄可能会下降到零……并且(实际)资本积累可能会停止”[④]。这个社会将成为“一个代代相传的、公平的合作体系”，所以，在无知的面纱背后，代表们将会问他们自己的问题是：“如果所有前几代的人们都遵循相同的计划(例如，在

① 由于罗尔斯将初级商品定义为公民“享受自由和平等生活所需要”的“多用途手段”，所以询问这些商品是否可以适应长期比较的机会，是合理的。鉴于罗尔斯名单上的办公室岗位、职位、收入和财富的存在，这样的说法也似乎令人怀疑。人们需要对办公室的质量和对生活重要的职位进行独立的衡量，同时需要对收入和财富进行通货膨胀调整，但这不可能在不共享有意义的一揽子商品和服务的情况下进行。即使这样一揽子的商品和服务确实存在，也并不是一个很好的基本措施，离我们所描述的更好生活的机会还相去甚远。对于将罗尔斯初级产品批评为正义的适当“指标”，参见：Sen，*Development as Freedom*. 对于罗尔斯的初级产品方法和森的能力方法的竞争性主张的学术评估，参见：Harry Brighouse and Ingrid Robeyns, eds. , *Measuring Justice: Primary Goods and Capabilities*, Cambridge: Cambridge University Press, 2010.

② 丹尼尔·兹沃特霍德(Danielle Zwarthoed)评论说，一些罗尔斯的信徒试图拟定一个代际的 DP，但是我们要考虑到，他们提出的概念化可持续发展，还远没有想象的那么好。参见：Daniel Attas, “A Transgenerational Difference Principle,” in *Intergenerational Justice*, ed. Axel Gosseries and Lukas H. Meyer, Oxford: Oxford University Press, 2009; and Frédérc Gaspart and Axel Gosseries, “Are Generational Savings Unjust?,” *Politics, Philosophy & Economics* 6, no. 2, 2007, pp. 193-217.

③ Rawls, *Justice as Fairness*, pp. 159-160.

④ Ibid. , p. 159.

任何给定的财富水平上，储蓄相同比例的社会产品)，那么随着社会的进步，当他们处于不同财富水平时究竟应该准备好多少比例的储蓄(即社会产品的比例)?”①罗尔斯的原则只需要足够的实际资本积累来“建立和保存”正义制度，并且满足他的正义原则，不能允许子孙后代永远变得更富有。例如，在无知的面纱背后，如果它是科学的，当然也是可知的：贫困是痛苦的来源，但是人均年收入高于29 000美元的情况对于正义或人类幸福而言不会带来额外、可衡量的收益，那么，一旦社会达到人均收入的门槛值，公平储蓄计划应该确保实际储蓄或资本积累下降到零。②

罗尔斯推测，随着时间的推移，社会将拥有越来越丰富的制造资本和人力资本。但他却不承认自然资本会受到威胁，也不承认我们必须对实际储蓄或资本积累做任何计算。他没有考虑实际储蓄降至零以下的情形，并且从直觉上来看这样做似乎也是错误的。但从当前的情景来看——生态系统的生产能力正在减少，不可再生资源(如化石碳氢化合物和地下水)存量也在减少，DP和公平储蓄原则都没有什么好办法。罗尔斯显然认为，DP不应该被作为一种代际公平分配原则，因为这可能会迫使未来公民和过去的弱势群体生活同样糟糕(因为把更多资源配置于未来人口，可能对过去的弱势群体没有任何好处)，而人们，无论是一般人还是无知之幕背后的代表们，都可能会倾向于支持从一代人到下一代人之间会有所进步。相比之下，人们可能认为，像当下的情形，即与目前活着的人相比，未来出生的人可能会成为弱势群体。依据DP，现在与未来同龄人群之间的不平等现象是不公正的，尤其是考虑到当前富人们的过度消费与奢侈，将会对未来生活前景造成多大程度的伤害时。跨期不平等，对于那些将会成为最弱势群体的人而言，不是一个好消息。然而，DP的精

---

① Rawls, *Justice as Fairness*, p. 160.

② Richard Layard, *Lessons from a New Science*, London: Penguin, 2005, p. 33. 英国经济学家理查德·莱亚德(Richard Layard)在研究世界各地的国家时发现，当美国2015年通货膨胀调整后的人均收入达到28 500美元左右时，全国平均幸福分数将停止上升。

神就是将团结合作社会中的不平等控制在以下限度内，即这种不平等对于那些刚出生就处于最弱势地位的人而言是最有利的。这并不普遍适用于代际。

公平储蓄原则在构想时本来是考虑了跨代应用的，但在自然资本持续下降的背景下，它的应用就会变得含糊不清。按照罗尔斯的说法，好像永远不会有实际储蓄率为负的情况，尤其是如果它威胁到了正义制度与机构的稳定性，但罗尔斯本人对此没有提供任何解释。这样一种储蓄率在任何财富水平上都不可能被接受吗？是否就因为在任何财富水平上，它总是会威胁到维护社会的正义基本结构，所以就把它一直排除在外？如何通过自然资本和非自然资本的平衡来计算公平储蓄？[①] 一旦引入了自然资本的关联性，再加上有关增长自然极限的观念，把公平储蓄率定义为"社会产品中需要被储存起来的份额"就不再讲得通了。作为一种近似估计，公平储蓄率可以被看作总生产量(制造资本和人力资本)的一部分，以及自然资本的一部分。这里的自然资本是指那些本可以从自然系统中可持续提取并回收利用，但事实上却并没这样做的自然资源。自然资本储蓄，是指自然资本保留不用，旨在提高生态承载力。为了适应不断增加的人口及其更高的生活水平需要，人类提取越来越多的自然资本，直到公正的基本结构得以确立或者说人类需求已经达到可持续所能允许水平的80%(保险起见，留存20%不用)。这两种情况哪个先实现，就以哪个为准，这样做是否属于对该原则的合理运用呢？如果罗尔斯还活着并愿意把这个话题深入讨论下去，他很可能会说，建立和维护公正的基本结构是无可置疑的，并且DP(在其代内应用中)

---

① 罗尔斯参考了下一代在政治自由主义中的自然价值(New York：Columbia University Press，1993，p. 245)，他指出，在政治自由主义社会中，保护自然资本可能有以下理由："通过保护自然秩序和维持生命的财产，可以进一步维护自己和子孙后代的利益；为了生物和医学知识而培育动物和植物，并将其应用于人类健康方面；以公共娱乐为目的保护大自然的美丽，以及更深入了解世界的乐趣。"然而，他并不认为这样的想法应该与以非正义资本积累为基础的正义考虑相妥协。我们感谢丹尼尔·兹沃特霍德对这段内容的看法。

与公平储蓄的结合将同时限制消费和家庭规模，甚至包括那些高收入群体。

罗尔斯理论的上述特征都和国家内部(within countries)的正义有关，并且直到最近，那些理论家对全球正义的概念化也仅限于战争与和平的相关问题。罗尔斯自己的全球正义理论，还远远不足以帮我们形成制定全球合作公平条款，以稳定气候和海洋，分担相应成本及解决其他相关问题。在罗尔斯以美国社会为范例提出了他的社会正义理论之后，他又提出了一个原始立场契约，该契约并非是在国家或政府之间，而是在那些准备给予彼此平等与尊重的人们之间。① 其他一些全球正义领域的理论家则提出了一种“一次性”(one-shot)全球契约的概念，进而产生了一种全球版本的罗尔斯社会经济平均主义(socioeconomic egalitarianism)，或者说一种人权普遍较不平等的制度体系，抑或是他们以某些其他方式拥有处理人权问题的方法。②

我们更关注的是，了解一般情况下什么才可能构成合作的正义基础，以解决可持续问题。任何这类基础都有全球和国内两个方面，因为可能会达成共识的全球合作条款也必须在各个不同参与国的国内政策中予以实施。罗尔斯的正义理论对于国内领域的帮助要大于全球领域，但是我们还需要一个可概念化的正义，这种正义更适合于理解长期保留过好生活的机会。我们还需要一个可概念化的公平，这种公平需要体现在专门针对可持续问题的全球合作之中。

---

① Rawls, *The Law of Peoples*, Cambridge, MA: Harvard University Press, 1999.

② Darrell Moellendorf, *Cosmopolitan Justice*, Boulder, CO: Westview Press, 2002; Martha Nussbaum, *Frontiers of Justice*, Cambridge, MA: Harvard University Press, 2006; and Gillian Brock, *Global Justice: A Cosmopolitan Account*, Oxford: Oxford University Press, 2009.

3.4 一种正义理论的概要

我们将在本部分提出一个理论，来明确政府及其主要机构的基本功能，使社会中所有成员都能够过好生活，无论他们什么时候出生。希腊术语“幸福”(eudaimonia)表示过得好或生活蒸蒸日上。这个方法是一种幸福感建构主义(eudaimonic constructivism)或者说是亚里士多德和罗尔斯两人观点的融合。

3.4.1 幸福感原则(The Eudaimonic Principle)

罗尔斯抛给无知之幕背后代表们的问题，主要是关注那些限制社会主要制度与机构的原则，我们可以从这个问题再后退一步，问问这些制度与机构的目标应该是什么。受幸福或者亚里士多德在其伦理著作中提到的美好生活的概念启发，我们对这些目标的理解和设想始于以下这种理念，即我们所有人都想过好，以很好或说令人钦佩的方式生活着，并且我们感觉不错或者非常满意。

因为人们的确都想要过好生活，尽管他们对于过好生活究竟需要什么，会有不同的观念和理解，无知之幕背后的代表们将会趋向于认可一种基本的自由原则或者尊重自由的幸福说，即幸福感原则：一个社会中多种制度的存在，应该能让其所有成员都能过好生活，并且应该提供足够的机会让所有人能够这样做，从而他们彼此之间也可以提供这样的机会。

我们将假定，代表们首先赞同罗尔斯的第一正义原则，并且也认可该原则所要求的民主制度，同时我们还假定，如罗尔斯书中所述，幸福感原则的最后一个条款需要一种财产民主形式。我们打算充分利用机会，来保证实际的可能性被充分普遍地分配，从而形成平等的机会，但我们会把细节推迟到第 4 章再做进一步阐述。当无知之幕背后的代表们考虑，还需要建立什么制度才能让每个人都过得更好时，他们就可以开始逐渐了解人类心理学的知识了。亚里士多德认为，虽然人们都想过好生活，但许多人都并不了解哪些才是人类出于本性过好生活而要拥有的必需品。对这些必需品的认知和知识应该用来指导制度设计。我们同意并认识到，这样的基础，可以使他的伦理中有价值的东西与多元化宪政民主的理想相一致。

3.4.2　人类需要什么才能过好生活

目前已经得到很好的证实，在不同文化及人生的整个生活周期中都存在普遍的基本心理需求。这些心理需求的满足对于过好生活至关重要，而且这些心理需求还明显受到制度作用机制的影响。① 碰巧，这些需求也对人类动机产生重要影响，它们不仅规定了制度设计对人类福祉的直接影响，而且还规定了哪些制度设计对个人为实现制度目的而做出贡献性质的影响。在那些能够满足这些需求进而对员工有益的工作场所中，工人们的生产率往往要高于对员工不太友好的工作场所。这是一个关于基本心理需求研究广泛含义的很好例证。也就是说，福祉或幸福，在精神上是与通过令人钦佩的方式来实现基本人类潜能联系在一起的。② 换句话说，过好生活的客观与主观方面内容，是通过基本心理需求的满足而彼此显著关联的。

基本心理需求理论(basic psychological needs theory，BPNT)假设了三个先天的、与实现人类潜能相关的普遍心理需求（universal psychological needs)：对能力或效力的需求，对根植于代理人由衷

---

① 有关系统地概述基础心理需求理论，作为一个组成部分的动机、行动和福祉的更广泛的理论，以及 40 年的支持性研究，参见：Edward L. Deci and Richard M. Ryan，“Motivation，Personality，and Development within Embedded Social Contexts：An Overview of Self-Determination Theory，” in *The Oxford Handbook of Human Motivation*，ed. Richard Ryan，New York：Oxford University Press，2012. 另可参见：Valery I. Chirkov，Richard M. Ryan，and Kennon M. Sheldon，eds.，*Human Autonomy in Cross-Cultural Context*：*Perspectives on the Psychology of Agency*，*Freedom*，*and Well-Being*，Dordrecht，Netherlands：Springer，2011.

② Ryan，Curren，and Deci，“What Humans Need”. 心理学家一般不使用令人敬佩的词语，并且通常会避免价值判断，但是——正如我们在前面所解释的那样——存在与心理需求满意度和相关潜力的实现，相互关联的客观善良的形式。

认可价值观的自我决定(self-determination)或自治(autonomy)的需求，以及对关联性(relatedness)或得到双方确认的人际关系的需求。对于这些实现个人潜能的需求，其挫折主要表现为：沮丧压抑的情绪及其影响、缺乏从事相关工作的精力和经验、屡屡出错，以及一些压力与精神冲突症状如头痛和睡眠障碍。关于"积极"实现潜能过程中的成功或卓越的标准究竟能起到什么作用，一直都比较隐晦，并且只是最近才在更宏大的理论中用美德的语言或术语加以明确提出，BPNT也是该理论的一部分，即自决理论(self-determination theory，SDT)，还涉及已经吸收了SDT的积极心理活动。一个人能力(competence)的体验，如果没有被别人承认他的工作的确达到了能力或说卓越的标准，那么就是不牢靠的；同时，一个人在自我决定(self-determination)方面的成功体验，通常需要拥有并且使用智力的美德，但是，正是在满足关联性(relatedness)需求的过程中，美德的作用才能被最清晰地体现出来。一个人的心理健康，不仅会因为别人对其价值的否定而受损，而且也会因为自己无法肯定别人的价值而受损。一些研究表明，提供单边利他主义行为给人带来的精神收益(所观察到的)，甚至超过了这种利他主义的接受者所得到的好处。① 拥有美德可以带来快乐的这种说法，得到了实质性的证明。

上百项涵盖不同文化和生活阶段研究的证据表明，这三种(all three)基本心理需求的满足，对于幸福感和心理健康的各个方面都至关重要。在这三种需求中，自治是最有可能受到挑战的一个基于西方价值观的文化特征，这种需求不是普遍需要的。然而，跨文化研究的结果并不承认这个观点。他们认为，个人活动中对自我决定的需求并不逊色于那些将自治视为外来价值的文化；约束性较强且等级分明的文化通常确实也能提供有意义的自决领域，以满足这种需

① Edward L. Deci et al.，"On the Benefits of Giving as well as Receiving Autonomy Support：Mutuality in Close Friendships，" *Personality and Social Psychology Bulletin* 32，no. 3，2006.

求，例如，那些提供广泛个人选择和表达范围的精神形式。[1] 那些倾向于相信经济和行为模型而不是文化决定论的人，将对利他行为可以带来幸福这一观点深感怀疑。他们可能坚持认为，人类在他们所有的决策和行为中都是自私算计的。虽然这些观点颇有市场和影响力，不过它们并没有得到进化科学与实验证据的支持。[2] 无私行为是很常见的，并且在一些试验类博弈游戏中的研究表明："人们不仅经常热衷于无私行为，而且知道其他人也经常热衷于无私行为。"[3]同时，SDT 范式中的研究，也通过各种研究方法论证了利他主义行为不是受到"享乐结果"(hedonic outcomes)的驱动。所谓享乐结果就是指一种自私的欲望，想去体验人们在帮助别人过程中经常感受到的乐趣。在这些研究中，"帮助别人和良好结果(对助人者而言)之间的关系完全受到需求满足的调节。也就是说，当人们做出选择去帮助别人时，通过这样做，他们就体验或经历了自主权、能力和关联性，进而这些又都会带来积极的结果和影响"[4]。人类显然已经发展到这种程度，即在善待别人的过程中寻求自身内在的满足感，并且当他们做不到善待别人时，自身幸福感也会下降。

主观偏好理论家可能会以类似方式争论说，人们只是最大化他们可能拥有的任何偏好的满足感，而幸福是那些被满足的偏好的函数。因为财富确实有助于满足多种偏好，所以这些理论家可能就会

---

① Chirkov, Ryan, and Sheldon, *Human Autonomy in Cross-Cultural Context*.

② Franz De Wall, *The Age of Empathy: Nature's Lessons for a Kinder Society*, New York: Random House, 2009; and Lynn Stout, *Cultivating Conscience: How Good Laws Make Good People*, Princeton, NJ: Princeton University Press, 2011, p. 2.

③ Stout, *Cultivating Conscience*, p. 92.

④ Ryan, Curren, and Deci, "What Humans Need," p. 67. 文章总结了内塔·温斯坦(Netta Weinstein)和理查德·瑞安(Richard Ryan)报告的调查结果: "When Helping Helps: Autonomous Motiration for Prosocial Behavior and Its Influence on Well-Being for the Helper and Recipient," *Journal of Personality and Social Psychology* 98, 2010.

认为，一个社会，财富越多，必然就会越幸福，因而政府在促进幸福方面的责任就可以归结为实现社会总财富的最大化。从某种程度上来讲，这种观点把基本的道德价值归功于偏好满意度，对于所有偏好同样适应，而不是任何其他事物，所以说，它是一种令人费解的价值主观主义形式。如果价值的归因(attributions of value)真的是那么主观，为什么那些因素就此停止了呢？如果我们都不认为，个体拥有适应于他们自身的价值(即内在价值)，为什么我们要认为当他们的偏好得到满足时会有价值呢？然而，如果我们同意，个体是有内在价值的，我们怎么能把这么多价值都归因于诸如对喜欢看人受苦这种偏好的满足上呢？更荒唐的是，我们怎么能认为，这类偏好被满足的价值，等同于喜欢通过有益工作来服务社会这种偏好被满足的价值呢？如果我们意识到有关人类健康的生物学事实，我们怎么可能会去设想，对以下这两种偏好，即 A 随意吸烟的偏好和 B 不希望因为被动吸烟导致生命缩短和健康受损的偏好，不做任何道德区分呢？我们认识到有关人类健康的生物学事实，并将关于人类动机、活力和心理需求的各种心理事实紧密联系起来，得出的基本观点是：已经有足够多人性方面的事实基础来证明，在人们为了过好生活而产生的需求和人们仅仅想要或偏好的东西之间存在明显道义上的区别。

回到所谓财富、偏好满足和幸福之间的关系，有几个重要的反证依据。财富确实能够满足人们的一些偏好，但对于那些超过了生活必需品或脱贫以后的偏好而言，这类偏好满足和幸福之间的关系并不明显。相对富裕的社会，近几十年来已经变得更加富有，但其平均生活满意度并没有上升。① 物质享乐主义(外在)的生活目标导向让人们偏离了他们对关联性、自治和能力这些需求的满足感，使得他们在成功实现人生目标时，较之于那些同样成功实现了非物质(内在)欲望(诸如个人成长、紧密关系、健康、社会服务等)的人而

① Layard, *Lessons from a New Science*.

言，普遍不会感觉很幸福，也不会觉得他们自己很成功。[①] 物质主义与不幸福之间的关系，已被证明不仅仅是有相关性的，而且有因果关系和双向作用：物质主义让人们不那么快乐，而不幸福又会使人们变得更加物质主义、更贪婪和更自私。[②] 有些人可能恰好非常富有但同时也具有非物质主义的价值观，这当然会使他们的生活过得非常幸福。但对可持续而言，好消息是，有关财富的证据表明：必需品得到满足并且给予我们必要的钱财，可以让我们以积极的方式从事实现自身潜能的活动，除此以外，财富对于幸福或者过好生活而言，就不是必要的了。

有了 BPNT 强有力的证明，那些无知之幕背后的代表们就可以得出结论：通过满足对自我决定、彼此确认的关联性及能力这些相关的心理需求来实现基本人类潜能，是所有人的必需品(essential goods)，这些必需品既能足以确保过好生活，也和多数关于美好生活的合理概念相吻合。尽管有很多文化和制度方面的原因阻碍了人类的繁荣与可持续，但是，能力、彼此确认的关联性和自我决定形式的多样性，能够保证提供广阔的空间，便于个体与文化表达，并符合确保这些必需品普遍可得的公共责任。人们普遍认同：要想过好生活，就需要获得美德并行使美德，形成并运用权力或行动的能力(因此便有了行动的机会和资源)，以及对正在做的事情有清晰的

---

① Kasser, *High Price of Materialism*; Richard M. Ryan et al., "All Goals Are Not Created Equal: An Organismic Perspective on the Nature of Goals and Their Regulation," in *The Psychology of Action: Linking Cognition and Motivation to Behavior*, ed. Peter M. Gollwitzer and John A. Bargh, New York: Guilford, 1996; Tim Kasser and Richard M. Ryan, "Further Examining the American Dream: Differential Correlates of Intrinsic and Extrinsic Goals," *Personality and Social Psychology Bulletin* 22, 1996; and Christopher P. Niemiec, Richard M. Ryan, and Edward L. Deci, "The Path Taken: Consequences of Attaining Intrinsic and Extrinsic Aspirations in Post-college Life," *Journal of Research in Personality* 43, 2009.

② 可参阅：Kasser, *High Price of Materialism*. 其对大部分相关研究进行了调查。

了解。从而，体现在个体身上，过好生活的必需品将表现为以下美德(virtues)形式：品格、智慧、能力(capabilities)和理解力(understanding)。[①]

把美德、能力和理解力看作个体发展、行动与过好生活的必需品，是对人类行为结构的一种反映。没有什么生活可以算作美好生活，除非它在这些方面比较成功。同时，一个人在行动方面的成功，将要求他配备并且运用所有相关的基本能力和美德。有三个广义上的潜能项目是行动的基础——智力潜能、社会潜能和创造潜能。所有这三项都基本实现，才能让一个人的行动方式既能令人敬佩，又能满足自决、关联和能力的心理需求。一个人必须适度实现其智力潜能和社会潜能，才能根据对世界的准确理解和个人的价值观来决定要做什么，以及对于他而言什么才是优秀品格状态的特征。同时，一个人还必须能够适度、有效地部署和调配他的能力(capabilities)(社会、智力和创造等方面)，以便可以有效行动并满足他对自决、彼此确认关联性和能力的需求。

3.4.3 机会的制度基础

认识到人们只有在有利或适宜的条件下才能获得过好生活的必需品，那么，无知之幕背后的代表们将会同意，社会安排和制度通常都应该促进过好生活所必要的个人品质的获得(acquisition)，以及在过好生活的活动要素中那些品质的表达(expression)。他们也会同意，应该建立一些机构，其职能是促进获得过好生活所需的内部属

---

① 熟悉经济学家、哲学家阿马蒂亚·森(Amartya Sen)和哲学家玛莎·纳斯鲍姆(Martha Nussbaum)提出的能力方法的读者，应该注意到，这里提出的观点同样是正义的“中期”措施。我们发现其分析性更强，并清楚地将能力作为三项内部或个人生活的必需品之一，将这些内部必需品与外部必需品区分开来。在许多作品中，能力方法已经以不同的方式呈现，但其与罗尔斯理论还是存在系统性的差异的。关于纳斯鲍姆版本的基本方面的批评和对其提出的替代方案的更全面的辩护，参见：Randall Curren，“Aristotelian Necessities,” *Good Society—PEGS* 22，no. 2，Fall 2013.

性(internal)，并提供相应的外部环境(external)。在该外部环境中，这些内部属性可在过好生活的理想而有益活动要素中得到合适的表达与展示。这些机构包括：教育机构，其基本功能是促进一些有利于过好生活的发展形式；认知机构，其基本功能是生产公共知识并促进充分事务透明；以及一些工作和休闲场所，这些工作和休闲场所能够提供良好的环境，使人们通过工作以及其他理想而又令人满意的活动形式来实现其对能力的需求。

社会还必须提供其他更基本的需求，工作场所的功能也将包括生产和保护其他一些美好生活活动的先决条件。这是正义社会的应有之义，通过这种方式团结合作，为每个人提供真正的机会(即所有的必需品)去从事各种活动，最终过上美好的生活。社会合作的根本目的是要确保获得过好生活所要具备但靠他们自身又不能获得的必需品，同时我们所列的过好生活所要具备的三类内部的必需品清单(美德、理解力和能力)也包含了布坎南和亚里士多德所主张的认知与教育机构的基本功能。①

我们的可持续伦理原则要求每个社会要保护过好生活机会的生态基础，并且不超过可持续的经济生产量水平。我们现在可以补充一点就是，只要过好生活的这些自然基础受到关注，那么，人均自然资本的综合测度就可以作为一种合理的工具变量，判断一代人是否以一种符合长期保留过好生活机会的方式生活着。② 保留过好生活的机会也需要社会政治可持续，罗尔斯在他的正义理论和储蓄(资本积累)理论中提供了涉及这种可持续某些方面内容的非常有影响但

① Buchanan，"Political Liberalism and Social Epistemology"；Curren，*Aristotle on the Necessity of Public Education*.

② 通过确定我们的假设，我们只能接触到复杂性：(1)MC 和 HC 通常与 NC 结合使用，而不是替代它；(2)MC 倾向于贬值，必须大部分由跨国公司代替；(3)NNC 未经补偿的消耗预示未来某个时候的机会的下降。从第一个和第二个假设可以看出，经济增长不能为自然资本的损失提供可靠的赔偿。未来经济扩张的预测，将以生态能力或生态债务的无限增长这一最不可能的扩张为前提，没有这种持续扩张，MC 和其他经济资产将可能遭受塌陷。如果没有所依赖的 NC，MC 将会过时。

也颇有争议的理论。他的理论没有提供的是关于这些机会性质的概念或度量，而若有了这些概念或度量，就能够进行长时期、跨地区、跨文化的相关比较。他对机会同步平等性的衡量(根据不同社会阶层成员从一个共同可选择的范围中获得理想职业的概率来定义)是远远不够的。

相比之下，我们对美好生活普遍必需品的概念化，有助于提供一种永恒性的解释，以此说明人们为了过好生活需要什么，进而对于长期保留过好生活的机会来说什么东西又是在制度上非常必要的。它明确了我们拥有可以实现的潜能、必须要满足的相关心理需求，以及有必要从事的各种活动，这样才能让我们感觉生活很美好，即个人感觉非常满意并且值得别人羡慕的生活。如此一来，这个理论就澄清了为什么脱贫是件好事，但无止境地追求财富却并不会和幸福呈正相关关系。作为对正义制度的衡量标准，它旨在平衡以下二者之间的关系，即当前政策所关注的生产与服务效率，和同样热切关注这些的机构所提供机会的质量，也就是它们在提供各种环境，进而让人们通过理想、有益方式实现人类潜能过程中的角色。基于国际上大量并且不断增加的重复性心理研究，这种正义制度的概念以及长期保留良好机会的机构基础的概念，其争议应该会比罗尔斯的理论要小，即便罗尔斯的理论找到了一种解决办法，以变相反映他的代际公平原则。

长期保留过好生活机会的机构基础，意味着社会政治可持续。同时，我们有理由追问，什么形式的正义，对于社会政治可持续以及保留过好生活的这些机构基础而言才是至关重要的？我们暂且可以在这里提供的答案是：对社会政治稳定性而言至关重要的正义形式，包括罗尔斯第一原则所保障的基本平等自由，以及他的(同步应用的)机会公平均等原则(我们将在第 4 章介绍其框架)。社会政治可持续需要一种与社会运作规则相适应的高水平自愿合作，同时，如果那些规则没有提供广泛的机会来满足基本需求并让人们过好生活的话，那么这种合作是不太可能实现的。各个社会究竟可以承受多大程度的不平等才能不至于崩溃，这是一个非常宏大的问题。我们可能在此无法提供理想答案。但毫无疑问的是，当前的极度富裕是人类几乎无法承受的恩惠。我们的方法所暗示的制度改革将从某种程度上以某些方式适度限制社会经济不平等及公民之间的不平等程度。

3.5 有利于可持续的全球合作

解决了这些与实现可持续密切相关的国内代际公平问题之后，我们将通过回忆以下内容来结束讨论：可持续伦理的第三条原则要求我们和政府寻求有利于可持续的公平合作条款。没有任何理论可以预先充分指明这些合作条款，但本章介绍的可持续伦理与正义理论，对于分辨什么才符合公平的合作条款，很有意义和价值。粗略描述一下这些意义，就是追求可持续过程中的全球合作条款，可以归纳为以下四项。

(1)应该适应并鼓励那些符合可持续伦理五项原则且是各国满足其幸福感原则所必要的改革与发展。各国应该拒绝接受任何不公平的协议条款，这些条款无法为其公民提供过好生活的前景。

(2)应该按照满足第一条的要求而不是全球统一的人均水平来分配排放权。①

(3)由于分配后的碳排放限额只能解决气候变化问题，并且其他九个地球系统资源边界已被认定为对于生态可持续非常重要，应该使用第二条规定作为默认模式，围绕分配后的限额进行协商，以治理那些关于每个地球系统资源边界的合作。

(4)NNC的区域跨境分配边界必须要在哪里进行协商谈判，

---

① 为了解释相关方法是如何工作的，参见：Paul Baer et al.，"Greenhouse Development Rights：A Framework for Climate Protection That Is 'More Fair' than Equal Per Capita Emissions Rights，" in *Climate Ethics*，ed. Stephen M. Gardiner et al.，Oxford：Oxford University Press，2010.

并且会对实现基本人权或协助各国满足其幸福感原则产生重要影响(如区域性的水争议)？相关分配应该尊重那些权利并且确保优先满足其基本幸福感需求。对水资源的分配应该符合经联合国大会批准并得到联合国人权理事会确认的、获得清洁水的基本权利。①

3.6 结论

本章旨在定义可持续基本伦理并概述一种正义理论，从而对长期保留过好生活的机会进行概念化解读。这同时也有助于我们理解，在追求可持续过程中，如何做到公平分配国内与全球合作的负担。清楚认识到为了过好生活我们需要做什么和不需要做什么，对于可持续生活极为重要。同时，我们概述了一种基于大量研究并且聚焦于人类需求的正义理论，这些研究符合世界各地的文化传统，但是却与传统经济和政策观点背后的行为模式并不一致。

在下一章中，我们将详细说明我们的一些简短评论，主要关于作为发展形成类机构的学校、作为机构设置或背景的工作场所(其中，个人品质会在那些或多或少可作为过好生活特征的活动中得到体现)，以及作为真理辨识与传播类机构的认知机构。详细讨论这些机构对过好生活的贡献之后，我们将讨论社会政治复杂性的增长动态以及崩溃的问题。复杂性的增长，对于可持续和跨期保留机会而言极其重要。随着时间的推移，社会往往变得越来越复杂，而且这种日益增长的复杂性改变了机会的结构。它创造了新的并且具有挑战性的机会，但同时也扩大了社会和经济分层，并且使得能源、物质、教育与协调成本不断增加。随着社会复杂性的边际成本不断增加，社会复杂性领域投资的整体边际回报也普遍下降。复杂性的增

① Maude Barlow, *Blue Future*: *Protecting Water for People and the Planet Forever*, New York: New Press, 2013.

长改变了社会中可用的机会组合，并且在这种情况下挑战了关于促进机会平等的传统思想。这同时进一步强化了我们自己的观点，即对可持续或长期保留过好生活机会进行充分概念化，需要适当地说明什么才是过好生活所需要的内在而必不可少的要素。

增长的极限是讨论可持续问题时必然会涉及的内容。但当许多人呼吁要加强可持续教育的时候，却几乎很少谈及经济增长和教育体系之间的内在关系。我们将探讨这一被忽略的问题，一方面在社会政治复杂性与崩溃的展示模型(revealing model)背景下讨论学校与工作之间的对接(interface)，另一方面将美国市场文凭主义(market credentialism)体系与一个更公正的替代方案进行比较分析。由此产生的关于社会经济—教育复杂性(socioeconomic-educational complexity)的表述，为我们接下来的一些建议提供了诊断依据。这些建议很可能有助于长期保留过好生活的机会，并且推翻此前颇有争议的关于教育研究投资边际集体回报下降的通行模式。

第4章　复杂性与机会的结构

正义制度对于当前的可持续问题非常重要。如今，人类活动总和已经超过了生态可持续的范围。我们可以预见，如果没有这样的机构来确保为每个人都提供充足的、过好当下生活的机会，那么，仅为满足目前生活的必需品就将让那些为了保证未来机会质量与数量所做的努力付之东流。因此，我们必须对正义制度的功能有更清晰的认识，并且明确我们现在的这些机构如何运作，这样才能更好地了解，什么样的改革才能使我们的机构可以提供过好现在与未来的机会。

本章我们将详细介绍在第3章中简要评论的正义制度的性质——认知机构，其功能是辨别并传播对公共利益非常重要的真理；作为发展形成类机构的学校；一些职业环境，在这些职业环境中，个人品质可以通过带有过好生活特征的活动体现出来。基于对当前这些机构公平运转状况的详细剖析，我们将提出并解决社会政治复杂性的动态增长及有关崩溃的问题。

正如我们在第3章结论中强调指出的那样，复杂性的增长对于可持续问题和长期保留过好生活的机会至关重要。它改变了机会的结构，造成能源消耗和其他成本上升，还导致边际社会回报率下降。教育机构促进了这种复杂性的增长，改变了工作的性质和机会的结构。但是关于机会平等的传统思想，一直都假设学校只是塑造经济关系的“二级”机构或附属机构，它们不会相互影响。如果学校仅是二级机构，那么它们或许能扮演机会公平均等理念所需要的角色，即公平地将天分转变为共同就业岗位所要求的真实工作资质。具有讽刺意味的是，在美国，那些旨在提升机会均等的某些尝试，却大大增进了教育机构的权力；有了这些权力以后，教育机构使得美国逐渐演化为一种更不均等的机会结构。针对这种模式以及关于事物之间有多大差异的讨论，我们的诊断有助于找到罗尔斯 FEO 原则的替代原则。这也是我们在第 3 章结论中做的承诺。

针对复杂性的动态演化及其成本，我们在提供宽泛的概念性介绍之后，将在本章提出一些建议。这些建议可能会有助于长期保留过好生活的机会，并有希望扭转教育研究投资的边际集体回报递减这一普遍规律。大学，既是教育机构同时也是认知机构，对于经济增长和较大规模社会经济体系的不可持续问题发挥不可或缺的作用。确实有许多途径可以让教育机构在其发展与信息传递方面更有利于可持续；也确实有许多途径可以让这些教育机构所属的更广泛的教育体系，对于过好生活机会的形成产生更有益的影响。

4.1 正义制度

我们在第 3 章中指出，公正的宪法体系将建立相关的合作机构与合作原则，旨在让参与合作的社会成员过好生活，尤其是重点关注那些个人通过自身努力而无法获得的东西。公正的宪法，不仅可以提供过好生活所需要的内部(internal)或发展类必需品(我们将之定义为理解力、能力和美德)，而且还可以提供适应于个体行为环境中过好生活所需具备的必需品，以及其他一些理想而有益活动的外部(external)先决条件。我们将认知机构、教育机构和工作场所确定为三类(非排他性的)基本机构，这些基本机构对于以令人钦佩的属性来实现人类潜能，以及那些属性在令人向往活动中的有益表达，都是非常重要的。本部分的任务就是更详细地描述这种正义制度的概念。

4.1.1 认知机构

从正义的角度来看，对人类认知局限的思考与关注，使得某些共同的规范得以形成。例如，告知真相、分享信息、为了公众利益的合作调查，以及像旨在围绕公众关切与政策而权威地提出有关科学共识问题的国家科学院这样的机构。换句话说，确立一些基本规则，以支持那些探寻并传播真理及事关公众利益的“求真”机构，将此变为基本宪法所关注的事宜，似乎具有潜在的巨大优势。① 在第3章中，当我们介绍充分事务透明的概念，并概括一种把理解力视为过好生活必需品的正义理论时，实际上已经触及了这类基本规则的一些优点。我们对世界和其他一些我们活动所处的具体环境的理解，对我们行为与努力的成效至关重要。自愿事务(voluntary transactions)仅是属于这种情况的一类行为，并且充分事务透明(full transactional transparency)是我们选择的条款，用以指定相关信息或理解。这些信息和理解，对于商业、公民和其他自愿事务在提高参与者合法利益方面的效力或效率而言，是必不可少的。

除此以外，我们已经在第2章指出，公共知识机构，包括一种认知劳动分工，有生产知识的专家，也有非专家类的知识消费者。我们还指出，知识和理解力的有效流动要求妥善处置信任(trust)问题。因为我们所有人都必须接受大多数人所了解或相信的权威，所以，以如下方式设计认知机构是非常重要的，即让非专业人士也能够可靠地判断，关于特定主题究竟谁在认知方面是值得信赖的。其中一种办法就是要求充分披露研究的赞助商以及研究所使用的方法，从而可以评估利益冲突，同时独立专家也可以评价任何投诉所依据的推理和证据。除此之外，还需要什么呢？

罗尔斯将秩序良好的社会(well-ordered society)定义为“受到一种公共的正义概念有效规制的”社会，这样的社会要求“每个人都接受，并且知道其他任何人也都会接受，完全相同的……正义概念(和)正义原则”，同时社会的基本机构要“为公众所知，或者有理由

---

① 关于这个建议的不同部分的真实机构和发展的叙述，参见：Alvin Goldman, *Knowledge in a Social World*, New York: Oxford University Press, 1999; Buchanan, "Political Liberalism and Social Epistemology"; Kitcher, "Public Knowledge and Its Discontents"; Kitcher, *Science in a Democratic Society*.

相信，它们可以满足那些正义原则"①。我们注意到，罗尔斯理论包括了认知规范，将公共理性(public reason)视为与正义原则相同的宪法原则。所以，确定一种宪法秩序的认知形式(epistemic form)，包括普遍接受和相互承认所接受的这些公共理性规范，都属于罗尔斯理论的范畴。罗尔斯的理论将会把这些限制在公共理性规范所适用的公民事务范围内，但是我们的方法将会进一步推广相关认知规范，使其适用于一般性的自愿事务。我们把在认知方面秩序良好的社会(epistemically well-ordered society)定义为一个"每个人都接受，并且知道其他人也都接受"完全相同的推理和证据规范并将其视为权威的社会。同时，社会的公共知识机构是"为公众所知，或者有理由相信，它们可以满足"那些推理和证据规范的机构。公共知识机构将包括被正义社会指定的所有机构，并且可以依赖于这些机构来提供知识与理解。同时，权威的推理和证据规范将是由所涉及问题相关领域的专家团体负责阐明。这是一个不容易实现的理想状态，如果要想接近这样的理想状态，当且仅当：公民接受足够的教育以至于对严肃调查(serious inquiry)的特征能够有所了解；那些声称启蒙公众及其领导人的机构(如大众媒体、智库、研究机构和大学)能够尊重严肃调查的相关规范；同时，它们对那些规范的尊重要被充分披露给被信赖并且值得信任的公众代表们，这些公众代表掌握足够的专业知识可以判断所披露证据的可靠度。

如果只说这么多，那仍然有许多问题没有谈透。在公益类认知机构中，那些认为它们自身代表着能源、食品或通信技术前沿的企业，是否也需要符合以上披露要求和公众监督呢？从我们所勾勒的正义理论的角度来看，这个问题的答案是：如果是基于对社会集体利益做出公正判断的机构，那么它们就属于符合这些要求的公共知识机构。从立法角度来看，现在很难看出，在面对渐趋清晰的可持续危机时，我们怎样才能够为了有利于新产品推广和竞争优势而理性地保护诸多专利信息，如同我们现在做的那样，认为新产品过多

---

① Rawls, *Justice as Fairness*, pp. 8-9.

应该是当下这个历史时刻最应该关注的问题之一。比如，我们考虑事关重大的地下水长期安全问题，如果阻止公众去监督那些用于页岩层压裂以释放天然气的流体化学成分，那么，这很难说得过去。

还有三个方面的问题，都涉及有关公共知识机构的内部运作。第一是我们已经谈到的关于推理和证据标准的权威规范，如同各类权威的专家团体已经达成共识的推理与证据标准规范，但是许多重要的问题往往并不局限于任何单一科学或学科内部。因此，那些赞助跨越既定学科界限，同时雇用多领域专家进行工作的机构，对于公共知识项目来说至关重要，即使综合调查(synthetic investigations)的认知标准仍是一项进行中的集体工作。共同建构或桥接的概念必须以有用的测度形式被发明出来并且加以固定(被用于操作)，必须开发创新型研究设计，克服学科界限和一些不好的文化传统。机构自身的结构与文化必须有助于这种弥合深奥专业知识方面的工作，并承认这是需要时间来解决的。那些功能独特并且拥有许多地理位置较为分散单位的大型组织机构，会面临特殊挑战：不同单位间的调查工作应该如何协调？如果他们不长期在一起工作，那么不同行为者的训练、方向和地位差异将如何克服呢？机构的许多提示和激励是能够协助调查人员做好工作，还是会使他们偏离既定目标？诸多关于“盲目性”的案例研究证明，这些因素对于组织机构的认知效力非常重要。① 在认知方面秩序良好的社会需要在认知方面秩序良好的机构，后者需要建立许多有利于生产有效知识的制度规范与结构。

第二个问题是，用于解决公众关注问题的公共知识体系，也需要开展许多调查，以对公众利益和科学家判断做出回应。这被视作未来研究最有希望的途径，并且它将以适合指导公众与个人选择的方式来设计和生产知识。我们需要的公共知识机构，既能以某种方式超越公共利益和科学专长之间的边界，同时又能超越不同专业领

① Margaret Heffernan, *Willful Blindness: Why We Ignore the Obvious*, New York: Walker and Co., 2011.

域之间的界限。这意味着，很大一部分受赞助的研究将会专门聚焦于公众关注的问题，而不是仅仅流入知识储备库，那些储备知识可能只在某些时候、以某种方式会被证明是有价值的。菲利普·基切尔设想了一个理想化的场景，在该场景中，科学研究的方向既不由专家决定，也不由大众需求决定：

> 在有序科学(well-ordered science)条件下被挑选出来的那些问题，更具有科学意义：如果科学对亟待探索问题的说明受到了一种理想对话的支持、体现了所有人类的观点并且在相互协商一致的条件下，那么，科学就是有序的……。理想的对话者们将要对以下问题有广泛的理解：各种研究领域，他们可能会实现什么，各种研究发现将会如何影响他人，那些将会受到影响的人如何调整自己的初始偏好。同时，对话者们也应该致力于促进其他人最终愿望的达成。①

基切尔认为，按照这个标准，现实社会对于科学调查的追求将会是有序的，当且仅当其研究重点是通过以这种理想为基础的审议来确定的，以及仅当这些研究重点得到了理想的审议人员批准。②审议过程中，那些一直从事科学研究的人员将指导其他参与者，以便让所有人都知道，哪些调查研究从科学上来讲是最有希望的。审议人员将依据他们自己的关注点来评估这些选择。理想情况下，这种对话交流将达成共同或大部分人都可接受的一些研究重点或说优先事项。基切尔承认，现实生活中不可能有这样的理想对话，但是除此之外，我们还可以通过什么手段来设想审议过程，以通过这个过程生产出符合公众利益的知识？我们也许可以想象一种情况，就是那些有立法权的(legislative)无知之幕背后的代表们，不仅了解现有的共识科学以及人们过好生活所面临的各种障碍的性质和程度，

---

① Kitcher, "Public Knowledge and Its Discontents," pp. 109-110.

② Ibid., p. 110.

而且也了解涉及各种研究前景的专家判断，如同基切尔所要求的那样。①

尽管存在这样那样的障碍，却已经有许多机构，把科学家与公共利益代表们汇聚在一起，交流彼此的工作和努力。② 这些机构有时被称为边界组织(boundary organizations)，其功能之一就是"针对科学与用途关联的两个方面，促进多方参与者之间进行翻译、谈判与沟通"③。一个很好的例子就是亚利桑那州水利研究所(Arizona Water Institute)，它汇集了亚利桑那州的水利管理人员和数百名大学水利研究人员。该机构以各种方式让利益相关者参与进来，包括通过中介机构去解释科学，以及通过展示可能的水利前景使管理者能够预测他们所做决策的后果。④

第三点是，对于认知机构的工作而言，雇用那些拥有必备认知美德、能力和理解力的人是非常重要的。这些机构提供的工作条件也要符合良好工作(good work)的条件。

4.1.2 教育机构

正义社会将为所有成员提供教育机构，其基本功能是促进培养学生们各种有利于过好生活的发展品质。为实现这一功能，教育机构会在有助于通过有回报的活动表现这些发展品质的情况下，促进学生们获得理解力、智慧与品格的美德以及能力。宪法制定者们通常抽象地考虑机构功能，同时对于人性又不太了解，他们可能会设

---

① 我们强调"立法"一词，因为关于什么样的科学能公开赞助和许可的决定，将是周期性的具有时间敏感性，而不是宪法规定的和持久不变的。

② 关于这些障碍，参见：Katherine L. Jacobs, Gregg M. Garfin, and M. Lenart, "More than Just Talk: Connecting Science and Decision Making," *Environment* 47, no. 9, 2005.

③ Sandra S. Batie, "Wicked Problems and Applied Economics," *American Journal of Agricultural Economics* 90, no. 5, 2008: 1183. See also David H. Guston, "Boundary Organizations in Environmental Policy and Science," *Science, Technology & Human Values* 26, no. 4, 2001.

④ Batie, "Wicked Problems and Applied Economics," p. 1183.

想，良好品质的获得(acquisition)和良好品质有回报的表现(expression)应该是可以分开的，以至于可以出现在不同的机构环境中。他们可能会想象，即便没有对行为中所表现出来这些品质的固有回报，良好品质的获得从动机上来讲同样是可以维持的，但从发展角度和动机角度来看，这些都是不可能的。其他条件相同的情况下，花在那些没有固定回报活动上的时间，就等于失去了从事那些有助于过好生活活动的机会。因而，某种程度上来讲甚至有可能维持高质量的学习、公共服务或者没有固定回报的劳动，但是这类学习、公共服务和劳动只能属于从集体上来讲是有价值的选择，而且前提还是它们可以有效获得过好生活机会的先决条件，进而大大改善机会结构，以至于社会中的每个人都有机会从事这类活动并且过得很好。

自决理论(self-determination theory，SDT)是迄今关于动机问题形成的最全面的理论和研究体系。该理论表明，对自治、能力和关联性这些基本心理需求的满足，不仅对个人福祉至关重要，而且对目标与价值观的有效内化也十分关键。① 有机一体化理论(organismic integration theory，OIT)是SDT的一个关键组成部分，它区分了四个层次的内化或者说采纳了激励性的目标与价值观。这些与它们引起的行动性质截然不同，也和与动机"数量"上的差异无关。同时，它们的范围从最不自治的到最自治的，包括控制动机、融合动机、识别动机和集成动机。② 自治性较低的活动特征是：消耗能量少、持久性较短、乐趣较少、内部冲突和压力更多及错误率更高。

---

① Edward L. Deci et al., "Facilitating Internalization: The Self-Determination Theory Perspective," *Journal of Personality* 62, no. 1, 1994; Christopher P. Niemiec et al., "The Antecedents and Consequences of Autonomous Self-Regulation for College: A Self-Determination Theory Perspective on Socialization," *Journal of Adolescence* 29, 2006; and Deci and Ryan, "Motivation, Personality, and Development within Embedded Social Contexts".

② Richard M. Ryan, "Psychological Needs and the Facilitation of Integrative Processes," *Journal of Personality* 63, 1995; and Kennon M. Sheldon and Tim Kasser, "Coherence and Congruence: Two Aspects of Personality Integration," *Journal of Personality and Social Psychology* 68, no. 3, 1995.

基于控制(controlled)动机的行动，一般都是受到外力刺激导致的，例如，上级直接命令、惩罚威胁或提供奖励等。当惩罚威胁、羞耻或其他外部制裁被内化时，动机就被融合(introjected)了，人就会采取行动以避免因为自身没有接受这些价值观和目标而遭受这些已被内化的威胁。识别(identified)动机引起的行动，可以归因于代理人所识别或接受并作为自身的那些价值观或目标，这种识别是基于其自身的偏好、强有力的理由及这种观念，即他认为合适的时候可以自由选择是否去接受理由并支持各种价值观或目标。[①] SDT 将其归为一种自主动机形式。进一步的自我检查和自我监督就会产生集成(integrated)动机。在这种动机下，个体所识别的价值观就可以形成更连贯的整体，并且能够对一些特殊的复杂情况进行及时的部署与回应。

被认为有利于自主动机(autonomous motivation)的自治支持类(autonomy-supportive)情境因素包括为学习者提供一条有意义的理由(rationale)、尊重学习者的“倾向和选择权”，以及这种提供理由与尊重的方式可以“使压力最小化并能传达选择”(minimizes pressure and conveys choice)。[②] 相比之下，近百项实验研究表明：奖励和惩罚这类激励因素，将削弱内在动机和自治体验，并进一步产生强烈的控制动机，这些动机并不一定就能带来良好的参与、绩效质量和福祉。[③] SDT 意味着，如果想让教育获得成功，就必须以满足学生所有三种基本心理需求为前提。它必须培养一个重视培育与合作的学习社区，必须通过多种方式使学习与学习环境结构化，以允许学生发展和运用他们自己的判断力并应对可能遇到的挑战，使他们能够体验到能力增长所带来的回报。没有这样的需求支持，想让学生接受学校的目标和价值观，或者让其为了有意义的学习而进行必要的努力，基本上是不可能的。

---

① Deci et al.，“Facilitating Internalization”.

② Ibid.，p. 124.

③ Deci and Ryan，“Motivation，Personality，and Development within Embedded Social Contexts，” pp. 86，93.

在一个以需求为支撑的环境中，教育机构要想发展各种有利于过好生活的形式，最好是在结构化或有组织的活动中辅导学生。这有利于促使理解力、能力、美德和对事物价值的鉴赏力得到全面发展，进而促进兴趣与身份认同的形成、找寻生活的意义和方向。这是一种涉及教育哲学的理念，将初学者(initiating)引入与有价值事物相关的实践中来。① 依附于这些有价值的事物，学生们可以发展出一些额外的东西，包括：很好的创意，不同绩效领域中的艺术性，技术工艺的质量，公民、专业或运动实践的团体，以及自然世界方面的知识，等等。对这些事物的介绍，扩展了学生对于价值和自主导向活动机会的理解，同时为批判性思考和判断提供了有关资源与标准。找到那些对于生活而言有意义的活动，是过好生活的一个重要方面。这类学习活动之所以提供了过好生活的机会，部分原因在于它们扩大了可能对生活有意义的事物范围，并且在其过程中又培养了学生们的能力，以至于学生们可用显著而高效的方式把这些事物联系起来。加入多种有价值的和有回报的实践活动，有助于提供机会，从而以令人羡慕且又非常满意的方式来实现智力潜能、生产潜能和社会潜能。

加入各种调查研究、评估和自省实践，对于智力美德和道义美德的培养是必不可少的。因为良好判断力是真正道义美德的应有之义，也是在我们生活里无数受到限制的活动领域中有能力做到自我决定必不可少的要素。良好判断力的形成，长期以来被认为是自由教育或者通识教育的中心目标，但这是一项非常艰巨的任务。② 各种考量和研究结果表明，良好判断力的培养(以及依据良好判断力的自我治理)在一开始应该采用品格教育的形式，指导学生们在行动之

---

① 关于学习作为启发与善良形式而不仅仅是技能或知识的思想，参见：R. S. Peters, "Education as Initiation," in *Philosophy of Education: An Anthology*, ed. Randall Curren, Oxford: Blackwell, 2007; and Kenneth Strike, "The Ethics of Teaching," in *A Companion to the Philosophy of Education*, ed. Randall Curren, Oxford: Blackwell, 2003.

② Curren, "Judgment and the Aims of Education".

前把相关事物思考清楚。这种培养将包括批判性思维方面的教导，以及在分析历史和虚构案例（涉及选择判断的）过程中的指导实践。这种培养将使用综合课程和跨学科课程及基于调查探究的学习方式，把与学生们当前与未来生活重要事物有关的各类学科资源与分析框架汇聚起来，从而为学生们提供一种经历或体验。

通常而言，学校文化受以下两方面作用的共同影响：一是基本心理需求满足对于维持学生努力的影响；二是社会培育、自治支持与最佳挑战性的学校环境在满足这些需求方面的作用。① 小学阶段更容易发挥合作型学习社区的功能，以满足儿童的各类关系需求。同时，加强师生关系，本身就属于教育层面上高效的品格教育和课堂管理形式。这些形式，通过让学生们参与各种形式的自我反省和自我管理，而不是严重依赖外在的奖惩②，培养他们自我治理的美德。通过体现培育和公正的社会环境及相关指导实践（guided practice），就能获得道义美德及其所包含的动机。③ 监督与指导实践，将要求学习者把注意力放在与各种决策有关的因素上，还要提供相关的道德词汇和解释，并且指导他们运用各种形式的辨识力、想象力、推理能力和判断力，这些都是做好各种决策的基础。

为了促进发展和形成优良品质，这些品质不仅直接有利于学生们获得过好生活所需具备的各种属性，而且也有利于维护和加强社会使其所有成员能够过好生活的能力（正如我们的幸福感原则所要求的那样），学生们参加的各种实践应该包括维持正义社会必不可少的机构所需要的那些实践。我们应该鼓励这类实践活动的多样化，支持不同儿童发现那些有利于他们自身蓬勃成长的事物，同时也支持

---

① The July 2009 issue of *Theory and Research in Education*, vol. 7, no. 2, 全面概述了相关研究，直到其出版之日为止。

② Kenneth Strike, *Small Schools & Strong Communities: A Third Way of School Reform*, New York: Teachers College Press, 2010.

③ Julia Annas, *Intelligent Virtue*, Oxford: Oxford University Press, 2011; Curren, "Motivational Aspects of Moral Learning and Progress"; Curren, "Virtue Ethics and Moral Education".

那些对功能性、可持续与合法的社会、公民和全球秩序(有助于所有人过好生活)而言非常重要的实践活动。

4.1.3 工作场所

如果工作场所的性质可以达到服从公共选择的程度,那么社会采取相关政策使得工作场所的条件匹配那些从事良好工作(good work)的员工,就会带来一种集体利益。制度贡献确实影响学校工作质量,同样制度贡献也影响普遍的良好工作:制度因素既会影响工作的外部属性,又能影响工作本身,能让从事这项工作的人感到究竟有多满意。

弗雷德里克·赫茨伯格(Frederick Herzberg)在20世纪60年代的国际研究中发现,除非为工人提供一种可以利用他们自己的判断力和能力来实现其成就的环境,否则,所有工作本质上都是不能够令人满意的。经济上的奖励和津贴,可以用来调节工人不满程度(dissatisfaction),但并不能让人们对工作真正满意。① 这些调查结果使赫茨伯格认定,以前过于关注经济补偿和其他外部动机,分散了对我们工作和生活其他方面幸福感影响因素的关注,也在某种程度上影响了我们的工作效率。经过数十年的研究,人们逐渐强化了这种认识,并且有了更深的洞察。霍华德·加德纳(Howard Gardner)、米哈里·契克森特米哈赖(Mihaly Csikszentmihalyi)和威廉·达蒙(William Damon)在20世纪90年代开展的重大研究工作中发现,工作满意度和倦怠与做好工作愿望的实现和挫折显著相关。美国的记者一直有士气低落的问题,原因是他们的就业条件与他们报道"完全客观的事实……从而赋予了公众自主选择权"的愿望和抱负并不吻合。然而,遗传学家在他们的工作中则更开心,因为他们的就业条件普遍允许他们享受科学探究的固有奖励,而且不损害其

---

① Frederick Herzberg, *Work and the Nature of Man*, New York: World Publishing, 1966.

诚信。①

SDT及幸福主义心理学领域的相关工作有助于解释，为什么从事工作同时又能实现卓越、诚信和公共服务理想，才能让人们在工作中感到幸福。如果不能兼顾这两个方面，则会导致严重的挫败感并阻碍与基本心理需求满足相关的人类潜能的积极实现。在告知人们会对他们利益产生重要影响的事物时，如果不允许他们行使其辨识能力、判断力和其他美德，将会阻碍在服务他人过程中所有三种基本心理需求的实现。大量研究表明，总的来说，人们在工作中都感觉是不自由的，并且当薪水和其他外在奖励发挥更主要作用时，人们就会感觉越不自由并受到越多的控制。和较长而又不可预测工作时间有关的时间方面的压力，不仅阻碍了自治需求的实现，而且破坏了工作之外生活满意度和人际关系的质量。外在奖励越突出，人们就越容易替代(displace)原先他们要做好工作的内在动机，使工作中的自主性和幸福感降低、更容易出错、动力和激励更少并且更不愿意在完成严格要求的职责之外再进行额外工作。② 如果雇主越多地强迫雇员与他人之间形成剥削或残酷无情的人际关系，那么员工就会在他们人际关系需求的挫败感中体验到更多的压力，即使他们拥有已经被内化的竞争价值。SDT的含义之一就是，它不可能完全内化那些直接妨碍任何基本心理需求实现的价值观，这些基本心理需求包括对相互确认的人际关系的需求。

在工作中，很多优秀卓越的形式与做法是值得赞扬的，但是我们应该特别强调把道德诚信作为一种卓越的形式和良好工作的一个方面。对工作场所的期望应符合道德诚信与社会互惠(在幸福感原则

---

① Howard Gardner, Mihaly Csikszentmihalyi, and William Damon, *Good Work*, New York: Basic Books, 2001, p. 50.

② Maarten Vansteenkiste et al., "On the Relations among Work Value Orientations, Psychological Need Satisfaction and Job Outcomes: A Self-Determination Theory Approach," *Journal of Occupational and Organizational Psychology* 80, 2007; Kasser et al., "Some Costs of American Corporate Capitalism"; Schor, *Plenitude*, p. 176.

中阐述形成）的要求，这需要通过提供机会让每个人都能从事一种美好生活的活动，并且有助于其他人也拥有这些机会。良好工作有助于创建让人们拥有过好生活机会的世界，赋予工人们广阔的空间以充分发挥他们的理解力、判断力和社会方面的能力。按照这个标准，符合可持续是良好工作不可或缺的方面。

在追求这些理想的过程中，工作场所在多大程度上可以服从于公众选择，还是一个悬而未决的问题。但是如果社会中的集体必须忍受那些没有内在回报的工作，那么本部分讨论的教训之一就是，那些没有内在回报的工作不应该以大量的经济报酬作为补偿，而应该以实物为基础，通过一些补偿性的机会让其从事有意义和有回报的活动。显然，实现这种目标的方法是，减少工作时间的同时以某种方式确保员工收入不会低于足以过好生活的最低门槛值，这是一种改善过好生活机会的策略。无论在什么情况下，这对于更好地分配工作都是必不可少的，尤其是在当前这样一个不能依靠经济扩张来为那些需要或者想要就业的人提供充足就业机会的世界中。①

4.2　社会政治复杂性与崩溃模型

随着时间的推移，社会经济系统模型会呈现更高的复杂性（complexity）（角色分化）和阶层分化（stratification）（层级不平等）。这种复杂性的增长，使得能源需求不断增加，信息以及因理解认识方面的分歧扩大带来的协调成本也会呈指数增长态势。这里的所谓理解是指，越来越多的专家与越来越深奥的专业知识形式之间的相互理解。它使得社会角色发生了变化，因而各种机会也发生了变化，只有通过延长受教育时间和加大对名校文凭的投资才能获得越来越专业化的机会。因此，机会的结构（structure of opportunity）也被改变了，这种结构既受他们自身角色性质的影响，也受他们在阶层分化、

---

① Schor, *Plenitude*, chap. 5，详细讨论了通过较短的工作时间来更好地分配就业，作为经济增长的可持续替代品。

进入条件和其他因素方面彼此如何关联的影响。随着这种结构的改变，它会被越来越多不同的社会角色所占据，但机会的弧线不会趋向于平等而是会偏离平等。那些在某个时代中不会因为缺乏某些证书资质而处于劣势的人，在另一个这些证书资质已被普遍拥有并且成为一种准入条件的时代中，可能会面临非常大的劣势。整体来看，机会的集合是变得更好了，抑或更差了？很难一概而论。但是抓住这些机会的复杂性和成本，一定是大幅增加了。相关社会经济分层的加剧(以及相关社会经济优势和政治影响的差距)会将社会政治体系置于合法性危机之中，这种危机在政治上大多是通过经济增长加以解决的。我们在第1章讨论社会政治可持续时强调指出，为了实现可持续而进行有意义的简化，几乎肯定会扭转整个社会趋势，促进更加专业化和分层化的职业角色，以及扭转伴随这一趋势而出现的边际回报率下降和成本上涨问题，例如，能源、信息、补偿金和监管成本。此处，我们引用了可持续研究领域中最具影响力的先驱约瑟夫·坦特的研究成果。①

在解决这些问题之前，我们将首先简要回顾一下坦特关于社会政治增长与崩溃的解释模型，并指出其模型的局限性。然后，我们将扩展这个模型，使其能够解决一些重要的不可持续问题：竞争性的社会动态，以及这些动态如何在教育体系的增长过程中体现出来。教育体系的增长受以下因素的影响和调节：市场文凭主义、对抗性社会协调的成本螺旋上涨，以及未能协调和聚焦那些关于公共物品的调查研究和教学活动。② 这将加深我们关于认知和教育机构与可持续、机会保留，以及为了可持续而进行简化性质之间兼容性等问题的进一步讨论。

---

① Tainter, *The Collapse of Complex Societies*, pp. 193, 197-199, 209-216. 坦特的其他主要作品包括：Roderick J. McIntosh, Joseph A. Tainter, and Susan Keech McIntosh, eds., *The Way the Wind Blows: Climate, History, and Human Action*, New York: Columbia University Press, 2000; T. F. H. Allen, Joseph A. Tainter, and Thomas W. Hoekstra, *Supply-Side Sustainability*, New York: Columbia University Press, 2003; and Tainter and Patzek, *Drilling Down*.

② 见第3章。

4.2.1 增长的动因

关于系统性社会政治崩溃原因的调查已经发现了多种因素，包括从森林砍伐、干旱和其他环境问题，到入侵、灾难和各种形式的内部紧张局势与故障。① 当我们在第1章中把社会政治可持续与其他形式可持续区分开来的时候，我们沿用了坦特的观点，将社会政治崩溃(sociopolitical collapse)定义为一种“已形成的社会复杂性水平出现了迅速而重大的损失”，表现为以下各个方面的迅速损失，包括社会经济分层、职业专业化、社会秩序与协调、经济活动、对一种文明的文化成就领域的投资、信息流通及辖区范围内社会政治一体化程度，等等。② 我们所认定的、对社会政治可持续的威胁包括生态不可持续和生产量不可持续，还包括那些以不可持续的物质和能源流为支撑的社会模式。如果这种社会模式非常普遍，那么就将不可避免地到达这种时刻：不管社会各种活动对整个社会所依赖的自然系统和资产造成什么样的损害，物质和能源流将不再充足，衰落或崩溃将无法避免。在解释这种观念的时候，即社会正在走向超越其对物质生产量的可持续依赖的道路，我们给出了金字塔骗局的例子。在这些例子中，社会都依赖于从持续扩张的基本储备中获取资源流，并且当扩张无以为继时，整个金字塔就将崩溃。我们已经强调指出，当这些骗局是系统性的时候(从当今时代全球文明日益融合的趋势来看似乎确实如此)，地球自然系统的有限性就成为一大限制因素，金字塔的基础已经不能再扩张了。对于一种结构上有缺陷的社会政治体系而言，金字塔骗局的思路提供了有益的阐述和例证，

---

① 对于抽样，参见：Tainter，*The Collapse of Complex Societies*，chap. 3；Charles Redman，*Human Impact on Ancient Environment*；Ronald Wright，*A Short History of Progress*；Diamond，*Collapse*；McAnany and Yoffee，*Questioning Collapse*；Robert Costanza，Lisa J. Graumlich，and Will Steffen，*Sustainability or Collapse? An Integrated History and Future of People on Earth*，Cambrideg，MA：MIT Press，2011.

② Tainter，*The Collapse of Complex Societies*，4. n.

但前者所涉及的内容还不仅仅如此。

通过研究各种关于社会崩溃的有说服力的解释，坦特强调指出，社会经常面临并且需要处理各种环境和资源类问题、灾难、外部冲突和入侵及内部紧张局势和故障。这些因素可能会在许多社会崩溃过程中起到很大的作用，但是，各个国家和复杂的社会都属于问题解决类的机构组织，同时它们的复杂性恰好也反映出了它们在问题管理和解决上的成功。① 为了解释为什么在某个时段社会崩溃会发生，我们有必要解释为什么现在的问题会超出或说挑战了社会的问题解决能力。是因为这个问题太大了，还是因为太难了而无法诊断？抑或是社会的问题解决能力原则上是足够的，但由于分歧和合作失败而导致行动瘫痪了？为回应先前一些理论的局限性，坦特提出了解释模型，其优势在于它侧重解释随着时间的推移社会中问题解决策略的效力下降问题，从而有助于揭示为什么社会在过去可以成功管理和解决问题，但是到了某些时段，可能就会失去这种能力。与此同时，该模型还解释了为什么随着时间的推移各个社会变得越来越复杂。

据坦特的观点，正是在解决问题的过程中，社会政治体系变得更加复杂。如果在不同社会角色和占据那些角色的专家们之间存在一种任务分工，并且这种分工容许每个人将重点放在较少种类的任务上，同时开发更高水平的专业知识、提高熟练程度，那么，这种专业化是非常有效率的。社会是会根据需要号召其农民去参加战争，还是维持一支高水平、训练有素的专业军队？如果当兵不仅仅是人们的众多工作选择之一，否则他们会受雇去参加工作，那么士兵们本身是否将被分成不同的角色，比如弓箭手、步兵、野战指挥官，等等？如果当前的问题是如何在战斗中始终保持胜利，那么提高角色差异化或专业化程度，允许技术水平更高的人使用更专业的设备，也许会解决这个问题，前提是这些差异化的角色之间需要保持良好协作。各个社会，就像很多军队一样，作为诸多系统（systems）在复

① Tainter, *The Collapse of Complex Societies*, pp. 37, 93.

杂性方面持续增长，而复杂性的核心就是不同社会角色的数量和专业化装备的数量持续增加。增加新角色，就需要引入以前不存在的专业化。① 同时，新的专业化，就需要新形式的培训、技能、专业知识、工具、实践、活动领域及人际关系。当然，这些人际关系主要是新角色与那些在不断增长网络中的其他专家或社会类型与实践群体之间的关系。

随着复杂性的增长，表达能力也会增长(艺术、建筑、文学、宗教、政治、学术、科学、运动，等等)，并且这种表达能力在历史上通常或多或少地体现在对公共目标、公共话语及彰显社会政治合法性的表达方面。这种社会角色的扩散和表达能力的增长也为个人自我表达和进步提供了更为多样性的机会，同时(虽然这并不属于坦特的理论)如果复杂社会中的角色扩散在某种程度上不是由那些发现新角色诱人前景的个体主动推动的，那么这样的扩散将会非常令人吃惊。这些表达形式蓬勃繁荣且经久不衰的诸多表现，被称为文明(civilization)。

4.2.2 复杂性增长的成本与危害

如果一切进展顺利，社会将会意识到伴随着引入新型专业化分工而产生的成本，以及引入新类别专家有助于其更好地解决整个社会的需求和相关问题。这些成本很高，而且复杂性的日益增加也会带来一些危险。有许多成本是与不同专家角色的数量越来越多有关的，包括：(1)与获得越来越多、日益专业化的专门知识有关的教育成本(educational costs)；(2)与劝说人们获得并密集使用新角色所需要的专业知识有关的补偿成本(compensation costs)，之所以说密集使用，是因为这样可以更容易弥补由长期培训和专业设备增多而造成的相关费用；(3)相应的不平等程度增长(increase in inequality)，或说社会经济分层化；(4)相应的合法性问题(problems of legitimacy)，也就是说，在证明社会合作与激励合作条款合理性及应对内部

① Tainter, *The Collapse of Complex Societies*, p. 119.

紧张局势、抵制和背叛过程中出现的困难和成本；(5)有效协调(efficiently coordinating)不同类型社会角色的行为而产生的日益增加的成本与困难，这些社会角色可能在物理上隔离的领域工作与生活，并且拥有日益专业化的专门知识、实践行为和定位；(6)不断增长系统中那些相互依赖、相互作用的组成部分之间的转移和流动成本(costs of transfers and movement)；(7)上述所有活动带来的不断上升的能源需求(energy demands)。坦特理论的关键原则就是，由于所有以上这些原因，随着复杂性的增长，人均成本和能源消费将会急剧增加。所以，这导致他一再强调，除非可以维持必要的能源流，否则，已建立起来的社会复杂性水平将来一定会下降。

各个社会通常会努力保持它们已经实现的复杂性水平，通过使用容许它们增加能源流和复杂性的策略。该理论的第二个核心观点是，即便用于解决问题的策略在早期可以产生越来越多的回报，使社会变得更加复杂，但是这些策略领域中的投资还是会倾向于遭受边际回报下降，并且这些下降的回报可能使社会无法处理其随后遇到的各种问题。面对诸多持续增长的、破坏社会解决问题能力的挑战，社会可能会崩溃，或者经历一个更加渐进、持久的非自愿性简化(复杂性降低)时期。估算复杂性增加所带来的全部或净社会回报也可能会很困难，使得难以辨别复杂性增加的回报是否已经降至为负的程度，进而让整个社会更为糟糕。

维持能源生产量是个亟待解决的问题。从某些方面来看，这个问题与其他问题非常相似，但是这个问题的解决是解决其他所有问题的基础。随着时间的推移，维持能源生产量往往涉及更高水平的复杂性，从而不得不增加能源的成本与投资。单单这一点就有可能让能源投资回报率下降，并且对社会政治可持续造成根本威胁；但是，除了与更高复杂性相关的成本上升之外，额外增加复杂性带来的收益也会随着时间的推移而下降。这也符合普遍预期，因为如果投资决策是基于合理充分信息和理性而做出的，那么这些投资决策将会对成本和预期效益都非常敏感。最好且最容易摘到的果实将会首先被挑选出来，同时将从这里开始一步步挑选，直到没有值得进一步挑选的必要。在确定并采用最具成本有效性的创新过程中，不断增加的成本与理性的结合，首先可以预见会形成一种模式，即随着时间的推移，在复杂性方面投资的边际回报下降，无论复杂性的增加是在社会领域、技术领域抑或两者兼而有之(通常是两者兼而有之)，因为技术领域复杂性的增加和新形式专业知识的增加往往是相互依存的。

在第 1 章中，我们提到了有关捕鲸和石油勘探与恢复所带来能源产量下降的历史，而坦特则记录了各个行业部门投资回报下降的模式，从对发动机效率的投资，到对既定主题和更高教育水平的研究。[①] 在更大规模的事物方案和计划中，沿着既定轨迹的后续步骤通常会增加一些并不太重要的改进，但不管怎样这些步骤都是采取下一步措施必不可少的。发明可以生产更智慧精巧的手机，这些壮举可能带来很高的利润。但是，由此产生的净社会收益，与电话最初的发明和早期开发，以及其他那些现在已经与手机合并起来的有关发明相比，肯定是微不足道的。增加额外复杂性方面的投资，如果现在已经到了这样的程度，即服从时尚逻辑并且必须要频繁更换和替代制成品时，那么它对人类福祉前景所产生的广泛影响可能就会是消极或者负面的。

各个社会也许会继续投资于提高复杂性，即使这样做的净收益可以忽略不计，并且实际上会使事情变得更糟，不过，很难判断究竟何时才能超过临界时点。正如朱丽叶·肖尔(Juliet Schor)坚持认为的那样，美国人生来就是为了购买、透支和过度工作。[②] 我们有理由怀疑，有关高速、时尚意识和身份地位意识的消费收益或好处

---

① Tainter, *The Collapse of Complex Societies*, chap. 4, "Understanding Collapse: The Marginal Productivity of Sociopolitical Change," Tainter and Patzek, *Drilling Down*, pp. 84-134，涵盖了一些相同的理论，并在技术创新、效率和投资回报率下降等方面提供了有价值的、详细的细节描述。

② Schor, *Born to Buy*; and Schor, *The Overworked American*: *The Unexpected Decline of Leisure*, New York: Basic Books, 1992. 也可参见：Schor, *Plenitude*, 关于时尚的逻辑和近年来消费的戏剧性加速。

是否真的足以弥补美国人忍受的压力和时间贫乏，但是这些生活情况无助于利弊权衡。

4.2.3 竞争与崩溃

坦特指出，社会也可能被迫通过同级政体竞争(peer polity competition)而进入这种危险的领域，即累积复杂性的边际回报递减并且为负。这种竞争的范例就是国际军备竞赛。由于受外国统治或支配的威胁，“无论成本如何，都必须保持(与其竞争对手水平相当)的复杂性”①。遵循问题驱动类复杂性与成本的特征模式，不断升级侵略性和防御性举措，往往会使竞争对手陷于更加糟糕的处境，较之于竞赛开始之前，竞争对手会变得更穷、应对其他问题的能力更差，并且面对外敌侵略时也许会更不安全(或者说能够通过威胁或实际入侵来获利)。

在坦特关于西罗马帝国崩溃的叙述中，由于西罗马帝国拥有丰裕的国库(实际上是指累积的能源库存)，所以它可以维持一段时间有利的能源流，超过其弱小的邻国。不过，随着它的发展，它必须承担管理与维护一片更大领土的费用，同时还必须时常面对那些准备更充分、财富更多抑或两者兼而有之的对手。一旦被征服和掠夺，其领土上只能产生有限的能源流，并且这些能源流的勘探和开采需要以税收的形式从当前农业活动提取部分收益来予以支撑(实际上是从一种以采矿业为支撑的能源经济向一种以农业为支撑的能源经济转变)。同时，国家还面临着越来越多的农民抛弃土地的问题，因为他们的生计由于征税而越发艰难，以至难以忍受。由于无法维持足够的能源流来协调与捍卫跨越巨大地理区域、复杂且相互依赖的社会政治体系，所以，整个帝国就崩溃了。这个故事的教训，包括从高收益“采矿业”能源经济向低收益“农业”能源经济转型的重要性，

---

① Tainter, *The Collapse of Complex Societies*, p. 201.

在随后的出版物中鲜有提及或说基本消失了。①

4.2.4 模型的局限性与扩展

复杂社会的崩溃(the collapse of complex societies)是关于古代社会非常重要的一个研究。坦特已经详尽地阐述了他的理论对于当代能源转型的含义和启示(19 世纪从木材向煤炭的转型，以及 21 世纪化石燃料最终的衰落)，而现代工业社会的其他方面内容本来应该提到，却被他忽略了。

首先也最重要的就是，对古代社会的一个主要关注点是，所有成本高昂的社会协调(所有广义上的治理)都是由国家机器来管理的。坦特长期居住在税收和货币贬值的环境中，通过征税与货币贬值，继任的罗马皇帝们就可以资助和支撑足够复杂的国家机器，维持机器运转，支付日渐增加的高昂成本，进而管理一个不断扩张的遥远帝国。但他的理论本身意味着，不管怎样，即使该国精英们不沉迷于无尽的奢侈，越来越复杂的社会将必然造成人均协调成本增加。增加新的社会角色及其所需要的一切，当且仅当各个角色扮演者的行为活动可以得到妥善协调的情况下，才可能会是有效率的或说产生总体或净社会效益。无论哪一个系统，从事社会协调工作都是有成本的，而且随着社会越来越复杂，人均成本一定会上升。在现代工业时代，大部分协调或治理工作都是由商业公司来主导的，商业公司在治理它们自身复杂的运行部分时，就如同各国政府协调社会一样，都将面临大致相同的基本挑战。该理论的一个明显含义就是，当企业运营变得越来越复杂的时候，每个员工的治理成本就会越来越高，同时这些成本将由员工和公众来承担，例如，通过较低的薪资、更高的价格或更昂贵的外部性，这些要比那些没有任何公司管

---

① Joseph Tainter, T. F. H. Allen, and Thomas W. Hoekstra, "Energy Transformations and Post-normal Science," *Energy* 31, 2006; and Tainter and Patzek, *Drilling Down*.

理成本却可以通过某种方式正常运营的企业成本高出很多。①

该理论的另一个局限性就是，它没有考虑现代社会中同级政体竞争(peer polity competition)内部相似体可能的产生方式。这似乎是当今时代的特征之一，即社会治理从内部上来讲是分裂的而且往往是具有对抗性的。通过创建现代商业公司，并且容许它们在全球范围内无限增长其资本积累、法定身份或资格及社会与政治影响力，当代社会的政府在很多情况下都被跨国公司的优先权所吞噬或绑架。根据坦特理论的预测，一种日益昂贵的内部公共与私人竞争会出现，以至于产生控制社会内部的合作模式和条款。其理论也预示着，在信息和监管方面的军备竞赛中，落后的一方将会损失很大，并且不再决定整个社会或社会中某些部分的运行规则。关于市场受无成本、看不见的手来治理的想法，引致了另一种观念，那就是，在效率的要求下，政府必须输掉这些竞赛和战争，但市场在服务公共利益方面的效率或效能，其实取决于最佳的政治治理条件。限制商业公司的规模，以保留足够数量独立的市场参与者，对于自由市场的生存与发展至关重要。同时，坦特理论有个未被公开承认的含义就是，对于走向收回对他们自身命运控制权的社会而言，该理论将是必要的步骤，尽管并非充分条件。

大众学校体系(mass school systems)可能会产生另外一种类似的同级政体竞争。坦特似乎有理由认为，随着教育水平的提高，教育投资的社会回报会下降；但是他并没有说明，在竞相追求更多、更高学历文凭的情况下，需要承受的成本增长与复杂性的动态演化。从这个意义上讲，成本增长是为了获得令人垂涎的机会而进行同级竞争的产物。坦特的理论认为，成本增长也许是在解决社会问题进程中稀里糊涂产生的，并且会带来超过一定支出水平、微不足道的甚至为负的净社会收益。

---

① 坦特和他的合著者帕特扎克在他们关于BP漏油和钻井的一书中，深入研究了一个管理复杂的人机系统与深水钻机复杂的挑战，但他们并没有将公司治理成本更普遍地考虑进来。我们将在下一章中将BP石油泄漏作为典型研究案例进行研究。

坦特理论中这些未被探究过的含义，存在许多可以沿着潜在有效的方向对其进行扩展与完善的机会。我们在随后章节中会进行一些适度的扩展。一开始会介绍竞相追求文凭资格、美国教育体系以及其他模仿教育体系的竞争驱动型增长，我们把它们统称为市场文凭主义(market credentialism)。这涉及学校与工作对接过程中日益增长的复杂性和成本。然后，我们会提出一些对抗性协调(adversarial coordination)的模式与成本，或者公共与私人领域对接过程中的竞争驱动型(competition-driven)成本增长，并就研究和教育的净社会回报得出一些看法。

市场文凭主义

> 大量并且迷惑性的私人财富，是共和国人民的幸福可能遭受的最大危险之一……现在，除了普及教育或全民教育(universal education)之外，没有任何事情可以对抗这种资本统治和劳动奴性的倾向。
>
> ——霍拉斯·曼恩(Horace Mann)①

共同学校运动的杰出领导者霍拉斯·曼恩于1848年写下了以上这些话。这项运动最终促使美国建立了普及公共中学教育制度，当时几乎没有多少美国人获得高中文凭，如果有的话也很少，尤其是对穷人而言。然后，我们就很容易想象得到，普及中学教育可能会消除贫困并且废除一个社会阶层对另外一个阶层的统治。但到了20世纪60年代，人们却发现，它不像许多人设想的那样，是最好的促使社会均衡的手段。事实恰恰相反，当高中毕业率达到70%的时候，高中毕业文凭已经成为获得工作的一个必要先决条件(普遍到雇主都

---

① Horace Mann, "Twelfth Annual Report," in *The Republic and the School: Horace Mann on the Education of Free Men*, ed. Lawrence Cremin, New York: Teachers College Press, 1957, pp. 85, 87; quoted in David Labaree, *How to Succeed in School without Really Learning: The Credentials Race in American Education*, New Haven, CT: Yale University Press, 1997, pp. 20-21.

期望雇员有这个文凭），同时，拥有高中文凭不再给这些人带来很多优势，除了可以作为申请大学的凭证或说入场券。高中毕业生的收入溢价崩溃，同时，辍学率首次被确认为一个重要的社会问题。①

在这些情况下，高中毕业文凭已经不能为"最后进入"学校体系中的这帮人提供和在他们之前其他人同样的优势了，其中一个原因就是：高中毕业生的劳动力市场已经趋于饱和。② 到了20世纪60年代，学校、高等专科学校及拥有新兴研究生和专业学院的大学，都迅速发展成为一种综合层次体系（integrated hierarchical system）。在这个体系之外，想要为了工作而获得有意义的准备和证书，机会很少并且也明显更差。③ 作为一种综合层次体系，它的作用之一就在于，获得处于更高社会经济层次职位方面的优势，很大程度上受到能否从更高水平的教育体系及从更高地位的机构那里获得相关文凭

---

① Thomas F. Green, *Predicting the Behavior of the Educational System*, Syracuse, NY: Syracuse University Press, 1980. 20世纪50年代中期，格恩（Green）将辍学作为一个社会问题来处理，因为高中毕业率已达到了60%左右。

② 格恩介绍了"预测教育制度行为"中最后一个条目的术语。虽然这项工作提出的抽象模式，是基于跨国数据跟踪教育系统在过去一个世纪扩张的增量而得到的，不过，如同那个时代的其他账户一样，它没有考虑到国家背景和历史的特殊性，这对解释美国系统功能运行的方式很重要。参见：Raymond Boudon, *Education, Opportunity, and Social Inequality: Changing Prospects in Western Society*, New York: Wiley, 1974; Ronald Dore, *The Diploma Disease: Education, Qualification, and Development*, London: Allen and Unwin, 1976; and Randall Collins, *The Credential Society: An Historical Sociology of Education and Stratification*, New York: Academic Press, 1979.

③ 关于这些事件是如何发生的历史记录，参见：David K. Brown, *Degrees of Control: A Sociology of Educational Expansion and Occupational Credentialism*, New York: Teachers College Press, 1995; and Hal Hansen, "Rethinking Certification Theory and the Educational Development of the United States and Germany," *Research in Social Stratification and Mobility* 29, 2011. 美国的高中在很多地区最初都被视为"人民大学"，直接与大学、专有技术和专业学校竞争。直到1920年，由于一些历史上的偶然事件，密歇根大学决定提供所有符合其规定的高中毕业生大学入学的录取标准，这项举措是将高中学历嵌入综合教育层级中的一个决定性的转折点。

的影响。作为一种综合层次体系，它的另一方面作用就在于：当劳动力市场充斥着教育体系某一级别的文凭时，该级别文凭的唯一价值就在于能够获得更高级别项目的准入资格或者说入学机会。如果没有形成这样一种综合层次体系，并且高中文凭还保留着教育体系之外的社会经济交换价值，那么对机会均等的影响应该就不会那么严重，曼恩的愿景也许就会成为现实。

竞争性流动或择优录取(contest mobility)在综合层次体系中的应用情况，基本佐证了以下这类理论。这些理论大多假设，教育体系必须作为经济关系结构的“二级”或“从属”(secondary)机构，并且教育体系的功能主要在于复制经济关系结构，即复制曼恩所追求的统治模式。① 同样，该应用情况也基本证实了另一类理论，这类理论和上一类理论的基本假设相同，但把问题诊断为学校文化或学生家庭文化在充分发展学生的人力资本方面没有发挥它们应有的作用。可以说，这些理论的基本假设是有误导性的。因为用来解释以上问题的那部分美国教育体系，其本身并不是一个经济关系的舞台。如果在一个体系中开销很大、集体无益且机会均等无望，同时这个系统变得越来越复杂，就像美国教育体系为了响应学生之间竞争追逐优势而变得越来越复杂的情况一样，那么，这并不是因为公立中小学在这个综合层级体系中未能发挥其应有的作用，而是因为美国在提供高等教育方面拥有一个非常强大的市场，并且分派给中小学的作用和目标就是让每个孩子都能上大学。

小学与中学的作用旨在让每个孩子都能上大学，对于实现罗尔

---

① Ralph Turner, “Sponsored and Contest Mobility and the School System,” *American Sociological Review* 25, 1960, 介绍了“竞赛的流动性”一词。认为学校只是作为特权复制者的、较有影响力的实用主义理论，包括：Samuel Bowles and Herbert Gintis, *Schooling in Capitalist America*, New York: Basic Books, 1976; and Pierre Bourdieu and Jean-Claude Passeron, *Reproduction in Education, Society, and Culture*, Beverly Hills, CA: Sage Publications, 1977. 对于这种理论的批判可参阅：David P. Baker, “Forward and Backward, Horizontal and Vertical: Transformation of Occupational Credentialing in the Schooled Society,” *Research in Social Stratification and Mobility* 29, 2011.

斯定义公平机会的平等，以及大部分美国人所接受的平等机会(equal opportunity，EO)来说，显然都是非常必要的。年轻人(无论社会阶层出身)如何发展他们的才能，才能使自身拥有符合他们所渴望职位或办公室工作的从业资格呢?[①] 同样，一个健全强大的高等教育市场，明显有利于自由企业、消费者选择及在研究领域取得杰出成就。然而美国教育体系的这些结构特征合在一起，产生了对复杂性领域竞争驱动型的投资，其净社会效益并不明显。它们并未使得普及中小学教育成为有效的社会均衡器，而是让它们成为所有人要想成功都必须经历的一个通道。那些一开始就领先的人，一般仍会保持领先地位，就像通过狭窄空间的流体分子一样，它们会因为那些其身后推挤它们的压力而以更快的速度前进，直到它们离开通道狭窄的尾端。那些有特权的学生把这个称为无处不在的比赛(the race to nowhere)，一个忙碌到让他们根本没有时间考虑究竟要去往何处的比赛。

在历史学家大卫·拉巴里(David Labaree)1997年的书里，有一段文章集中讨论了不平等、误导学生注意力和投资净回报下降等问题，他写道：

> 文凭市场的内在逻辑是相当简单和理性的：教育机会的增

---

① 罗尔斯可能认为，孩子们可以通过本土人才的差异进行可靠的排序，并且进入不同的课程，没有任何社会阶层的偏见。在这种情况下，FEO可以在没有为每个孩子准备上大学的情况下实现。不过现在的情况很清楚，用于分类和跟踪学生的测试，并不能测量出学生固定的学习能力，同时，智力的“天分”或人才，在很大程度上，更普遍的是早期学习的数量和质量的产物。人才队伍排序的方式，放大了早期识别的差异，这已经失去了其作为促进平等机会模式的初衷。因此，大学教育现在已经成为中产阶级地位的一种虚拟的必需品，使得社会阶层的起源对于继续(完成)大学而言更不具有预测性，这是教育实践和理论的重点。EO似乎要求社会为学生提供途径，至少需要大学毕业，因此，高等教育的政治重点是扩大获得大学教育的机会。罗尔斯的机会平等的概念已经被解释为和EO理解一致的观点。它引用了本土人才的想法，这种想法虽然失去了青睐，但是已经由新罗尔斯主义者们改进，他们认为平等主义教育改革的重点应该在大学入学和毕业这两个阶段。

> 长速度超过社会机会的增长速度，用特定文凭去购买某个优越职位的能力下降，继而教育文凭的价值就会出现泡沫……
>
> 教育文凭的泡沫膨胀会削弱学生好好学习的动力，进而影响学校体系……它(也)促进了学生们徒劳地争夺更高级别的文凭，这将浪费大量的金钱与时间成本，同时几乎没有任何经济利益……文凭市场仍将以一种个体理性且集体不理性的方式继续运行。①

为什么教育机会要比社会机会增长得更快？拉巴里所说的教育体系，应该不是指那个截至 20 世纪 60 年代中小学教育已经发展到足以容纳每个孩子的美国联邦教育体系。他指的应该只是高等教育机构，以及它们寻求机会进一步扩张并提供新型更高学位的发展演化历史。在美国教育体系中，在学士学位和研究生学位这个级别上，对那些竞相招收学生并增加学费收入的机构数量没有明确限制，并且对他们可以集体授予学位的学生人数也没有限制。虽然也有很多公立的高等教育机构，它们往往也依赖于吸引那些其家庭可以支付学费的学生。在这样一个高等教育领域的市场体系中，教育机会和已获得文凭的有用性都会逐渐增加，直到需求趋于平稳。同时，用拉巴里的话讲，需求也可能会远远超过相应社会机会(social opportunities)的供给。个体机构通常不必担心这些过剩的问题，只要它们可以招收到足够的学生到学校就读，并且它们更乐于见到，如果文凭市场萎缩的话，那么其他竞争性机构的相关项目也会萎缩或者直接关张了。当证书的供给超过了利用证书可以获得的机会时，证书的“交换价值”将下降[即存在证书膨胀或证书泡沫(credential inflation)]，并且，那些有办法、有爱好的学生将寻求进一步、更高也更为差异化的学位。随着这类学位越来越普遍，那么本科学位的市场价值就会逐渐下降，就如同因为高中学位越来越普遍而导致高中学位的市场价值逐渐下降一样，这种周期与循环将不会停止。

---

① Labaree, *How to Succeed in School without Really Learning*, p. 50.

总体来看，家庭资源方面存在的差异及追求自身利益的教育提供者和消费者自由方面的巨大差异，将会造成最后进入该体系的群体仍会保持他们一开始的位置状况，即仍将处于已经分层化机会结构的底层。在教育提供者的分层化市场体系(综合层次体系)中，这种成本与复杂性日益增加的模式正是我们所说的市场文凭主义(market credentialism)。这种竞争驱动型的成本增加模式和国际军备竞赛并无多大差异。并且拉巴里提及的徒劳、经济效益缺乏及集体不理性，也符合坦特关于复杂性边际回报下降的理论。拉巴里提及的文凭泡沫削弱学生学习“动力”和激励的观点，也与我们自己对幸福感和系统认知缺陷的评估是一致的。这些关于机会平等、投资净回报率下降及对学生注意力误导的担忧，都值得我们评论与探讨。

平等的机会：现在是时候指出上述假定(即假定教育体系必须作为经济关系结构的二级机构或附属机构)的另外一个错误了。如果要说那些出身较低社会阶层的人们将一直停留在他们最初的阶段，即永远处于分层化机会结构的底层，那么，这种说法仍然低估了在美国高等教育中追求平等教育机会和市场自由的影响力。基本观点是，把普及中学教育纳入综合层级体系中来刺激文凭资质“军备竞赛”的做法，可以有效刺激产生更多的新型专业人才与专业知识形式，从而深刻地改变工作性质与机会结构，因为这些专家已经确立了新的专业，并找到了可以为其雇主创造价值的方法。这是近期围绕教育扩张引致巨大社会影响而开展研究的主要结论之一，它与坦特关于同级竞争及社会复杂性与分层化之间关系的看法基本一致。① 教育只是经济关系塑造的次级制度，这种论点错误地假设，引入新形式社会复杂性往往不是源自更高级别的教育机构并从那里传播开来的。但实际上，这些教育机构是能够并且也确实做到了这些，进而改变

---

① David Bills, *Sociology of Education and Work*, Malden, MA: Blackwell, 2004; David Baker, “The Educational Transformation of Work: Towards a New Synthesis,” *Journal of Education and Work* 22, 2009; and David Baker, *The Schooled Society: The Educational Transformation of Global Culture*, Stanford, CA: Stanford University Press, 2014.

了工作性质并且制造了一个更复杂也更分层化的机会结构。这意味着，高等教育不是简单地为已经处于优势地位的那些人提供了更多的优势，更重要的是它系统性地推动了现有机会转向一个更不平等且被各学术文化分析性的思维工作特征所主导的机会结构。①

在一个通过外部输入的新型学术专业化门类不断增长的体系中，无论该体系在创造更加复杂与分层化的机会世界方面具有什么样的优势，竞争驱动型教育增长的动因及高等教育增长在创造更加分层化机会结构中的作用都表明，那些旨在通过公共努力提高公众参加高等教育比例进而平衡社会经济机遇的想法，是颇具误导性的。除了有助于促进机会均等外，也有其他很好的理由支持社会应该提高大学生入学率，例如，全球经济竞争、人们为了生活而对良好普遍教育的渴望抑或公民教育，这些都支持社会提高大学的入学率。提高大学入学率确实是美国教育政策的焦点之一，但是从它所产生的影响来看，它实际上延长了所有人必须通过这种教育通道的时间，同时还创造了一个越来越倾向于重视分析技能在商业中应用的机会结构。这将导致所有这些学位在劳动力市场上的价值下降，就像普及中学教育导致高中毕业文凭收入溢价的崩溃一样。同时，这些学位对人力资本形成的贡献，几乎无助于促进机会增加——其中一个原因就是，新被创造出来的专业知识减少了企业对劳动力的依赖。如果我们的目标是机会均等，那么，旨在增加人们对集体显著有益的大量学位项目获得公平性的政策，将会更为明智。除了需要新的政策之外，我们还需要一种新的方式来对机会平等进行概念化，以确保满足就业和过好生活。我们需要一种方式来概念化并追求这个目标，当然这个目标在其应用过程中自身不要弄巧成拙，并不要求众多职位的前景就一定相同。

---

① 哈里·布里格豪斯(Harry Brighouse)的观点相对温和，他认为，高等教育给那些已经因出生意外而受益的人赋予更多(不公正)的优势，参见：Brighouse, "Globalization and the Professional Ethic of the Professoriat," in *Global Inequalities and Higher Education*, ed. Elaine Unterhalter and Vincent Carpentier, New York: Palgrave Macmillan, 2010.

净社会回报的下降：一个社会，如果教育体系增长是由竞相追求资格文凭推动的，而且随着这些文凭的市场价值下降，获得文凭的成本上升，这种趋势必然进一步加剧，那么，这个社会将会面对像外部军备竞赛那样的内部对手。根据坦特的观点，我们可以假定，基础教育是非竞争性的或者说净收益最高，然而进一步接受教育的边际净收益普遍下降。① 随着专业化的增长与相关进展，教育准备阶段（主要是大量独特的专业知识形式）的持续时间会越来越长，相应成本也会越来越高。教育领域边际投资的净社会回报，会随着教育程度上升而下降，而且少接受一点更专业化的教育，将会随着任何职业或社会角色的部署而带来一点净社会收益，无论个人的竞争优势可能持续保持在多高的教育水平上。至少有三个原因支持以上这种说法：第一，要想让更高深的学问真正应用到职业领域，既需要运气，也需要创造力；第二，随着创新和复杂性增加带来的急剧变化，由良好普及教育提供的综合能力、美德及对世界的理解仍然比较重要，更专业化的知识和技能却有可能过时了；第三，商业领域的雇主都力求，把那些为取得个人竞争优势而掌握的许多专业化知识，转化为可能不会产生任何净社会收益的企业竞争优势。有许多方式可以导致以上情况发生（第 2 章提到过一部分），包括通过广告、公共关系、诉讼、游说、兼并和追求那些对公众利益不敏感类市场的支配地位。

因此，可预见的情况是，随着教育支出的增加，这些支出中越来越多的比例将被用于零和竞争博弈之中。② 这足以导致教育领域投资的边际回报趋于平缓，但其本身还不至于成为一种负的回报。然而，它还是有可能变为负的，或者说是比“烧钱”的集体徒劳行为还要糟糕。它是一个正和博弈（positive-sum game）或者零和博弈（zero-sum game）还是负和博弈（negative-sum game），都取决于其对过

---

① Tainter, *The Collapse of Complex Societies*, pp. 91-126.

② 拉巴里详细介绍了有人必须失败的一些原因：*The Zero-Sum Game of Public Schooling*, Cambridge, MA: Harvard University Press, 2010.

好生活机会的短期和长期影响。从长期来看，作为一种为每个人提供过好生活机会的基础，教育体系增长和一般的经济增长都是不可持续的：二者都涉及消费不断上升，进而破坏生态系统并且减少未来过好生活的机会。从短期来看，是否能通过生活质量的提高来完全弥补有益复杂性的负担，目前还不是很明晰。那些自愿减少工作量并且简化自己生活的人显然会认为，生活质量的提高是不能完全弥补这类负担的。① 与此同时，这给许多学生带来了直接影响，包含受教育年限延长、成本更高，关键是这还并不能为许多人提供理想的市场成就，也不能提供一个多以需求为支撑而且有固定回报体系的好处。由于向中学生们提供的关于他们成功前景的信息质量比较糟糕或者说不准确，毕业七年之后，只有五分之一的人在他们高中时期所预想的地位较高的职业道路上，而其余的人大多背上了沉重的债务负担、拥有有限的上升机会。②

如果是一个综合层次体系，且在这个体系中学校的职责就是送每个人去上大学，那么，这些问题可能就会得到更好的解决。但它却是这样的一个体系：给予各个学校的激励和动机不足，各个学校不愿去鼓励学生们放弃为了追求大学文凭及那些他们可能永远也无法实现的职业生涯而浪费时间和金钱。机会平等的理念是指各个学校要去鼓励学生们可能拥有的任何梦想，通过学生和他们家庭在随后年份中昂贵的教育投资，任由现实世界来打消80%他们最初的所谓梦想。让学生们更好地评估他们的理想抱负，同时不要剥夺这些美好的希望，需要的不仅是更好的信息，还要求各个学校能够积极地提供并鼓励考虑一些有吸引力也更现实的替代方案。如果这种事情发生在学生达到"理性年龄"之前，并且认为学生应该具有道德和

---

① Duane Elgin, *Voluntary Simplicity*, 2nd rev. ed., New York: Harper, 2010; Cecile Andrews, *The Circle of Simplicity*, New York: Harper, 1997.

② Xiaoling Shu and Margaret Mooney Marini, "Coming of Age in Changing Times: Occupational Aspirations of American Youth, 1966-1980," *Research in Social Stratification and Mobility* 26, no. 1, 2008; and Hansen, "Rethinking Certification Theory".

法律地位来选择他们自己的职业，那么这可能被视为是违反 EO 或 FEO 的。这种方法也将需要更多不同于美国学校的其他国家和地区的学校，而且这些学校应该更认真地对待学生教育，让他们拥有比大学入学要求更严的一系列资格。

学生注意力的误导：拉巴里担心的问题是，美国教育体系中对文凭和择优录取的过分重视，会破坏那些有助于服务公民目标和经济效率的真才实学。我们也同样关心这个问题。学校和学生侧重于关注教育为集体和个人带来教育收益的能力，将会因为对文凭和首选就业越来越激烈的竞争而遭到严重削弱。对于所有学生来说，学校功课价值的框架设计通常与对文凭的追求及测试、问责制度是密切相关的，这也会让所有学生失去学习的动力，因为他们将不再关注学习的内在回报，而只是为了追求获得有效的证书。① 我们曾提到在教育领域中合理动机认识的重要性，并且也反复强调，如果学生将来要想生活得更好，他们在学校的时候就必须体会到在过好生活方面的进步。作为一个公正并且培育人才的学校社区的成员，并且运用他们自身发展形成的判断力去学着指导他们自身生活的方方面面，他们必须体验到，他们越来越擅长于许多事物了。我们强调，这些健康发展的内在动力，是让公平教育机构发挥作用的重要基础。

如果学生们在一个有利的学校环境中学到了他们所需要的知识，那么这些学校与注重教育学生们去准备各类就业资格文凭的各个高中学校就是完全不同的。但是面对美国教育体系中现存的频繁、高风险的测试，这样的学校是很难生存下来的。鼓励孩子进行高风险

---

① Labaree, *How to Succeed in School without Really Learning*, p. 35; L. Pelletier and E. Sharp, "Administrative Pressures and Teachers' Interpersonal Behavior," *Theory and Research in Education* 7, no. 2, 2009; Richard M. Ryan and Netta Weinstein, "Undermining Quality Teaching and Learning: A Self-Determination Theory Perspective on High-Stakes Testing," *Theory and Research in Education* 7, no. 2, 2009; and Maarten Vansteenkiste, Bart Soenens, Joke Verstuyf, and Willy Lens, "'What is the Usefulness of Your Schoolwork?' The Differential Effects of Intrinsic and Extrinsic Goal Framing on Optimal Learning," *Theory and Research in Education* 7, no. 2, 2009.

测试，并且激励他们说，在连续超越别人多年以后就会拥有光辉的职业生涯，这种方法的效果不会很好，特别是对于那些不是“富二代”并且除了上学只有很少机会的学生来说尤其如此。强调幸福感或说注重福祉的方法，将是让学生们越来越多地并且从主观动机上愿意通过多种方式参与到现实生活机会中来，以至于他们能够体验和感受到能力的增长并且过得很好，继而使他们真正意义上地成长。

复杂性以及对抗性协调的成本

教育机构是市场文凭主义体系的参与者，它们和商业企业之间互相交流。商业企业可以通过文凭这个媒介向学生们提供有偿就业的机会。那些企业在成本和复杂性方面的增长(包括他们产品和服务的复杂性)也将呈现出一种社会集体收益下降的模式。在竞争激烈的市场中，企业为了生存和赢利，将会对其诸多产品与服务进行创新和改善，以增加销售。但相应的代价就是，社会、生态和资源成本日益增加，对于生活质量的贡献逐渐下降，甚至为负。对广告、公关、游说、法定资格和谋私技艺等方面的投资，会逐渐上升，但相应的代价就是牺牲了一定的透明度和对确保企业活动要增进公共利益的公众监督。[①] 商业企业之间激烈的争斗，以及公共与私人部门之间在信息与监管方面的军备竞赛，将会是未来竞争领域的又一个主战场。同时，这些领域竞争驱动的复杂性增加和成本增长，又会受到市场文凭主义体系的进一步推动，因为市场文凭主义体系会为那些野心勃勃并且处于有利地位的人提供获得精英文凭的机会。这些竞争领域中的模式，比我们刚探讨过的、由内部竞争动态驱动的系统，更可能会继续遵循增长复杂性的轨迹，尽管这些领域投资的边际回报已经为负。

鉴于涉及的体系非常复杂，判断一个社会沿着这样的轨迹朝什么方向发展，将会更加困难。这些体系之所以变得更为复杂，并不

---

① 坦特指出，监管和抵制可能会导致“复杂和成本不断增加的无休止的螺旋”(*The Collapse of Complex Societies*, p. 116)，但他并没有深究其所带来的后果。

是因为任何人在这种增长过程中感受到了集体利益，而很可能是因为许多人看到这个过程中潜在的私人利益。在2008年金融危机之前，即便是那些抵押贷款投资工具形式（整个危机的核罪魁祸首）的发明家们，也不一定充分了解这些工具究竟是如何运作的。也许他们的确了解，但公平地说，在一个充斥着如此复杂金融发明的市场中，大部分人都不太了解整个金融系统会是多么脆弱，而且并不是因为缺少尝试的缘故。人们对市场自律的幻想促成了这场危机，就像这种幻想也促成了此前的其他危机一样。但是，在这种环境中，对抗性社会协调或治理，允许企业资产和能力无限扩张并且越来越脱离公众监督，那么政府要想再做到有效监管，在任何情况下都会极为困难或者说机会渺茫。更糟糕的是，在美国，因教育学生而造成的许多财务费用和风险是由公共部门来承担的，但是在竞相雇用最具天赋的毕业生的过程中，公共部门往往又因出价低而竞争不过私营部门的雇主。因此，公共部门自身处于不利的境地，完全疏忽了对于企业活动的监管，无法足够了解这些企业活动是否有助于服务公共利益，更不要说去保护公共利益了。

复杂性提高就必然意味着众多专业化的专门知识形式进一步扩散：(1)对于非专家的理解与判断将构成前所未有的挑战；(2)被用来获取私人利益，通常而言，其目的是使其他市场参与者和公众无法正确形成涉及他们利益的合理判断；(3)即便是在合作规范下，有时它们彼此间非常不透明，需要它们协调的系统状况也许不可能得到及时判断以防止出现系统故障。创造一个认知秩序井然同时又尽可能不超越人类判断力可能极限的社会，是非常艰难的任务；但它对一个正义、可持续及连贯自治的社会而言又是必不可少的。

受损的学院与师资队伍

美国学术团体理事会荣誉会长斯坦利·卡茨（Stanley Katz）几年前在《高等教育纪事》（*Chronicle of Higher Education*）中指出，大学的增长和越发趋向专业化的教育，使其忽视了很多与公共利益相关的问题。这些公共利益的问题并不适合在狭隘和技术性较强的专业范围内讨论，从而导致越来越难“为本科生甚至研究生开设合理的课程”①。越来越专业化的学科以及子学科“孤岛”(silos)的不良影响，已经成为可持续文献研究的一个主题，被认为构成了有关可持续领域大学研究与教学工作的一大障碍。随着研究项目的进行，很多学科进一步发展并且又分成许多子学科，传统学科内部不同分支之间的沟通可能会变得更加困难，就像不同学科之间的沟通一样，从而使得学者们参加不属于自己专长范围内的活动，对许多人来说都是不适宜的，并且也是非常罕见的。②

随着从事必要学科交叉的固有挑战越来越多，在专业化领域内部的学术标准越来越严谨(该领域主要学者的职业生涯也就是基于这些标准之上的)，也可能会阻止许多人从事麻烦的跨学科工作，因为那些跨学科工作几乎没有希望能达到既定的学术标准。文章发表将会变得不那么确定，相应的回报也会很不明朗，以至于即便有机构鼓励人们去从事大而麻烦的主题研究，他们也可能不会采取任何行动。在狭隘的专业领域，研究人员的教学工作很有可能更符合他们自身的兴趣，从而导致课程教学更为分散。这些课程也可能会让学生们感到非常振奋，但对教育学生如何过好生活或者说成为世界合格公民而言，这些课程却并不太理想。这些也是复杂性增长的成本，被理解为独特的专家角色越来越多而且相应的成本很高。

4.3 让机会的弧线偏向公平正义

机会的弧线必须偏向不公正吗？在我们所提供的分析中，没有

---

① Stanley Katz, “Choosing Justice over Excellence,” *Chronicle of Higher Education* 48, no. 35, May 17, 2002, http://www.princeton.edu/~snkatz/papers/CHE_justice.html; and Katz, “The Pathbreaking, Fractionalized, Uncertain World of Knowledge,” *Chronicle of Higher Education* 49, no. 4, September 20, 2002, http://www.princeton.edu/~snkatz/papers/CHE_knowledge.html.

② Jennifer Everett, “Sustainability in Higher Education: Implications for the Disciplines,” *Theory and Research in Education* 6, no. 2, 2008.

任何一点表明它必须要这样。并且为了正义和可持续，通过公共意志的行动，它自身也不可能往回走或者说被扭转过来。我们会用以下内容结束本章：提出一些适当的、非原创性的建议以重新界定我们对一些事物的理解与认识，比如机会平等、分散式社会治理、教授们对专业课程的集体所有权及研究的社会价值。

4.3.1 克服文凭主义垄断

我们之前提过，作为一个综合层次体系，美国教育体系的特征之一就是，当劳动力市场充斥着该体系下某个层级文凭的时候，那个级别文凭的唯一价值就只剩下作为确保获得更高级别学习项目的“入场券”。如果高中毕业文凭仍然可以保留教育体系之外的社会经济交换价值，那么获得就业以及过好生活的机会，就将不再要求美国所有学生都经历一个瓶颈才能通过的安全通道——高等院校。如果职业教育能够在专业认证及它们与普通教育之间的协调方面发挥适当的作用，那么，曼恩对高中学校的愿景就很有可能实现，即可以通过普及免费中学教育来终结资本统治和劳动力的奴性。劳工与雇主协会在监督职业培训和专业认证方面的合作关系，可能更有利于创造出许多独特而有意义的就业和成长途径。这需要开辟许多教育空间，并非旨在追求更高文凭或社会地位，而是信奉学术文化非常重视的自由学习和研究。这种方式引致的教育机会，其基本特征之一就是，高等院校体系将不能以美国目前这样的方式垄断对于职业方面非常有意义的文凭授予。

这其实描述了德国教育体系的一些基本特征。在德国教育体系中，近三分之二的学生通过学徒制和高中教育的一种双重体系，或者通过就业培训，追求中等职业教育。历史学家哈尔·汉森(Hal Hansen)写道：“虽然美国人在缺乏有意义的中等专业认证体系情况下，希望通过让自己的孩子上大学来确保他们的未来，但德国人建立了数百个相对有吸引力的、符合法律规定的、技能娴熟的专业(不只是工作)，而且还组织了一个有效并高度标准化的体系，为中学水平的青少年做好找工作的准备。他们不仅训练面包师、理发师、汽车修理工和机械师，而且还包括银行家、会计师、信息技术专家、工程师、图书馆员和档案工作者，其中很多在美国都被看作是与高等教育相关的职业。”①联邦职业教育学院(Bundesinstitut für Berufsbildung)委员会制定了350个不同职业的培训标准，给予雇主协会、劳工会、联邦政府和各州完全相等的代表权。② 相关标准被设置得很高，与职业相关的个人档案得以不断更新，以确保所有内容都是与学生寻求职业密切联系的。

汉森所称的这种“半公共自治”或说“准公共”治理的体系，是学徒和手工行业改革转型的历史高潮。③ 尽管在差异化的中学教育体系中，学生们被引导的方式和方向不同，但学生们的决定并不是不可撤销或改换的；同时“职业技术资格非常有吸引力，以至于28%的具有学位(高中毕业证书，Abitur)的德国人都进入了这个职业教育体系”④。与美国学生相比，德国的学生学到了更多的东西并且拥有更为有用的关于他们前景的信息。同时，他们也不用承担大量的费用，他们也不会被迫直接与相同单一层次体系中的其他任何人进行竞争。这个单一体系在其顶端会重点关注公共利益和个人回报的结合。他们对于有回报类成人角色的文化适应在几年以前就开始了，且更少受到未定型的、纵容性的青少年文化的支配，同时“转型过程中的损失”更少。⑤ 和美国体系相比，德国的教育体系远远谈不上是一个“赢家通吃”的体系(winner-take-all system)，并且它也没有遭受到美国体系所遇到的文凭泡沫和体系增长。

---

① Hansen, “Rethinking Certification Theory,” pp. 48-49. 有关德国体系的更多信息和更广泛的培训作用，参见：Alison Wolf, *Does Education Matter? Myths about Education and Economic Growth*, London: Penguin, 2002.

② Hansen, “Rethinking Certification Theory,” p. 34.

③ Ibid.

④ Ibid., p. 50; Matthias Pilz, “Why Abiturienten Do an Apprenticeship before Going to University,” *Oxford Review of Education* 35, no. 2, 2009.

⑤ Christian Smith, *Lost in Transition: The Dark Side of Emerging Adulthood*, New York: Oxford University Press, 2011; and Hansen, “Rethinking Certification Theory”.

德国教育体系的存在表明，美国教育体系的结构，不是教育体系唯一可能存在的结构，并且教育体系完全有可能摆脱市场文凭主义这一昂贵的推动力。但这并不说明，德国的教育体系就是完美的，或者人们很快就可以在美国创建一个这样的教育体系。但德国教育体系的存在，有助于澄清究竟什么才是有意义结构改革的必要内容。

那些支持美国体系、反对德国体系的人们的基本观点就是，当孩子们到达可以自己做出决定的成年时代以后(大约为高中毕业的年纪)，德国教育体系不允许所有的孩子竞争各种职位。这违反了机会平等的原则，正如美国人所理解的那样，以及罗尔斯 FEO 原则通常所解释的那样，因为它在学生到达所谓理性年纪之前，就引导他们沿着不同的教育和职业道路发展了。在孩子们可以做出成熟判断(罗尔斯所说的“到达理性年纪”)之前，尊重儿童未来自主权的现实情况是，大人确实已经开始塑造孩子们的各种机会了，例如，让他们学习可能擅长的东西，让他们对自己现实中可能希望做的事情加深印象，学习他们所欣赏的东西，向他们想要成为的那个人学习，以及影响他们自己的归属感。无论他们承认与否，学校教育确实具有这种塑造的效果。学校在现实中能做的最好的事(并且从伦理道德来讲也应该做的事)就是赋予学生们多样的起点，以培养他们的兴趣、能力，使他们理解自己在生活中可能做的各种各样的事情。同时，这些起点可以依据学生们的喜好、才能进行协调和回应。① 如果一个在德国模式下运行的体系在这方面做得很好，那么它会给予孩子们未来选择的多样性。但是，如果没有采取相关政策去严格限制儿童家庭的社会经济地位差距，那么，在辨别天才和那些拥有不平等且差异化早期教育背景的人才方面，必然会遇到很多困难，从而无法做到尊重儿童选择未来的权利。

还有一个重要的问题就是，孩子们到底需要多少普及教育和公民教育，才能为生活、公民身份和领导地位做好充足的准备？高中

---

① Joel Feinberg, “The Child’s Right to an Open Future,” in *Philosophy of Education: An Anthology*, ed. Randall Curren, Oxford: Blackwell, 2007.

阶段接受一种优秀的(excellent)普及教育可能就够了，但对于这样的教育体系(许多孩子花费大量时间在学校外做学徒)中的孩子们而言，可能是远远不够的。如果确保所有儿童充分接受普及教育，并且在高中毕业之前延迟追踪他们不同的职业效果，那么，人们可以预见到一种以学术为主的普及教育，这种普及教育是通过高中学校教育并且借鉴和复制德国在两年制社区大学阶段进行差异化职业资格证书授予体系的优点来实现的。人们也可以预见到，在非文凭认证部门有许多选择，可以进行免费或者低成本地推进成人普及教育，同时把具备四年制大学能力的人数和各种文凭席位限制在集体能够予以合理补贴或全额资助的程度范围内。

如果在美国社区学院体系中模仿德国的职业资格认证教育体系是可行的，那么就会更接近于实现曼恩的普及教育愿景。一个基本的观点是，要想逃避市场文凭主义的陷阱和诱惑，除了每个人都需要的教育之外，还需要一套有效的差异化职业教育和文凭体系，这个体系并不会强迫所有学生在沿着某个体系的阶梯向上爬升过程中超过任何其他人。从职业角度来看，这样的体系是对耐力和家庭资源的昂贵测试，并会让学生们承担极高的风险。虽然美国高等教育体系有很多优点，但它有个最不好的地方，即向学生收取学费并提供许多人本来更乐于从高中学校或社区学院免费获得的东西——职业资格和有意义、与工作场景紧密相连的学问，这种学问可以为学生们提供一条直接和适应良好条件、通向良好工作的路径。

教育体系是有可能沿着这些线索和方向进行改革的。这表明，EO 和 FEO 并不是必然以一种综合层次教育体系为前提的，并且如果没有这种综合层次教育体系的话，说不定 EO 和 FEO 可以被更有效地推广。这是非常重要的结论，因为它提出了一个有助于同时实现 EO 和 FEO 的改革基础，能抑制与市场文凭主义相关的体系增长，并且可以长期保留更有利的机会结构。虽然 FEO 在其实施过程中可能不会从根本上弄巧成拙，不过，它仍然不能为概念化长期保留过好生活的机会提供依据，因为它是以存在任何人都能竞争的共同职业资源为前提的，并且这些职业也将随着时间的推移而发展演变(即便没有日益增长的教育体系的刺激)。

作为历时性分配正义概念化的起点，我们给出自己的幸福感原则如下。

幸福感分配原则(Eudaimonic Distributive Principle)：职位和办公室岗位将基于真实资格进行分配，同时，每个人都有可能与其他人一样优秀，也都可以找到并从事良好工作且过好生活，无论他们来自哪个社会阶层。

良好工作能够直接有助于过好生活，并实现人们的基本心理需求，这对于个人幸福而言是至关重要的，而且也是个人幸福的表现和前兆。它需要自主地支持和认可对职业与社会角色的自我选择，但它并不要求所有其他现存的职业，像FEO要求的一样，都是同等可获得的。就像FEO那样，它不是以公共职业资源不同前景的相互比较为基础的，并且从那个意义上来看，它要比FEO更接近于成为这样一种原则，即可能会捕捉那种作为可持续关注焦点的前瞻性的代际公平与正义。相应的机会保留原则现在就可被表述如下。

机会保留原则(Preservation of Opportunity Principle)：后代人们的生活水平，要与现在人们的平均生活水平一样好，无论他们什么时候出生。

对于这个原则的解释，应该以我们此前对如下事物的解释为指导：一是过好生活的自然需求；二是在社会政治上可持续的制度的作用，当然，这些制度是正义的并且有利于可持续；三是生态可持续与生产量可持续在保留过好生活机会自然基础方面的根本作用。

4.3.2 治理的再分配

采纳德国职业文凭认证模式的有关做法，将会终止文凭主义的垄断，并会重新分配对于工作的治理，使其更为公平或符合幸福感原则。这就是我们所说的治理再分配的含义。治理再分配是为了能更有利于维护正义制度与可持续。一般来说，财产民主(property-owning democracy)的特征是财富和影响力非常分散，进而很有可能存在对抗性协调或者治理竞争，但个人与公众将具有更好议价能力和更公平竞争环境的优势，社会可能就会更接近于在认知方面秩序良好的理想状态。

推行公司法改革及更有力的经过更广泛深思熟虑的反垄断法(不仅仅是为了消费者的名义)，非常有必要。减少与限制所有权的集中也必不可少，与其说这是确保过好生活的重要先决条件，不如说是对治理权威的再分配，包括员工在他们就业过程中要服从的权威，这种权威目前来看通常出现在寡头垄断市场，员工如果不是非常过分的话，一般很难从这个市场中退出来。充分事务透明，是个人自治和公众自我管理自治的基石，同时，它对于各种分散式的社会与经济协调形式也是必不可少的，这些协调形式有利于实现可持续。坦特的复杂性与崩溃模型的启示之一，和埃莉诺·奥斯特罗姆对自我组织分散式治理的研究(在第 2 章中介绍过)一样，就是通过复杂的系统进行治理，不仅费用高昂，而且由于对当地情况不太熟悉，容易出现错误、赌博性决策与合法性危机。无论是全球性企业管理，还是政治治理，同样如此。所以说，为了正义与可持续，重新审视商业世界中规模效应的有效性是非常有意义的。

4.3.3 跨学科的可持续研究与教育

大多数高校的教职人员都有一个集体委托的责任，去履行他们所在机构的教育任务，这让他们不仅仅成为他们所选择的专业领域中的教师，而且也是有义务进行集体监督并确保学生学习必要知识的受托人(trustees)。[①] 我们所敦促的只是，高校教师们需要信奉并承担起这一责任，同时也要认识到，仅仅确保目前的课程与许多教师切身研究并且也乐于传授的多种专业知识密切相关，是不足以履行这项责任的。教师“必须从其他学科的同事那里学习新知识，以便

---

① Brian Schrag, “Moral Responsibility of Faculty and the Ethics of Faculty Governance,” in *Ethics in Academia*, ed. S. K. Majumdar, Howard S. Pitkow, Lewis Penhall Bird, and E. W. Miller, Easton: Pennsylvania Academy of Science, 2000, p. 232; and Peter Markie, *A Professor's Duties: Ethical Issues in College Teaching*, Lanham, MD: Rowman & Littlefield, 1994, p. 16.

通过传授各个知识分支与知识整体之间的联系，来更从容地教育学生"①。他们还必须把教学重点放在知识的整合方面，这些知识和当前时代的一些重大问题与挑战有关——即便只是作为公民，学生们也必须要竞相讨论和解决的问题。对于像可持续之类的跨学科主题，这种集体课程责任的含义是非常清晰的：教师们不能从伦理道德上忽视他们学校教学计划中非常重要的跨学科课程，不能仅认为只对他们所在的院系或专业领域负责。要想尽到这些义务，教学人员需要参与到可持续的跨学科交流中，调整他们自身的教学，重新部署一部分奖学金以支持按照学院之间公平合作条款所要求的教学工作。这些学院之间的合作主要表现在以下方面：联合提供合理的学术项目，在项目设计、为提供合理学术项目而进行的人员招聘方向等领域进行合作管理。

我们有理由乐观地认为，用这些方式重新定位教育，可能会是积极的变革，从而为我们在教育方面的投资带来更多的集体利益，并相应减少因追求文凭资历排辈的浪费。我们还有理由乐观地认为，围绕一些具有重大公共影响的跨学科主题，重新调整一部分研究，可能会提高研究领域投资的净社会效益，否则这些资金可能投向一些很久以前就已确立调查线索但进展缓慢的领域。

大学体系中的一些职业学院也应该关注这个方面，主要是考虑到它们与一些职业组织之间的关系，以及它们在为学生们准备职业生涯规划中所扮演的重要角色。一些行业内部已经出现了某些改变的迹象，将可持续原则纳入其专业实习的标准规范之中，并呼吁职业学院做更多的工作，来教育学生有关可持续原则和可持续实践的方法。② 联合国教科文组织(UNESCO)同时号召高等教育要提供可

---

① Schrag, "Moral Responsibility of Faculty and the Ethics of Faculty Governance," p. 234.

② Engineering Council UK, *Guidance on Sustainability for the Engineering Profession*, London: Engineering Council UK, 2009, http://www.engc.org.uk/engcdocuments/internet/Website/Guidance%20on%20Sustainability.pdf.

持续教学与研究。[1] 像其他机构一样，各个职业学院应该以有利于可持续的方式运行，而它们最简单直接的一种运作方式就是，作为他们所提供职业教育不可分割的组成部分，向学生提供可持续方面的教育，包括可持续伦理。像所有教育一样，职业教育应该促进那些有利于学生们过好生活的发展品质。作为职业教育，它应该主要是让毕业生在一份职业中做好他们的本职工作。了解人们生活和工作的背景，对于人们过好生活、做好工作都是必不可少的。同时，可持续是那些背景中非常重要且普遍的内容。可持续伦理，是诚信以及符合公共利益方面无法回避的内容，同时对于良好工作也是至关重要的。

4.4　结论

在本章中，我们介绍了约瑟夫·坦特关于复杂性与崩溃的理论，用以解决社会政治可持续，以及那些正义且利于可持续的机构生存问题。该理论提供了振聋发聩的教训，即日益增长的社会复杂性需要增加人均能源消耗来实现，但是随着时间的推移，会造成边际集体收益递减。这意味着，自发性的简化对于可持续而言可能是至关重要的，同时包括减少消费与社会体系自身的复杂性。拥有更广泛竞争力或多才多艺的个人，将更少关注专家这种职业，而且更多依赖于自我供应或者拥有自己动手的心态(do-it-yourself mindset)，这在上一代人那里非常普遍。[2] 对于某些形式的理想抱负而言，这个结论可能令人沮丧。但是，没有理由认为，一种擅长于更多事情同时更为悠闲的生活会更不幸福或者说更不让人羡慕。我们也看到了，机构促成长期保留过好生活机会的许多方式，可能与美国当前追求机会平等的方式(通过经济和教育体系增长)有关联并且严重受其影

---

① UNESCO, Education for Sustainable Development: United Nations Decade (2005-2014), UNESCO, 2005, http://en.unesco.org/themes/education-sustainabledevelopment.

② Schor, *Plenitude*.

响。我们已经汲取的教训就是，追求当代机会平等不必减少未来的机会，事实上，前者还可以促进后者。

当介绍坦特的理论时，我们指出，为了解释为什么社会发生被预料到的崩溃，有必要解释为什么目前的各种问题阻碍或说挑战了社会解决问题的能力。我们注意到，其理论的优点之一就是，它重点关注了问题解决型策略随着时间推移而发生的回报变化问题，并揭示了为什么一个曾成功管理各种问题的社会，随着时间的推移却失去了这种管理问题的能力。我们顺便追问，这些社会是否面临的问题太大或者说太难了以至于无法诊断和补救？我们也追问了，是否会出现这种情况，即一个社会解决问题的能力原则上是足够的，但因为内部分歧与合作失败而导致瘫痪？这些问题都是公共管理领域棘手问题（wicked problems）的核心，并且许多可持续问题通常也被说成是“棘手”的。我们将在下一章中思考，什么样的“棘手”概念可能会有助于理解和追求可持续，并会提供有关能源、水资源和食品系统的三个案例。我们给出这些案例的目的，并不是要去解决这些案例中的重大问题，而是用来说明以更加可持续的方式去管理复杂系统将面临的挑战。

第5章　管理复杂性：三个案例研究

我们认为，之所以要通过广泛合作来共同应对和解决气候变化及其他可持续问题，有许多审慎决策和道德方面的理由。但在第4章中，我们发现，随着社会和技术复杂性的增长，这类合作协调变得愈发困难和成本高昂。另外一个亟待解决的问题就是，即使那些承认可持续很重要的人，也可能会在合作成本的分配方案上有诸多不同的判断。即便可以从理论上确定公平合作原则，但决策却必须常常在不理想的情况下由那些权力有限的决策者来制定。与此同时，决策者们还必须应对各种不确定性，以及因分歧和互相矛盾的利益、信仰和承诺而出现分化的公众。这些决策者必须基于同一判断准则，并以某种方式来汇聚开放科学领域的分析资源和利益相关者的合法利益，以此解决可能跨越多个法律和政治管辖权的问题。政治理论家在非理想理论(nonideal theory)或非理想正义(nonideal justice)的框架下讨论了这类决策。但在公共管理、林业和水资源管理及相关领域中的选择决策，也就是我们在第4章最后部分提到的"棘手问题"①，它们多是公众非常关注

---

① 关于非理性的理论，参见：David Miller，"Political Philosophy for Earthlings，" in *Political Theory：Methods and Approaches*，ed. David Leopold and Marc Stears，Oxford：Oxford University Press，2008；A. John Simmons，"Ideal and Non-ideal Theory，" *Philosophy and Public Affairs* 38，no. 1，2010；and Zofia Stemplowska and Adam Swift，"Ideal and Non-ideal Theory，" in *The Oxford Handbook of Political Philosophy*，ed. David Estlund，New York：Oxford University Press，2012. 关于邪恶的问题，参见：Horst W. J. Rittel and Melvin M. Webber，"Dilemmas in a General Theory of Planning，" *Policy Sciences* 4，no. 2，1973；Batie，"Wicked Problems and Applied Economics"；Jeff Conklin，*Wicked Problems and Social Complexity*，Napa，CA：CogNexus Institute，2006；and Catrien J. A. M. Termeer et al.，"Governance Capabilities for Dealing Wisely with Wicked Problems，" *Administration & Society* 47，no. 6，2015.

的事情，通常涉及复杂的社会、经济和环境系统之间的相互作用。这些复杂系统之间的相互作用，难以预测并且也很难控制。诊断这些互相作用的系统如何运转，可能非常困难。部分原因在于：社会系统和经济系统都包含众多利益相关者，他们之间的合作对解决这些问题至关重要。行动计划的有效性和合法性，可能需要这些利益相关方的投入，他们正在进行的合作可能取决于多种因素，并且这些因素有可能被系统进程所改变，而与利益相关者是否对集体行动方针的决定发表意见没有关系。可持续问题通常被认为是棘手的，也被认为是一个"不能被根治，而只能被管理"的问题。①

棘手的概念可以阐明可持续问题吗？棘手的概念究竟是指什么？我们将基于前几章的探讨对此进行研究，并提出一种比较隐喻的方式来总结可持续面临的挑战，以及如何克服这些挑战。我们还将讨论三个可持续方面的案例研究，分别关于能源、水资源和食品系统。这些案例将阐明可持续面临的挑战，并提供一些有用的经验教训。

5.1　可持续问题是棘手的吗

这种所谓棘手问题的概念是在1973年被引入的，当时是为了总结城市和社会规划领域自上而下式工程方法的失败教训而提出来的。此后，这个概念在公共管理、应用经济学、商业、林业和水资源管理领域及其他一些场合都得到了广泛讨论，通常都会涉及复杂系统。② 自上而下式城市规划工作的失败，往往反映出在理解和重视城市社区这种生活系统方面的失败。这其中通常并不包括，推倒那

---

① Cf. H. C. Peterson, "Sustainability: A Wicked Problem," in *Sustainable Animal Agriculture*, ed. Ermias Kebreab, Wallingford, UK: CABI, 2013; Bryan Norton, *Sustainable Values*, *Sustainable Change*, Chicago: University of Chicago Press, 2015; and Jenkins, *Future of Ethics*.

② Moira Zellner and Scott D. Campbell, "Planning for Deep-Rooted Problems: What Can We Learn from Aligning Complex Systems?," *Planning Theory & Practice* 16, no. 4, 2015.

些文化方面异常活跃的混合型社区场所，来兴建诸如主要服务于非本地常住居民的运动场和环城高速公路这样的文化地标工程。作为自上而下规划的产物，这些项目并没有体现最易受到影响社区的优先性，也没有反映出关于待解决问题性质的共识。在他们影响深远的一篇文章——《一般规划理论中的困境》（"Dilemmas in a General Theory of Planning"）中，霍斯特·里特尔（Horst Rittel）和梅尔文·韦伯（Melvin Webber）区分了棘手（wicked）问题和易解（tame）问题，并且提出一个观点：主要公共政策问题大多是棘手或说难解的。[①] 易解问题可能在技术上比较复杂而且很不容易解决。但是这类问题的解决方案并不受制于生活系统的动态复杂性，而且对于问题的性质或成功的理解并没有什么分歧，因而可以在少数或没有其他利益相关者参与的情况下由专家们来解决。相比之下，棘手问题是同时由生物物理系统和社会经济系统中的复杂性引起的"动因复杂、结构混乱的公共性难题"[②]。棘手问题难以解决，是因为它们是由多种因素造成的，并且还和其他许多问题交织在一起。试图解决这些问题，有时会产生意想不到的后果。此外，这些问题可能会为了应对干预或出于其他原因而发生变化，并且以不同的方式展示出来，这使得它们成为"移动目标"（moving targets）。这些问题很少属于单个个体或组织的责任或能力范围，所以要想管理这些问题，协调合作是非常必要的。

耶鲁大学经济学家理查德·纳尔逊（Richard Nelson），在他1974年一篇很有影响力的论文——《关于月球—贫民窟隐喻的推理：一项对当前社会问题理性分析的不良情绪研究》中提出了这样一个问题："既然我们能够登上月球，为什么不能解决贫民窟问题？"[③] 登上月球在过去是个明确的挑战，这项挑战已经通过运用科学与技术工具得以解决。尽管这是非常惊人的技术成就，但其目标是非常明确

---

① Rittel and Webber, "Dilemmas in a General Theory of Planning," p. 160.

② Batie, "Wicked Problems and Applied Economics," p. 1176.

③ Richard R. Nelson, "Intellectualizing about the Moon-Ghetto Metaphor: A Study of the Current Malaise of Rational Analysis of Social Problems," *Policy Sciences* 5, no. 4, 1974, p. 376.

的，成功的标准也显而易见：宇航员将前往月球，登陆，然后再安全返回地球。虽然有几次月球着陆和返程的经历，但其实这样的事做一次也就足够了。相比之下，“贫民窟的问题”是不明确的、多因素的，并且涉及复杂社会、经济和机构体系的运行。要解决这类问题，需要持续改变这些系统的运行方式。政府可用的干预措施是有限的，而且这些干预措施还和那些系统深度交织在一起。赛迪斯·米勒(Thaddeus Miller)观察到：“为了理解科学和技术如何有助于实现可持续，科学家、工程师、实践者和决策者将需要认真考虑：这个问题是更像实现登月计划问题，还是更接近于解决贫民窟问题。”①观察者更青睐的答案为：实现可持续属于后一类问题，并且这个问题需要持续改变人类系统和机构的运行方式。

已经有很多文章探讨了识别棘手问题的方法。里特尔和韦伯提出了十个基本特征，其他人又从中提炼出几个核心维度，以更简单地区分出易解问题与棘手问题。经济学家桑德拉·巴蒂(Sandra Batie)提出了两个维度(不确定性水平和价值冲突程度)，棘手问题在这两个方面的得分都很高。② 布莱恩·海德(Brian Head)又增加了高强度的复杂性，将之作为第三个定义属性。③ 我们认为，棘手问题可能在动态(dynamic)复杂性和决策(decisional)复杂性两个方面，可以得到更好的体现(见图 5-1)。当涉及人类系统运行或者人类系统与自然系统对接的某个方面时，这两种复杂性的形式就都涉及了。贫困是社会经济体系的共同特征，并且被广泛认为是一个难题。我们在第 4 章中已经讨论过，针对减贫方法，如果未能把握教育体系的动态演化和教育与工作之间的系统性关系，会引致一种误导性的观点。虽然在美国创建一套普及中学教育体系，并非毫无益处，但它在综合层次体系中的作用却是创造了一个“移动目标”及极低的社会流动性。

---

① Thaddeus R. Miller, *Reconstructing Sustainability Science*, London: Routledge, 2014, p. 7.

② Batie, “Wicked Problems and Applied Economics”.

③ Brian W. Head, “Wicked Problems in Public Policy,” *Public Policy* 3, no. 2, 2008.

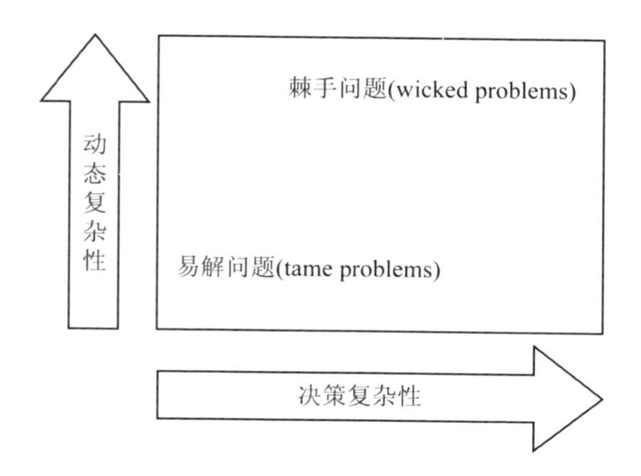

图5-1　棘手问题的二维模型

从人类社会试图消除生态系统有害部分（如害虫）并同时保留其他部分的历史来看，人类同样没有认识到作为生态系统重要特征的动态复杂性。约翰·斯特曼（John Sterman）将动态复杂性（dynamic complexity）描述为“随着时间的推移，因代理人之间相互作用而引致复杂系统违反直觉的行为”①。我们打算扩展这一术语，并赋予其更广泛的含义，让它也包括人类与非人类系统之间的动态相互作用。约瑟夫·坦特和塔德乌什·帕特扎克讨论了另外一方面的复杂性，主要源自“结构的扩散（更多组成部分、更多类的组成部分、更多类要做的事情），以及为协调各个部分与活动所需要的组织……旨在让这些部分协同工作（虽然它们并不总会如此）的组织会用社会规范、信念、规则、要求、法规、法律及说明书等各种形式发挥作用，所有这些形式都让人们以可预测的方式行事”②。这些“可以使人们以可预测方式行事的事物”是分散式治理的重要内容。通过这些事物，人们多少可以自愿地决定他们的所作所为。棘手问题的一个重要方面是，它们无法通过传统的命令与控制手段加以解决。在传统的命令与控制方法中，单由一位有能力的管理人员或公认的权力机构，

① John D. Sterman, “Learning from Evidence in a Complex World,” *American Journal of Public Health* 96, no. 3, 2006, p. 3.

② Tainter and Patzek, *Drilling Down*, p. 75.

就可以明确要解决的问题，并且命令采取果断措施来解决该问题。[①]因而，要处理好这些问题，就必须应对因各类行动者都必须参与其中而带来的决策复杂性问题。这些行为者可能会根据他们的角色带来一些不同的或有分歧的价值观、需求、优先事项，以及不同类型的知识、能力和分析工具，并且他们在面对其他行为者的行为和心态不确定性时，还必须经常做出决策。

可持续问题被认为是棘手的，其中，气候不稳定是"相当棘手的问题""超级棘手的问题"及"邪恶般棘手"的政策问题。[②] 然而，似乎仍有很多人存在一种认知，即气候不稳定只是一个简单的问题，尽管它也涉及全球范围。人类正在通过燃烧化石燃料、养殖牲畜和砍伐森林，让气候变得越来越不稳定，并使得海洋酸化。如果没有这些行为(not doing)，破坏可能会很有限。我们其实对于地球的复杂气候系统如何运作非常了解，也清楚这些行动会对复杂气候系统造成何种影响。人类并非想要去改变气候系统的运行方式，以剔除一种感知上的缺陷——类似于向贫困宣战，如果说我们要向龙卷风宣战，可能就会是这种情况，我们想要实现的是，如何避免迫使气候系统偏离那种使人类文明持续存在的有利均衡状态。气候不稳定并不是一个可以随随便便解决的简单的小问题，原因在于，造成气候不稳定的各种活动，是人类社会经济体系的系统性影响。其中困难在于，这些系统会抵制各种必要的急剧变化，例如在第 1 章和第 2 章中我们强调指出的，用另一种能源体系替代当前能源体系将面临各种障碍，也包括协商谈判和建立一个全球气候体制面临诸多政治和社会挑战。[③] 在建立遵从条款过程中存在决策复杂性，而在使社会和经济系统遵从相应规则过程中存在动态复杂性。

---

① Tainter and Patzek, *Drilling Down*, p. 75.

② Dryzek, *Rational Ecology*; Kelly Levin et al., "Overcoming the Tragedy of Super Wicked Problems: Constraining Our Future Selves to Ameliorate Global Climate Change," *Policy Sciences* 45, no. 2, 2012; and Ross Garnaut, *The Garnaut Climate Change Review*, Cambridge: Cambridge University Press, 2008.

③ 我们在不违反其他地球界限的情况下面临的问题也是如此。

如果通过这些特征可以认定气候变化是一个棘手问题，那么气候变化就是棘手的，但这是一种有助于分析的类别吗？关于棘手问题研究的文献，已经探讨了社会规划与公共管理方法的有益调整。但是各类重大棘手问题，用较为直接的术语来说，就是系统性行动问题（systemic action problems）。① 如果我们对尝试界定棘手行为的调查研究反映了目前人们对这个问题的思考状况，且我们对动态复杂性和决策复杂性的关注是准确的，那么，棘手问题似乎属于一类集体行动问题（collective action problems，见第 2 章）。因此，解决这类棘手问题，需要采取相应步骤来协调各个参与方的行动。奥斯特罗姆的相关研究工作为我们提供了一个起点，以便于了解这类协调的形式和先决条件。正如我们所讨论的那样，有了对系统的准确理解、良好沟通、共同规范、信任、有能力的领导者及集体决策过程中的自主权，才可能在公平协调原则的基础上进行合作，并根据当地情况制定具体措施。集体行动问题是内涵非常广泛的范畴，它涵盖许多种情形。在所有这些情形中，个人通过合作往往会取得优于在缺乏合作规范情况下通过个人理性选择而带来的结果，这可能就像集体是否决定沿着马路指定一侧行驶的区别一样简单。我们把系统性行动问题狭隘定义为象征性或说预示性问题（signifying problems），在这些问题中，系统的性质或运行方式必须改变，同时合作干预措施的影响，将以动态复杂性的方式通过系统进行传播。系统的动态复杂性往往使得对于这些问题的诊断变得更加困难。而由于需要在更长时期内改变系统的性质或运行方式，这将挑战社会的干

① 为了避免许多关于棘手问题的讨论，我们有必要提出避免邪恶和沮丧的建议。请参考纳尔逊的《关于月球—贫民窟隐喻的推理》。在里特尔和韦伯对计划者忍受邪恶的描述中，沮丧和明显的沮丧是显而易见的；并不存在确定的、真实的、无争议的或客观的测试解决方案，只有“利益相关者眼中的好坏”；“没有任何公开的容忍举措或实验的失败”，没有第二次机会（“Dilemmas in a General Theory of Planning，” pp. 155，162，163，166）。最后我们还考虑了郜若素（Garnaut）的气候变化评论：“气候变化是阴险的，而不是直接光明磊落对抗的。”（xviii）

预能力，这种挑战要远甚于个别的、偶然的、暂时性问题对社会干预能力的挑战。

简而言之，各种系统性行动问题可以测试人类理解力、能力与合作的美德。正如我们在第 4 章结尾部分指出的那样，这些问题也许难到无法诊断(理解)，大到(以我们有限的能力)无法处理，分歧严重到无法促成一种有效协调的响应。

5.1.2 应对系统性行动问题

理解力、能力与合作的美德，都是个人成功行为集中体现出来的优势。此外，系统性行动问题这个概念的优点之一，在于它可提醒我们关注集体行动的相应优势。这些集体优势必须由一门政治艺术和一套依赖于治理分配的正义制度体系来培育和组织策划。其中的治理及其分配，既要注重区域和全球协调的要求，也要警惕集中式和自上而下管理的局限性。不可否认，人类也许会遇到一些挑战人类集体认知、创造力与合作能力的问题，但坚称可持续问题注定失败还为时过早。我们在第 4 章中讨论了正义认知的性质、创造性(工作场所)及有利于可持续的教育机构，在接下来的第 6 章中将更加深入地探讨教育问题。

我们同意巴蒂的看法：从历史上看，主流科学领域中的知识生产都涉及科学知识的无效、单向转移，即把科学知识转入一个“蓄水池”中，社会将视其所需从该蓄水池中提取，让科学家们自由地去选择和追求基础研究方向，而将科学传播的任务交由其他人完成。①尽管这种做法存在不可否认的优点，但是公共资助类科学研究，无论对科学家们的判断，还是对公众优先事项，都是比较敏感的，并且这样使得那些流入公共政策领域有价值的知识可能会更好、更珍贵。巴蒂正是将科学与资源管理对接过程中的创新协作，作为以上问题的一种解决方案。我们也曾强调指出，公众在领会重大研究成果的过程中会面临各种障碍，包括不信任、对于什么是合理或是不

① Batie，“Wicked Problems and Applied Economics”.

合理的科学存有误解、制造怀疑氛围、政治上的不妥协。这些都是共同理解方面的障碍，而合作和广泛分散治理都将以这些共同理解为基础。从更深远的意义上来看，这些都是公共知识的缺陷，此类缺陷可能会被修复好，进而实现可持续。

在澳大利亚公共服务委员会2007年题为《解决棘手问题：一种公共政策视角》(*Tackling Wicked Problems: A Public Policy Perspective*)的报告中，琳奈儿·布里格斯(Lynelle Briggs)引用了公共管理者面临的问题越来越复杂这一说法，并指出，解决这些问题是“不断变化的艺术”；“要解决棘手问题，需要以大局为重的思维，还要理解这些问题背后各种原因之间的相互关系。解决这些问题，往往需要更广泛、更协调及更具创新性的方法”。① 我们同意这种说法，但需要补充的是，这些合作方式必须要考虑不确定性，而且必须要有适应能力(adaptive)——或者需要不断地进行评估和完善，以回应通过临时试验和部分解决方案而获得的知识：应对可持续问题，需要进行持续的管理，并且这种管理是合作性的、临时可变通的和具有适应能力的。②

人类必须应对的可持续问题，首先是气候不稳定问题，同时还包括其他许多困境，比如对现代生活三大基本要素(能源、水和食品)日益增长且不可持续的需求。对于这三类重要的给养，我们会提供相应的案例研究，以阐明本章和前几章介绍过的许多观点。了解复杂系统的成本、危害和挑战，对于通过更有利于环境可持续的方式来管理人类各种事务来说至关重要。我们还希望，通过提供这些具体案例，可以把非常抽象的观点，用更加清晰和鲜明的方法展现给读者。被广泛讨论的水—食品—能源关联(water-food-energy nex-

---

① Australian Public Service Commission, *Tackling Wicked Problems: A Public Policy Perspective*, Canberra: Australian Public Service Commission, 2007, iii.

② Brian W. Head and John Alford, “Wicked Problems: Implications for Public Policy and Management,” *Administration & Society* 47, no. 6, 2015; Norton, *Sustainable Values, Sustainable Change*.

us)的概念，揭示了这三类重要给养之间的关联性。虽然这个词有时被批评为一个不规范的概念，但是关联(nexus)一词意味着多个因素集中起来或者彼此联系，让人们更加关注这些因素之间关系的“大局”意识，而综合资源管理必须重视这些因素之间的相互关系。① 对能源系统的有关决定，通常会对水和食品系统都有影响，而对于水的相关决定通常也会对食品和能源生产有影响，依此类推。接下来，我们将谈论2010年墨西哥湾石油泄漏、澳大利亚墨累—达令流域的干旱与水资源管理及东南亚湄公河地区农业实践变化的相关案例。

5.2 2010年墨西哥湾石油泄漏：一个值得警醒的案例

复杂系统几乎总是以复杂的方式失败。

——哥伦比亚事故调查委员会②

对化石燃料的系统性依赖，使得人类至少面临两大困境。首先，现代经济依赖于化石燃料，但是为了避免灾难性的气候变化，我们需要把这些化石燃料衍生的碳氢化合物留在地下。其次，即便能源经济学偏向于支持继续依赖化石燃料，并且采用尖端技术将我们所能达到的范围继续延伸，但是从化石碳氢化合物中生产燃料的能源收益将仍会急剧下降。如果短期内没有经济有效的竞争性能源资源供应的话，那么将相同的能源和工程资源投资于可再生能源系统，可能会是一种更好的长期投资。因此，化石燃料，既是现代文明的

---

① Jeremy Allouche, Carl Middleton, and Dipak Gyawali, “Nexus Nirvana or Nexus Nullity? A Dynamic Approach to Security and Sustainability in the Water-Energy-Food Nexus,” STEPS Working Paper 63, STEPS Centre, Brighton, UK, 2014.

② Columbia Accident Investigation Board, *Report of the Columbia Accident Investigation Board*, Washington, DC: National Aeronautics and Space Administration, 2003.

命脉，也是现代文明的祸害。①

我们将重点介绍的案例事件是2010年墨西哥湾石油泄漏事件，这是一场在拥有可以防止意外事故尖端技术的情况下，仍然发生了的意外事故。在马康多(Macondo)发生的事情，揭示了在复杂技术管理过程中准确评估风险面临的障碍。这些技术都是在一个复杂的、自上而下的公司治理体系中，在公共监督薄弱的条件下，由社交关系非常复杂的专家团队进行管理的。这也是一个非常生动的例子，可用于阐明，追求原先无法获取的化石燃料可能会带来惊人的环境、经济与社会成本。为什么BP公司(British Petroleum，以前称为英国石油公司)，要在海面5 000英尺以下的位置钻探？对于这些地方，只有通过远程操作的车辆才能送至海平面以下18 000英尺处，在巨大水压下从事修理和其他相关工作。答案是，容易提取的石油储藏已经被过度开采，只留下了这些越来越不适合钻探的偏远地区的矿床。随着剩余的化石燃料储备越来越难以触手可及，开采这些化石燃料需要复杂性越来越高的系统来完成。这种能源投资对复杂性的需求日益增长，导致能源投资的能源回报率(energy return on energy investment，EROEI)逐渐下降。EROEI是衡量扣除用于开采和运输一单位能源后剩下的可用净能源量。② 在石油和天然气行业发展的早期，陆地上易开采储备的EROEI大约是100∶1。③ 相比之下，在超深水域中勘采石油的EROEI估计要低于10∶1。④

---

① Thomas Princen, Jack P. Manno, and Pamela Martin, "Keep Them in the Ground: Ending the Fossil Fuel Era," in *State of the World* 2013, ed. Worldwatch Institute, Washington, DC: Island Press, 2013.

② Charles A. S. Hall, Jessica G. Lambert, and Stephen B. Balogh, "EROI of Different Fuels and the Implications for Society," *Energy Policy* 64, 2014.

③ Tainter and Patzek, *Drilling Down*, p. 200.

④ David J. Murphy, "The Implications of the Declining Energy Return on Investment of Oil Production," *Philosophical Transactions of the Royal Society of London A: Mathematical, Physical and Engineering Sciences* 372, no. 2006, 2014, doi:10.1098/rsta.2013.0126, http://rsta.royalsocietypublishing.org/content/372/2006/20130126.

提取技术和各种相关的专业知识越来越复杂，也使得风险评估和管理越来越困难。那些负责马康多不同业务的个人和企业，通常都会基于仪表读数和其他人的成功经验的错误假设而做出决策。此外，部署这类在技术和人员方面都比较复杂的系统需要花费巨大的成本，由此他们还会面临时间压力。坦特和帕特扎克将此类灾难描述为一种典型的正常事故（normal accident）：“正常事故发生的时候就像黑天鹅一样，大家都觉得这是不可能的。事实上，恰恰是因为这些复杂技术的性质，使得这类事故的发生成为可能。它们是那些复杂性超出人类理解的系统在其运行过程中所产生的一种正常副产品。”①马康多井喷事件，不仅说明了继续依赖化石燃料的危害，还说明了远程指挥与控制管理的局限性，在一个复杂系统中协调专家意见与参与者行为所面临的诸多挑战，以及政府监管薄弱的危害。

5.2.1 井喷及其后果

在2010年4月20日晚上10点之前，“一场爆炸式的井喷震动了整个钻井平台，对于那些能够在石油历史上最悲惨灾难中幸存下来的人们来说，这是一个噩梦般的夜晚”。钻井平台的工人们描述了第二次爆炸，它比第一次爆炸的声音更响，就像“火焰龙卷风、核弹、喷气式飞机爆炸一样……‘我们都确信我们会死在这里’，其中一个工人这样说道”②。在深水中钻探石油不是容易的事，没有人准备好接受这场在位于路易斯安那州海岸边大约40英里外的移动式钻井平台——深水地平线（Deepwater Horizon，DWH）平台发生的爆

---

① Tainter and Patzek, *Drilling Down*, p. 210.

② Ian Urbina and Justin Gillis, “Workers on Oil Rig Recall a Terrible Night of Blasts,” *New York Times*, May 7, 2010, http://www.nytimes.com/2010/05/08/us/08rig.html? pagewanted=all. 除了此前已经强调指出的地方，随后叙述是基于：Bob Graham et al., *Deep Water: The Gulf Oil Disaster and the Future of Offshore Drilling*, Washington, DC: United States Publishing Office, 2011.

炸和火灾灾难。① 这次爆炸事件共造成 11 人死亡和 17 人受伤，是历史上最严重的一次意外石油井喷事件。

DWH 是一个重达 3.3 万吨的半潜式移动钻井平台，跨越长度达一个足球场，并且采用了电脑控制的动态定位系统，以确保在钻井时保持位置固定。4 月 20 日上午，DWH 上的工作人员被调配到马康多石油探井处去完成他们的工作，这次任务的目标是位于水面以下 2.3 万英尺处含烃丰富的岩石。不过船员们遇到了许多问题，包括井中的工具损失和“井涌”(kicks)(天然气爆炸性的涌入)，以至于有位 BP 工程师认为，这是一个“噩梦般的钻井，在这个地方的每个人都无法逃脱”②。截至那个时候，马康多井的进度已经比预期晚了整整 6 个星期，比预算多花费了 5 800 万美元。船员也想集中精力赶快完成这个任务，开始下一个工作。钻井任务在几天前已经完成，钻井边已铺上钢铁并用水泥盖住。还剩下进行一系列测试的最后一步，以验证套管和水泥能否阻止气体泄漏。当天上午 10:43，一位 BP 工程师发送了一封电子邮件，指出一项关键安全测试有些异常，导致了工人们的混乱和争论。不到 12 小时后的晚上 9:45，钻井装备在火焰围绕中爆炸，使其部分钢质零件开始融入水中。一个甲烷泡沫从井中溢了出来，破坏了几个钻井壁垒，然后进入钻井内部并造

---

① 勘探井如深水地平线钻探井所寻求的石油和天然气，都是位于深埋在岩层中受到巨大压力的地方；井越深，压力越大。因此，深水钻井的最大挑战是控制压力，以防止井喷(即不受控制的烃流入井)。井控通常涉及两个或多个独立作用的屏障的应用。将钻井液或“泥浆”注入井中可以平衡由富烃岩层引起的压力。管道套管和策略性放置的水泥塞提供了额外的障碍。控制压力的最后一道防线是被称为防喷器(BOP)的巨大阀门组合。参见：Deepwater Horizon Study Group, *Final Report on the Investigation of the Macondo Well Blowout*, March 1, 2011, http://www.aspresolver.com/aspresolver.asp? ENGV; 2082362.

② Russell Gold and Ben Casselman, “On Doomed Rig's Last Day, a Divisive Change of Plan,” *Wall Street Journal*, August 26, 2010, http://online.wsj.com/article/.

成爆炸，留给在里面工作的人不超过 5 分钟的逃生时间。[①]

在燃烧了整整两天之后，DWH 整体沉没，还打破了连接海底井至浮动钻井平台之间的管道，导致大量石油泄漏。这次石油泄漏及其后果，已经在电视和互联网上被生动形象地描绘出来了，例如，通过令人惊恐的涌油、被石油污染的鹈鹕及焦油球等各种图片，以及通过约 10 种不同的技术去尝试阻止石油泄漏都没能成功的报道，等等，来说明这起事件的严重性。7 月 15 日，在石油井喷事件发生 87 天之后，钻井总算被封盖住了，不过直到 9 月 19 日，这个钻井才被永久封闭。[②] 这次泄漏的严重程度，引起了相当大的争议，主要是一个海底摄像机提供的流动式传输视频引发的。联邦政府最初低估了这一过程，因而给人们留下了灾难规模要么无法评估，要么就是缺乏透明度的印象。最终，政府估计因井喷事件而泄漏并流入海湾的石油量大约为 490 万桶(约合 2.05 亿加仑)。[③] BP 负责最初的一些清理工作，之后美国政府也参与到清理过程中来。清理泄漏石油和减轻其影响的工作包括：对海水表面石油进行受控焚烧，使用化学分散剂，建造砂土护堤。这些措施与 1989 年埃克森·瓦尔迪兹(Exxon Valdez)石油泄漏事件的处理方式基本相同。这表明在过去 30 年中，虽然在环境敏感地区的石油钻探方面已经取得令人瞩目的技术进步，但是对石油泄漏的应对措施却没有得到相应的发展。

人们围绕这起石油井喷泄漏事件的后果，已经开展了无数的科学与法律调查。不过，对于这起事件后果的理解，也仅限于墨西哥湾的独特性，即其作为一种海洋栖息地及经济与文化生活的基础，

---

① Cutler J. Cleveland, C. Michael Hogan, and Peter Saundry, "Deepwater Horizon Oil Spill," *in Encyclopedia of Earth*, ed. Cutler J. Cleveland, Washington, DC: Environmental Information Coalition, National Council for Science and the Environment, 2010, http://www.eoearth.org/view/article/161185/.

② "Timeline: Oil Spill in the Gulf," CNN.com, n.d., www.cnn.com/2010/US/05/03/timeline.gulf.spill/index.html.

③ Cleveland, "Deepwater Horizon Oil Spill".

因而无法推广到其他情况。[①] 这个海湾对于生活在其海岸边的人们来说非常重要，他们可以通过在这片水域中的捕鱼、旅游、航运及石油和天然气产业来获取收入，以此谋生。事实上，这个海湾对美国有着更广泛的经济意义，因为美国海上钻井的90%都在这个海湾范围内，而且美国每年的海鲜产量中有很大一部分都源自这片水域。此外，这个海湾也不只是对美国非常重要，对于不少其他国家和地区而言也是非常重要的。[②]

虽然奥巴马称这是“历史上最严重的一次环境灾难”，但这次灾害还带来了巨大的社会与经济影响。被石油毁坏的海滩伤害了旅游业，摧毁了海鲜捕捞业，破坏了那些可以提供筑巢和繁殖栖息地的红树林，并导致此前聚到一起的许多路易斯安那州障壁岛(barrier islands)被冲走。[③] 在这起石油井喷事件之前，墨西哥湾及许多依赖于墨西哥湾的社区已经受到诸多威胁，比如海岸侵蚀、地表下沉、海平面上升、飓风、外来生物入侵，以及由富磷化农业径流引起的大规模脱氧“死亡区域”。富磷化农业径流从密西西比河，跨越中西部农场，再到海湾的一连串区域——这是一个水资源系统的典型例子，该水资源系统旨在调解一种局部违背重要地球边界的问题。[④] 全面评估由马康多石油泄漏造成的损害的工作仍在进行中。在事件发生5年以后，科学家们发现，墨西哥湾的生态系统仍然在持续遭

---

① Daniel A. Farber, “The BP Blowout and the Social and Environmental Erosion of the Louisiana Coast,” *Minnesota Journal of Law, Science & Technology* 13, 2012; Jason Mark, “We Are All Louisianans,” *Earth Island Journal* 25, no. 3, Autumn 2010, http://www.earthisland.org/journal/index.php/eij/article/we_are_all_louisianans; and Debbie Elliott, “Five Years after BP Oil Spill, Effects Linger and Recovery Is Slow,” *NPR*, April 20, 2015, http://www.npr.org/2015/04/20/400374744/5-years-after-bp-oil-spill-effects-linger-and-recovery-is-slow.

② Farber, “The BP Blowout and the Social and Environmental Erosion of the Louisiana Coast”.

③ Elliott, “Five Years after BP Oil Spill”.

④ Farber, “The BP Blowout and the Social and Environmental Erosion of the Louisiana Coast”.

受此次事件的破坏和影响。[1]

5.2.2 复杂系统中的风险评估与决策

深水钻井的挑战被比作站在一座 110 层的摩天大楼顶上，将一根长长的稻草放入位于 1 400 英尺以下街道上的可乐瓶内。[2] 在马康多灾难发生之前，深水钻井被认为是“非常安全并且在技术上也非常先进，因而其造成严重灾害的风险可以忽略不计”[3]。显然，与复杂系统相关的风险被低估了。马康多井喷，既不是缘于机械故障，也不是简单的人为失误。相反，它应被理解为一种系统故障，一种广泛意义上集体行动或治理的失败，这也是我们一直使用的术语。正如我们早先表明的那样，这个案例中具体失误原因涉及 BP 及其合作伙伴公司的特征和相关决策、深水钻井的复杂性、联邦监督的疏忽，等等。[4] 这些都属于超出人类判断能力情况下的判断失误，也是在命令控制系统(并非基于有效认知而建立起来的)中信息流动与集成的先天缺陷。

2010 年深水地平线灾难，只是 BP 要担责的一系列事故中最近的一起。[5] 在此前事故中值得注意的是，2005 年 3 月 23 日的 BP 得克萨斯州炼油厂爆炸事件，有 15 人遇难、170 多人受伤。这个炼油厂事故，已被公认为缘于一类分布广泛的层级组织的“结构性盲区”。

---

① Warren Cornwall, “Deepwater Horizon: After the Oil,” *Science* 348, no. 6230, 2015.

② Mark A. Latham, “Five Thousand Feet and Below: The Failure to Adequately Regulate Deepwater Oil Production Technology,” *Boston College Environmental Affairs Law Review* 38, no. 2, 2011, p. 347, http://lawdigitalcommons.bc.edu/cgi/viewcontent.cgi?article=1692&context=ealr.

③ John McQuaid, “The Gulf of Mexico Oil Spill: An Accident Waiting to Happen,” *Yale Environment* 360, 2010, http://e360.yale.edu/feature/the_gulf_of_mexico_oil_spill_an_accident_waiting_to_happen/2272/.

④ John McQuaid, “Gulf of Mexico Oil Spill”.

⑤ “BP's Troubled Past,” *PBS Frontline*, October 26, 2010, http://www.pbs.org/wgbh/pages/frontline/the-spill/bp-troubled-past/.

在这类组织中，推迟技术改造升级的成本节省型决策，尽管会让一些人非常舒适，然而却对工人们每天都要经历一个70年之久炼油厂的破旧与危害不做任何反应。① 在事故发生前两个月，为了一项独立安全研究报告而接受采访的工人们表示，他们患上了“极度恐惧症”，担心发生致命事故。“但没有任何具有决策自主权的人或机构，给予工人们、炼油厂或者城市以优先考虑，尽可能让他们享受与公司总部或中心部门一样多的物质财富。”②BP伦敦总部与得克萨斯州炼油厂的日常业务是完全分开的。BP总部不仅拥有7层管理结构，业务范围覆盖4 800英里，跨越6小时的时差，还有文化、教育、社会地位、权威、技能组合等方面的差异。所有这些都对组织内部的知识流动及充分的风险评估与管理构成了障碍。③ BP总部的首席执行官约翰·布朗(John Brown)强调大幅削减成本类的措施；负责炼油和市场营销业务的首席执行官约翰·曼佐尼(John Manzoni)确保这些成本削减类的措施得到执行，他同样来自总部。这两个人对于得克萨斯州炼油厂员工们所熟知的风险都一无所知。那些掌握了直接风险的人们没有发出任何声音，要么是因为对炼油厂或其全体人员未能恪守长期承诺，要么就是为了削减成本而被直接忽略了。那些处于最有利于改善安全状况职位的管理人员，显然传达了一个误导性的印象，好像所有事情都在安全控制范围内，而这些人却被提拔到了靠近BP全球帝国中心的地方。④ 得克萨斯城的事故是远程管理或治理风险的教训之一。这种远程管理或治理，也许会非常重视某个区域，只是因为它们对于整体利益较为重要。例如，被寡头垄断型全球市场所默许的那类管理，公众监督在这些市场中通常是无效的。

深水地平线事故与得克萨斯州炼油事故在许多方面是不同的。但是，其原因也可归结为与复杂性有关的认知失败，不仅和BP管理

① Heffernan, *Willful Blindness*.

② “BP’s Troubled Past”.

③ Heffernan, *Willful Blindness*.

④ Ibid.

体系的复杂性有关，而且和马康多钻井作业的复杂性及其对那些零散分布的专家们(具有不同专业知识形式、职责业务和雇主)带来的诊断挑战有关。在深水中钻井是一项艰巨的任务，需要从许多组织中抽调多样参与者，每个参与者都需要贡献不同类型的技术专长。① BP购买了在马康多的钻井权利，从而成为在那里从事钻探活动的合法经营者。BP的岸基工程人员设计好了井，并且也说明了如何去钻井，但是公司却依靠一些承包商来实际执行钻井工作。

BP从一家名为"Transoceanic"的公司租赁了深水地平线，每天的价格为50万美元。在井喷当天，钻探设备线上的大部分工人都是Transoceanic的员工。② 第三家公司(Halliburton)负责设计和抽取钻井的水泥。漏油调查委员会(The Oil Spill Commission)认定，这三大关键企业所犯的许多过失和错误直接导致了这场灾难。调查人员指出一个"由人为失误、工程误判、错失的机会及许多彻底的错误等组成的复杂网络"，包括未能评估和管理与钻井设计中的几处变化有关的风险，未能及时替换掉一种水泥浆以回应那些已经揭示出其设计存在问题的重复测试，未能对一项关键测试(该测试已明确表示水泥未能密封住钻井)做出正确合理的解释，以及未能识别并及时应对天然气进入钻井的一些早期预警信号。尽管许多技术故障导致了这场灾难，但每个因素都可以追溯到总体上的管理失败。③

委员会还认为，无效的政府监督也是导致这场灾难的原因之一。乔治·W. 布什政府推动的行业自律或自我监管措施，只有很少部分被巴拉克·奥巴马这届政府扭转过来。资金匮乏、人手不足的联邦监管机构又几乎无法跟上这一行业领域中的技术发展。甚至令人怀

---

① John McQuaid, "Gulf of Mexico Oil Spill"; and Raymond Wassel, "Lessons from the Macondo Well Blowout in the Gulf of Mexico," *Bridge* 44, no. 3, 2014.

② Elaine M. Brown, "The Deepwater Horizon Disaster," in *Case Studies in Organizational Communication: Ethical Perspectives and Practices*, ed. Steve May, Thousand Oaks, CA: Sage Press, 2012.

③ Graham et al., *Deep Water*.

疑的是，BP经过联邦批准的漏油事件应急计划是否被那些批准该计划的人阅读过："BP将彼得·卢茨(Peter Lutz)任命为公司的野生动植物专家，但他在BP提交其应急计划之前已经去世好几年了。BP把海豹和海象列为万一发生海湾漏油情况下的两类重点关注物种，但实际上，这些物种从未在海湾水域出现过。这个应急计划中的一条链接，本来应该链接到海洋泄漏应对公司(Marine Spill Response Corporation)的网站，但实际上却是一家日本娱乐网站。"①加州大学伯克利分校的罗伯特·贝(Robert Bea)将2010年墨西哥湾石油泄漏事件，归因为一连串包含糟糕权衡在内的错误决定，这些决定是由所有对马康多油井项目负有主要责任的多家组织做出的。② 尽管"深水地平线"(Deepwater Horizon)灾难涉及特定人员和组织所做出的有缺陷决策，但是其中有效的风险管理可以产生普遍而非常重要的影响。对于一些近期发生灾难的应对，如2010年海地地震、2011年福岛海啸和核灾难、2013年飓风等，均显示了不同类系统内部和系统之间复杂的相互作用所引起的意料之外的后果和薄弱的管理。③

在分析所有复杂工程系统的潜在脆弱性时，文卡塔萨布拉曼尼亚(Venkat Venkatasubramanian)写道："现代技术进步正在创造出越来越多的复杂工程系统、工艺程序和产品，这对确保它们合理的设计、分析、控制、安全及在其使用寿命周期内成功运行的管理等方面，都构成了重大挑战。当多种异常状况的累积效应通过许多方式传播，进而引起系统性故障时，它们的规模、非线性、互联性及与人类和环境之间的相互作用，可能会使得这些系统中的系统(sys-

---

① Graham et al., *Deep Water.*, p. 133.

② Robert Bea, "Understanding the Macondo Well Failures," Deepwater Horizon Study Group Working Paper, January 2011, http://ccrm.berkeley.edu/pdfs_papers/DHSGWorkingPapersFeb16-2011/UnderstandingMacondoWellFailures-BB_DHSG-Jan2011.pdf.

③ Anthony Mays, ed., *Disaster Management: Enabling Resilience*, Dordrecht, Netherlands: Springer, 2015, v.

tems-of-systems)变得很脆弱。”①文卡塔萨布拉曼尼亚所描述的是一个系统性行动问题(systemic action problem)，该问题源自在脆弱的人类与环境系统中嵌入了日益复杂的、强有力的和潜在破坏性的工程系统。值得记住的一个教训是，随着人类让这些系统变得更加复杂、更加强有力，它们正在增加或说放大对管理的挑战，后者被戏剧化地称为“棘手”问题。那些看起来像登陆月球一样直截了当的挑战，最后都变成了像消除贫困一样，从整个系统上来看，非常艰巨并且让人气馁。

5.2.3　化石燃料的未来

2010年墨西哥湾石油泄漏事故给我们的教训是：若低估在极端环境下和钻井有关的风险，后果会很严重。然而5年之后，墨西哥湾的深水钻机数量已经从35个增加到48个，石油和天然气行业正在向更深的地方钻探。此外，奥巴马政府授予了荷兰皇家壳牌(Royal Dutch Shell)相关权利，允许它在世界上最危险的钻井场所——北极的楚科奇海(Arctic's Chukchi Sea)开发油田。② 科学研究已经确定：全球变暖真实存在，主要是由人类活动引起的，并且已经产生了重大影响。联合国政府间气候变化专门委员会在其最近发布的报告中警告说：“持续排放温室气体，将导致气候系统所有组成部分进一步变暖并且发生持久的变化，从而增加对人类和生态系统带来严

---

① Venkat Venkatasubramanian, “Systemic Failures: Challenges and Opportunities in Risk Management in Complex Systems,” *AIChE Journal* 57, no. 1, 2011, pp. 2-3.

② Associated Press, “5 Years after BP Spill, Drillers Push into Riskier Depths,” *Chicago Tribune*, April 20, 2015, http://www.chicagotribune.com/news/nationworld/chi-bp-oil-spill-20150419-story.html ; and Coral Davenport, “U. S. Will Allow Drilling for Oil in Arctic Ocean,” *New York Times*, May 11, 2015, http://www.nytimes.com/2015/05/12/us/white-house-gives-conditional-approval-for-shell-to-drill-in-arctic.html.

重、普遍及不可逆影响的可能性。”①过去每一年里，大气中的二氧化碳水平都持续创下了历史新高。② 国际能源署(International Energy Agency)在其近期的一份报告中预测，截至2040年，化石燃料将在世界能源格局中继续占主导地位。③

这些令人不安的陈述，让我们回到了这个案例研究的前言：为什么人们已经清楚地意识到了这些风险，但还是会惹火烧身呢？从更广泛的角度来看，深水地平线和得克萨斯州的案例，不仅仅是组织认知失误和复杂性危害方面的教训，而且还是关于工作性质和可持续前景方面的教训。那些主动报告说自己已经患有极端恐惧症，担心会死于他们就业场所一场致命性事故中，但仍在那里工作的工人们显然会认为，他们本身就缺乏过上美好生活的机会。这些工人在“噩梦般的钻井平台”环境下工作，而他们的家庭和社区又不得不依赖于他们从石油业、捕鱼业或旅游业中所获取的收入，这些工人同样缺少过上美好生活的机会，即便要痛苦地承认泄漏物质会对周围人造成很大影响。这既不是一种幸福的状态，亦不是有利于可持续的状态。那些如此渴望在化石燃料行业中找到工作，以至于他们愿意在工作中忍受极度死亡恐惧的工人，通常会加入他们雇主的阵营，共同反对加强安全规制和提高碳排放定价。但是这些工人几乎不应该受到过多指责。无论他们了解的第一手信息是什么，他们可能都会想当然地认为，只有在公共领域才可能出现坏的治理。

如前所述，一份全球气候协议的有效条款，需要在每个签约国中通过其国内授权立法来实施。因此，对于条款公平性的看法或感

---

① IPCC, *Climate Change 2014: Synthesis Report*, ed. Core Writing Team, Rajendra K. Pachuri, and Leo Meyer, Geneva: IPCC, 2014, https://www.ipcc.ch/report/ar5/syr/.

② Andrea Thompson, “CO2 Nears Peak: Are We Permanently above 400 PPM?,” *Climate Central*, May 16, 2016, http://www.climatecentral.org/news/co2-are-we-permanently-above-400-ppm-20351.

③ International Energy Agency, “World Energy Outlook 2014 Factsheet,” International Energy Agency, 2015, http://www.worldenergyoutlook.org/media/weowebsite/2014/141112_WEO_FactSheets.pdf.

知，不但在全球范围内，而且在各国国内，都至关重要。在前两章中，我们提出了关于此类公平的指导性概念，即要求对于一些事物重新概念化，包括平等机会，对不上大学的那些人的有益教育和工作场所治理的分配，以使工人们对于他们的就业状况和条件有更大的话语权。归根结底，如果一个人的工作破坏了他的邻居或者他的子孙的机会，那这种只让一个人过上美好生活的机会，就不是我们本书所指的真正美好生活的机会。我们在第 2 章中列出了许多可持续的障碍，包括文化惯性、对技术和市场的过度信任、化石燃料工业中适得其反的政府补贴、在权衡各种决策影响过程中的公司和政治短视。这个案例研究的最后一方面教训就是，提高可持续的核心焦点必须是为每个人提供既有利于他们过上美好生活，同时也不会破坏其他人过上美好生活机会的工作——那种能够符合我们倡导的幸福感原则和机会保留原则的工作。

5.3　澳大利亚墨累—达令河流域的水资源治理

如果这个星球上有魔法的话，那么，它就一定在水中。

——洛伦·艾斯利(Loren Eisley)

对于水的重要性，无论怎么高估都不过分。它是一种不可替代的必需品，对于人类福祉的诸多方面都举足轻重；它对生态系统的运行也至关重要。水支撑生命与生计，对人类健康不可或缺，并且在食物和能源系统中也发挥关键作用。我们在第 1 章中强调指出，水资源短缺已经非常明显，特别是在“世界上许多主要河流流域。据估计，到 2030 年，全球近 50%的人口将生活在水资源高度紧缺的地区”[1]。世界上许多地方的淡水资源质量迅速下降，气候变化正让事

① WWF, *Living Planet Report 2014*, p. 91.

情变得更糟糕，加剧全球水循环，改变降水的时序、强度和模式。[1]过度获取水资源和气候变化等这些综合性的威胁，已经严重影响世界上几条主要河流的生态健康，包括美国西部的科罗拉多河、中国的黄河、澳大利亚的墨累河及南非的奥兰治河。[2]

过去一个世纪以来，各地的水资源管理都属于常规模式，它们依靠“以工程为重点”(engineering-focused)的方法，例如，通过建造水坝、水库和其他一些设施，来控制水的流动和储存。水资源系统的管理，通常并不考虑水资源、食品和能源之间的系统性关联，这种关联属于一种综合性或一体化方法。相比之下，越来越多的人意识到，与水资源相关挑战的规模和复杂性，亟待在各个区域层面之外进行规划与合作，而单单依靠技术和工程并不能解决水资源可用数量和质量[3]这两个持续存在并且日益严重的问题。新出现的水资源管理方法，正在将水资源管理转变为一种更加全面、更为协调的过程，该过程基于环境可持续原则，对社会、经济和环境三大领域之间竞争性淡水资源进行需求权衡的分析。[4] 这也表明，在理解和管理系统性行动问题方面，的确已经取得了一些进展。

我们将重点关注澳大利亚的墨累—达令流域(Murray-Darling Basin)，作为拥有世界上最大河流之一的流域和世界上最干燥的大陆，那里的水资源改革已经持续了数十年之久。截至20世纪90年代，现有方法是把有限的水资源分为灌溉用水和其他用途，这导致

---

① Heather Cooley et al., *Global Water Governance in the 21st Century*, Oakland, CA: Pacific Institute, 2013; and Guy Pegram et al., *River Basin Planning Principles: Procedures and Approaches for Strategic Basin Planning*, Paris: UNESCO, 2013.

② R. Quentin Grafton et al., “Global Insights into Water Resources, Climate Change and Governance,” *Nature Climate Change* 3, no. 4, 2013.

③ Cooley et al., *Global Water Governance in the 21st Century*.

④ Pegram et al., *River Basin Planning Principles*; Helle Munk Ravnborg and Maria del Pilar Guerrero, “Collective Action in Watershed Management—Experiences from the Andean Hillsides,” *Agriculture and Human Values* 16, no. 3, September 1999.

墨累—达令流域生态和水文系统的过度分配与严重破坏。1997—2009 年创纪录的千年干旱(Millennium Drought)，加剧了现有的环境问题，并促成了一系列雄心勃勃的水资源政策改革。尽管这些水资源政策改革也不是尽善尽美的，但它们已经让澳大利亚成为适应性水资源管理领域的世界领先者。①

5.3.1 历史概况

作为世界上最干旱大陆的居民，澳大利亚人民与水有着历史悠久且复杂的关系。由于澳大利亚不仅非常干燥，还拥有全世界最为多变的降雨模式，因此，各种应对水资源供应过程中极端状况的尝试和努力，贯穿整个澳大利亚的历史，也成为澳大利亚国家与民族认同的一部分。② 澳大利亚的水资源问题，在某种程度上是由其地理位置造成的。它位于以低降雨量为特征的纬度附近，同时南太平洋地区的厄尔尼诺现象、拉尼娜现象和其他天气模式易于造成高度不稳定的降雨。澳大利亚国内各地区的降雨量差异显著，其总降水量的 75%集中于其 25%的陆地上。③

从 1788 年第一舰队(First Fleet)抵达悉尼港起，欧洲定居者就致力于“修复”澳大利亚的水资源问题。到 1945 年，该国已经建成了 500 多座水坝；到 20 世纪 60 年代中期，整个国家的灌溉面积相比建国之初扩大了两倍。到 80 年代，澳大利亚的水路通道是世界上监管最严的水路交通之一，有人甚至质疑澳大利亚最大的墨累河是否还能算作自然河流。④ 根据金顿·格拉夫顿(R. Quentin Grafton)及其

---

① National Water Commission, *Water Markets in Australia: A Short History*, Canberra: National Water Commission, 2011.

② Nicholas Breyfogle, “Dry Days Down Under: Australia and the World Water Crisis,” *Origins* 3, no. 7, 2010, http://origins.osu.edu/article/dry-days-down-under-australia-and-world-water-crisis; and Erin Musiol, Nija Fountano, and Andreas Safakas, “Drought Planning in Practice,” in *Planning and Drought*, ed. James C. Schwab, Chicago: American Planning Association, 2013.

③ Breyfogle, “Dry Days Down Under”.

④ Ibid.

合作者的说法，澳大利亚最快速的灌溉扩张发生在 20 世纪 50 年代至 80 年代相对湿润的时期，那时还没有考虑到气候可变性和需要为下一次干旱做些计划与防备。虽然澳大利亚在 1995 年对于进一步增加灌溉用水量设置了上限，但千年干旱还是迫使农业用水量急剧减少。千年干旱指的是，在过去 5 年内墨累河的平均水净流入量最低的一年。①

作为世界上最大的河流系统之一，墨累—达令河流域覆盖了澳大利亚东南部内陆 100 多万平方千米的区域，流经 5 个州及其相应的领土。② 该流域作为地球上最为多变的河流系统之一，其降雨与河道流量情况都高度不稳定。③ 包括约 30 个土著民族（Aboriginal nations）在内的 200 多万人依靠这片流域而生存，这片流域还包含了被称为澳大利亚“食物碗”的许多最有价值的环境和农业用地。墨累—达令河流域中的许多跨界挑战，主要是由于水资源管理在历史上被看作澳大利亚各州的分管职能。水资源管理的责任被分配给各个州、地方和联邦机构来负责，而且由于各州对水资源权利和分配采取了不同的政策，很快就导致有限的水资源被过度分配，还出现了明显的环境恶化现象。④

澳大利亚于 1863 年开始尝试去改善墨累—达令河流域的管理，召开了第一次全国规划会议。之后又接连召开会议和颁布条例。由于 1895—1901 年严重的联邦干旱（Federation Drought），新南威尔士州、维多利亚州、南澳大利亚州和英联邦（澳大利亚联邦政府）在 1915 年共同签署了《墨累河水协定》（River Murray Waters Agree-

---

① R. Quentin Grafton et al. , “Water Planning and Hydro-climatic Change in the Murray-Darling Basin, Australia,” *Ambio*, 43, no. 8, 2014.

② Amy Sennett et al. , “Challenges and Responses in the Murray-Darling Basin,” *Water Policy* 16, no. S1, 2014, doi: 10. 2166/wp. 2014. 006, http://wp. iwaponline. com/content/16/S1/117; Musiol, Fountano, and Safakas, “Drought Planning in Practice”.

③ Grafton et al. , “Water Planning and Hydro-climatic Change in the Murray-Darling Basin, Australia”.

④ Pegram et al. , *River Basin Planning*.

ment，RMWA)。1917年，为了更有效地协调河域水资源分配而制定的《墨累河公约》就遵循了这一协定。接下来的几十年里，澳大利亚先后建设了管道、隧道及为支持灌溉农业和水力发电的水坝。随后还多次对1917年的公约进行了修改，以应对不断变化的社会优先事项和经济状况。为了促进灌溉农业发展，这一时期的水资源权益一般都是免费的。

到了20世纪60年代末期，灌溉方法不当导致水质出现了问题，特别是水中的盐度水平持续上升。在1982年和1984年，政府修改了RMWA以解决环境退化问题。到20世纪90年代初，这些流域范围内的问题，很明显已经不能由各个实行独立水资源管理战略的州予以解决了，因而在1992年，新南威尔士州、维多利亚州、南澳大利亚州和联邦政府签署了《墨累—达令河流域协定》(Murray-Darling Basin Agreement)。虽然有了这个新的协定，但该流域的状况还在继续恶化。① 从1991年到1992年，世界上最大的蓝绿藻华(blue-green algal bloom)在巴文—达令河(Barwon-Darling)沿岸超过1 000千米的范围爆发。澳大利亚宣布全国进入紧急状态，饮用水不得不由外部供应，一些家畜也因为饮用了受污染的水而死亡。② 现行水资源管理方法的缺陷被充分暴露出来。

1994年，水资源政策的重点转向了以市场为基础的改革，其中包括水资源配置或权利的交易。③ 这一过程，有助于通过发放可以进行买卖的水资源许可证或权益(entitlements)，将水资源使用权和土地所有权分开。④ 1995年，地表水的分流被设置了上限，这片流

---

① Sennett et al.，"Challenges and Responses in the Murray-Darling Basin".

② NSW Government，"Algal Information，" New South Wales Department of Primary Industries：Water，http://www. water. nsw. gov. au/Water-Management/Water-quality/Algal-information/Dangers-and-problems/Dangers-and-problems/default. aspx.

③ Sennett et al.，"Challenges and Responses in the Murray-Darling Basin".

④ Adrian Piani，"The Key Ingredients for Success of the Murray-Darling Basin Plan，" Global Water Forum，2013，http://www. globalwaterforum. org/2013/04/01/the-key-ingredients-for-successof-the-murray-darling-basin-plan/.

域新发放的水资源权利也被叫停。虽然有了多种改革措施，但千年干旱加重了人们的担忧。人们担心现行政策不能保护墨累—达令河流域的环境健康。2004年《国家水资源倡议》(National Water Initiative)基于早期改革，提出了一项新的政策议程，之后2007年的《水资源法案》(Water Act)将各州政府自1901年以来对流域的管理职责，转移给了澳大利亚联邦政府。① 新成立的墨累—达令流域管理局(Murray-Darling Basin Authority, MDBA)负责制订一项保护环境的计划，就是通过设定可持续的调水限制(sustainable diversion limit)，进而控制从整个流域各个河流及地下水系统中提取的水量，实现社会和经济绩效最优。②

2010年，MDBA发布了其《墨累—达令河流域计划建议指南》，要求将3 000～4 000吉尔(gigaliters)的水(占该流域用水总量的30%)归还给这片环境。这个计划受到农民的强烈抗议，随之而来的就是针对拟议计划商订过程中的争议，出现了铺天盖地的媒体报道。③ 随着领导班子换届，加之为了回应各种评论和激烈的政治辩论而对计划进行的修订，《2012年流域计划》(Basin Plan 2012)在2012年11月正式成为法律条文规定。

把水资源视为无限供应和无成本资源的时代已经结束了。新型水资源市场成为《2012年流域计划》和澳大利亚此前水资源改革工作的关键部分。在澳大利亚水资源改革的工具箱中，还有许多其他策略，例如，包括灌溉基础设施的现代化，以改善供水并创造相应的环境权利(如需要返回给环境或者保留在环境中的水资源配额)，最终旨在保护生态系统的健康与活力。水资源市场发挥的作用，可用千年干旱期间的相关统计数据加以说明：尽管灌溉用水量下降了约70%，但农业的名义总产值仅下降了不到1%，水权交易促使人们更

---

① Piani, "Key Ingredients for Success of the Murray-Darling Basin Plan".

② Musiol et al., "Drought Planning in Practice"; Piani, "Murray-Darling Basin Background Paper".

③ Piani, "Key Ingredients for Success of the Murray-Darling Basin Plan".

偏好于那些高附加值或高经济价值作物和园艺。[①] 在许多城市，人们也采取了一些增加供水和减少用水的策略，而且建成了很多昂贵的水回收和海水淡化工厂，还限制了用水的范围，从禁止洗车和日间浇水，到制定多项条例规则以促进更有效率地用水。从2002年到2009年，城市人均用水量下降了50%，这一趋势自千年干旱以来持续保持。[②]

阿德里安·皮亚尼(Adrian Piani)认为，《墨累—达令河流域计划》之所以较为成功，有几个关键要素：(1)强大领导者的指导作用，这些领导者能够清晰地沟通与传达，培养一种强大的协作精神和所有权意识，并充分认识到与利益相关方进行直接沟通的重要性；(2)水资源交易和权益方法；(3)资助到位(澳大利亚政府在水资源改革领域已经投资了数十亿美元)；(4)科学的投入，并运用最先进的模型来评估对大型复杂河流系统当前和预期的环境用水需求。[③]

澳大利亚水资源改革也因其内在的灵活性而举世闻名。尽管可持续的调水限制被预先确定好了，但《2012年流域计划》提供了灵活的实现目标的思路，各州政府可以建议一些项目，用更少的水实现相同的环境保护效果，只要其他方面的结果在此过程中不会受到影响。这种内在的灵活性，旨在通过提高流域环境系统内部的弹性，促使与未来干旱有关的风险尽可能最小化。[④]

5.3.2 进步与陷阱

《墨累—达令河流域计划》正在稳步实施，但澳大利亚水资源市场的发展一直存在较大障碍，包括为建立有效交易规则而获得必要信息的成本，各州自身利益，对一些社区水资源流失的担忧，害怕

---

① Grafton et al.，"Global Insights into Water Resources，Climate Change and Governance".

② Amir AghaKouchak et al.，"Australia's Drought：Lessons for California，" *Science* 343，no. 6178，2014.

③ Piani，"Key Ingredients for Success of the Murray-Darling Basin Plan".

④ Musiol et al.，"Drought Planning in Practice".

可能会出现“水资源垄断大亨”，那些具有科学和工程背景但在市场机制运行方面缺乏经验的水资源管理人员。① 2004年《国家水资源委员会法案》(The National Water Commission Act of 2004)及其修订案要求，对《国家水资源倡议》(National Water Initiative，NWI)目标的进展情况定期进行独立、以证据为基础的评估。国家水资源委员会(National Water Commission)2014年发布的第四次(也是最新的)评估报告警告说：“当前进展存在倒退的实际风险，并且公共责任也有所退出。”②关注该问题的温特沃斯科学家小组(The Wentworth Group of Concerned Scientists)重申了这些关切，并呼吁更新和扩大对改革的承诺。他们举的例子有，2014年废除了国家水资源委员会和澳大利亚政府关于水与生态环境常务理事会的部长理事会(the Council of Australian Government's Standing Council on Water and Environment)，而且那些旨在让水返回到环境中去的诸多方案被大大弱化。③ 澳大利亚的系统性水资源改革，是为了应对前所未有的干旱而颁布实施的，这种干旱使得一系列与水资源短缺和环境退化有关的长期性问题越发严重了。然而在2011年，由于暴雨和墨累—达令河流域内的洪灾泛滥，水资源短缺危机带来的紧迫感已经大大削弱。④ 这些状况并没有降低澳大利亚必将长期面临的风险，但是在缺乏一场当前或近期危机的情况下，要想让人们共同合作去准备应对未来风险，是一件非常困难的事情。⑤

水资源市场是澳大利亚水利改革的核心。类似的水资源市场也

① National Water Commission, *Water Markets in Australia*.

② National Water Commission, *Australia's Water Blueprint: National Reform Assessment 2014*, Canberra: National Water Commission, 2014, x.

③ Wentworth Group of Concerned Scientists, “Statement on the Future of Australia's Water Reform,” Wentworth Group of Concerned Scientists, October 10, 2014, http://wentworthgroup.org/2014/10/statement-on-the-future-of-australias-water-reform/2014/.

④ Melanie Gale et al., “The Boomerang Effect: A Case Study of the Murray-Darling Basin Plan,” *Australian Journal of Public Administration* 73, no. 2, 2014.

⑤ Ibid.

普遍出现于其他许多国家和地区，包括中国、智利、南非及美国西部地区。虽然在某些情况下水资源交易被证明是有益的，因为它有助于更有效、更灵活地分配超额认购的水资源。但是水资源商业化或者营利性公司对水资源的所有权(ownership)，已经造成了很多严重问题。① 水资源交易会让从事交易的人受益，但可能不利于其他人，包括原住民群体及那些生计取决于生态系统非商业化利益的群体。② 让联合国承认基本个人必需品是一项普遍人权的推动者莫德·巴洛(Maude Barlow)把水资源的商业化称为“在水资源商品化方面危险的新趋势”，这将会从居民那里夺取对澳大利亚本已十分稀缺的水资源供应的控制权。她认为，澳大利亚的水资源法，允许任何人(不仅仅是较小的农业用户)购买水资源权益，已经导致成本飞涨，政府很难再为了环境而回收部分水资源，还创造出了一个有利于大企业和其他私人利益集团的利润丰厚的市场。③ 当水资源被许多跨国公司购买并作为一种公共信托持有时，各州和市政当局的议价地位可能会变得更加糟糕。合理关注水资源商业化的缺点，并不完全排斥水资源交易。但是私人性质的水资源所有权和市场应该受到相应的限制和结构化，以保护作为公共信托的自然水资源系统，并且还要享有可负担得起的饮用、烹饪和个人卫生清洁用水的普遍权利，这样的权利是被联合国大会和联合国人权理事会确定为符合国际法规定的基本权利。④

---

① R. Quentin Grafton et al., “An Integrated Assessment of Water Markets: A Crosscountry Comparison,” *Review of Environmental Economics and Policy* 5, no. 2, 2011.

② Shiney Varghese, “Water Governance in the 21st Century: Lessons from Water Trading in the U. S. and Australia,” IATP, 2013, http://www.iatp.org/documents/water-governance-in-the-21st-century.

③ Barlow, *Blue Future*, p. 82.

④ Ibid. 进一步的案例研究和分析，参见：Brown and Schmidt, *Water Ethics*.

5.3.3 新兴战略

澳大利亚的经验教训应该有助于管理其他许多跨界河流流域的事务。[①] 目前，世界上总共有276个河流流域是由两个及以上国家共享的，它们覆盖了近一半的地球表面，还有其他数以千计的河流，流经一个国家内部两个或更多的司法管辖区。[②] 可以说，没有任何一个水资源管理的蓝图放之四海而皆准。但是澳大利亚的水资源改革工作，可以为创新性水资源管理(旨在解决那些在复杂的人类和水文系统中水资源分配的复杂性问题)提供有益指导和借鉴。在世界范围内，人类正在研究新的范式、工具和基础设施，以促进形成更具综合性、协调性及适应性的水资源管理方法。这些推动并研究流域集体管理的倡议和实验，不仅促进了共同水资源的合作管理，还提高了对这种管理方法优势和局限性的认识。[③]

内森·恩格尔(Nathan Engle)与他的合著者，描述了水资源管理领域近期最有影响力的两种趋势：综合水资源管理(integrated water resources management，IWRM)和适应性管理(adaptive management，AM)。IWRM强调将政策权限下放，同时整合原先水资源管理中各个孤立的方面，包括地表水和地下水、供水数量和质量及水

---

① Ian Campbell, Barry Hart, and Chris Barlow, "Integrated Management in Large River Basins: 12 Lessons from the Mekong and Murray-Darling Rivers," *River Systems* 20, no. 3-4, 2013.

② Joyeeta Gupta, Claudia Pahl-Wostl, and Ruben Zondervan, "Global Water Governance: A Multi-level Challenge in the Anthropocene," *Current Opinion in Environmental Sustainability* 5, no. 6, 2013.

③ Ravnborg and Guerrero, "Collective Action in Watershed Management"; and Juan-Camilo Cardenas, Luz Angela Rodriguez, and Nancy Johnson, "Vertical Collective Action: Addressing Vertical Asymmetries in Watershed Management," CEDE, February 2015, doi: 10.13140/RG.2.1.2701.7767, https://www.researchgate.net/publication/275351883_Vertical_Collective_Action_Addressing_Vertical_Asymmetries_in_Watershed_Management; and the US Department of the Interior, Bureau of Reclamation's Cooperative Watershed Management Program initiative, http://www.usbr.gov/watersmart/cwmp/index.html.

资源管理中各种相互关联的生物物理和社会经济维度内容。它旨在从多个维度整合各种策略及不同利益相关者的利益，以便为制定更具包容性的政策提供参考。AM 则主要强调，通过实验和对那些受到影响的社会水文系统反馈的监测来管理不确定性，从而指导接下来的措施。① 最近出现了一种要将这两种方法合并起来的趋势，以更好地解决水资源管理中持续增加的复杂性问题，但当前几乎没有什么经验证据可以评估这些策略在实践中的潜在效力。②

这些文献充分说明，传统的命令控制型方法不能充分解决跨流域类复杂的社会经济相互作用问题。然而，许多研究人员也警告说，IWRM、AM 和相关的一些方法仍然难以在实践中得到有效应用，所以在不同的社会生态里，关于资源系统的协同管理，还有很多需要学习的地方。如我们此前案例研究所表明的那样，利益相关者直接参与到相关治理过程中，也增加了机构的复杂性，并可能会妨碍不同观点的整合。③

人们早就承认水资源管理科学的重要性。许多河流流域计划（包括澳大利亚的《墨累—达令河流域计划》）都倡导使用现有的最好的科学。然而，这些观点正在发生变化。④ 正如我们在第 4 章中看到的那样，人们逐渐认识到，科学知识和方法是必要但不充分的，克服科学家与公共利益代表之间的鸿沟也非常重要。阿米蒂奇（Armitage）和他的同事们，一方面承认将科学和其他关于管理跨界资源系

---

① Nathan L. Engle et al. , “Integrated and Adaptive Management of Water Resources: Tensions, Legacies, and the Next Best Thing,” *Ecology and Society* 16, no. 1, 2011, http://www.ecologyandsociety.org/vol16/iss1/art19/.

② Engle et al. , “Integrated and Adaptive Management of Water Resources”.

③ Philip J. Wallis and Raymond L. Ison, “Appreciating Institutional Complexity in Water Governance Dynamics: A Case from the Murray-Darling Basin, Australia,” *Water Resources Management* 25, no. 15, 2011.

④ Ed Morgan, “Science in Sustainability: A Theoretical Framework for Understanding the Science-Policy Interface in Sustainable Water Resource Management,” *International Journal of Sustainability Policy and Practice* 9, 2014.

统问题的重要观点进行结合确实非常困难，另一方面也强调这种结合的潜在好处："让更多的非政府类活动者越来越多地参与到跨界事务中，可以带来更高程度的合法性与正当性、更有效和公平的资源分配、更好的成本收益比、更易于获得多样化的知识和专长……当然，也便于相关措施被更广泛地接受和成功实施。"①目前讨论的跨界资源系统问题，就是所谓系统性行动问题。本章的最后一个案例，即流经6个国家的湄公河食品与水资源系统，也可以归为这种问题。

5.4 东南亚湄公河地区的粮食和农业

告诉我你吃了什么，然后我会告诉你你是谁。

——吉恩·安吉拉米·特萨瓦伦-萨瓦林

(Jean Anthelme Brillat-Savarin)②

长期以来，食品一直是身份、文化和地位的一种象征。饮食偏好在碳排放领域也起到非常重要的作用，而碳排放又是造成气候不稳定的主要原因。格陵兰岛的挪威人对鱼类食物的蔑视(他们本来很容易靠那些鱼类食物生存下来)是他们作为欧洲人身份与良好自尊的表现，他们独有的饮食习俗在许多方面仍象征着他们拥有令人羡慕的社会身份地位。③ 在古代斯巴达，更强壮的身体意味着明显的阶级特权，以至于它成为社会团结和军事效率的障碍。在当时，这种特权甚至是被法律保护的。一套针对所有斯巴达男子的日常膳食系

---

① Derek Armitage et al., "Science-Policy Processes for Transboundary Water Governance," *AMBIO* 44, no. 5, 2015, pp. 353-366.

② 这归功于法国法学家和美食家萨瓦林。*Columbia World of Quotations*, New York: Columbia University Press, 1996.

③ Jared Diamond, *Collapse: How Societies Choose to Fail or Succeed*, New York: Viking, 2005, pp. 222-230.

统，可以确保他们能以同样的饮食共同生活和战斗。① 这些措施在当代世界都是不可想象的。但是即便到了今天，饥饿问题仍像古代斯巴达的穷人们一样，对整个社会都是一种威胁。足够数量和质量的食品是过好生活的先决条件，也是社会必须能够为其成员提供的保留未来过上美好生活机会的先决条件。然而，粮食安全仍然是难以捉摸的目标，许多国家在饮食方面的命运，实际上往往都超出了他们自身所能控制的范围。在这一方面，尤其是水安全方面，发展的目标必须和可持续保持一致。

当今的食品系统是复杂的，其范围涵盖从地方层面到全球层面，同时还包括传统农业和产业化农业。② 虽然过去几十年来，通过使用高产种子、基于化石燃料的化肥和杀虫剂，以及广泛的灌溉和农业机械化——包括所谓绿色革命(Green Revolution)，农业生产率得到大幅提高。但是许多国家依然认为，当代全球粮食系统仍处于一个重要的转折点。关于粮食系统进展迟缓的证据是确凿的，并且考虑到我们在第 1 章中回顾的持续荒漠化、渔业资源下降、森林砍伐及气候变化等问题，这就尤为令人担心。一方面，发展中国家有近 10 亿人营养不良；另一方面，还有 10 亿人超重，其中近 5 亿人患有肥胖症，从而造成了在富裕国家中的肥胖和在贫困国家中的饥饿同时出现的双重负担。③ 将这些担忧合到一起，现代农业及随之出现的温室气体排放、土地利用变化、生物多样性丧失、氮循环的破坏、对淡水供应的需求与污染性的农药和肥料，构成了杰弗里·萨克斯

---

① Plutarch, "Lycurgus," XII. 1-4, in *Plutarch's Lives*, vol. 1, trans. Bernadette Perrin, Cambridge, MA: Harvard University Press, 1914.

② Will Hueston and Anni McLeod, "Overview of the Global Food System: Changes over Time/Space and Lessons for Future Food Safety," in *Improving Food Safety through a One Health Approach: Workshop Summary*, ed. Eileen R. Choffres et al., Washington, DC: National Academies Press/Institute of Medicine, 2012, http://www.ncbi.nlm.nih.gov/books/NBK114491/.

③ Terry Marsden and Adrian Morley, "Current Food Questions and Their Scholarly Challenges," in *Sustainable Food Systems: Building a New Paradigm*, ed. Terry Marsden and Adrian Morley, New York: Routledge, 2014.

(Jeffrey Sachs)所称的“人为导致环境变化的单一最大来源”①。

当然，在这些综合统计数据的背后，区域状况和条件对于解决和缓解这些问题很重要。② 接下来我们要介绍的地区是东南亚(Southeast Asia)，该地区有2.32亿人营养不良，决策者们还要应对众多不同的挑战和威胁，才能确保未来粮食供应。③ 作为流经6个不同国家领土的世界第九大河，湄公河流域(Mekong Basin)是一片地理范围广泛且人口稠密的地区，其显著特征就是，它是一个正在经历经济快速增长的粮食生产区，这种经济增长必然会涉及在分配相互依赖的水资源、粮食和能源资源过程中的权衡与冲突。而这种增长、权衡与冲突的重要焦点之一就是水电开发问题。水电开发是为了满足日益增长的能源需求，但它又会威胁到能为数百万人提供粮食安全和生计的基本生态系统服务。④ 同理，这些水坝预计能够通过增加灌溉来支持提高农业生产率，但是因为它们会改变天然径流、泥沙运输、养分循环和鱼类迁移，所以又将对下游国家的粮食生产造成不利影响。⑤

超过7 200万人口居住在湄公河周边80万平方千米的流域范围内。作为一条跨国河流，湄公河穿过6个国家，连接着基于不同观点、价值观、目标和政府的各种利益相关者。数千年来，人们一直依靠着这个地区丰富多样的资源而生活。广阔的湄公河地区的食物，反映了湄公河流经地区的生态多样性：从农田和森林高地，到低地平原和高原，到柬埔寨洞里萨湖(Tonlé Sap)，再到沿海地区和三角洲。这些多变的地形孕育出品种繁多的产品，包括大米、水果、豆

---

① Sachs, *Age of Sustainable Development*, p. 338.

② Marsden and Morley, *Sustainable Food Systems*.

③ Simon Bager, “Big Facts: Focus on East and Southeast Asia,” CGIAR, May 6, 2014, http://ccafs.cgiar.org/blog/big-facts-focus-east-and-southeast-asia#.VQc6ZY7F98E.

④ Keskinen et al., “The Water-Energy-Food Nexus and the Transboundary Context: Insights from Large Asian Rivers,” *Water* 8, no. 5, 2016.

⑤ Ibid.

类和牲畜。①

更广阔的湄公河区域正在经历快速的经济、社会与环境变化，不仅对该区域自身，还对世界范围内的农业与粮食系统的未来，产生重要影响。该地区可以被看作世界的“饭碗”，它是世界上最大的内陆渔场所在地，是仅次于亚马孙地区的生物多样性集中地。该地区的变化非常明显：人口及其对粮食需求不断增长，传统的自给农业向商业化农业转变，城镇化进程加快，饮食结构更偏向肉类及其他一些资源密集型食品，农业、城市和工业对淡水资源的需求不断增加，为扩大农业灌溉规模和水电开发而建造大坝。气候变化会带来不确定且非均衡的广泛影响，包括全球变暖、降雨模式改变、海平面上升，这些都将进一步影响该区域的粮食生产。②

过去 20 年来，绿色革命技术已经大大提高了湄公河地区的农业产量，但农村地区的粮食安全问题依然十分严重。③ 农业增产是以较高环境成本为代价的，主要表现为水污染、土地退化、森林和生物多样性损失等形式。大坝和其他大型基础设施项目，使得那些对农村贫困人口生计至关重要的自然资源不断减少，尽管地区经济财富的整体增长掩盖了数百万人机会丧失的现实。④

与其他跨国河流流域一样，上游和下游利益相关者之间的关系，是需要优先考虑的事项。例如，老挝想开发其潜在的水力发电资源；泰国希望为其产业化农业体系寻求便宜的水电和更多的水资源；柬埔寨倾向于保持目前的水电开发格局，包括有利于其渔业资源的季

---

① David Fullbrook, “Food Security in the Wider Mekong Region,” in *The Water-Food-Energy Nexus in the Mekong Region*, ed. Alexander Smajgl and John Ward, New York: Springer, 2013.

② Robyn M. Johnston et al., *Rethinking Agriculture in the Greater Mekong Subregion: How to Sustainably Meet Food Needs, Enhance Ecosystem Services and Cope with Climate Change*, Colombo, Sri Lanka: International Water Management Institute, 2010.

③ Ibid.

④ Jacqui Griffiths and Rebecca Lambert, *Free Flow: Reaching Water Security through Cooperation*, Geneva: UNESCO, 2013.

节性洪水；越南希望保护其农业和水产养殖业免受海平面上升的影响。这些互相竞争或矛盾的国家需求和愿望，增加了管理湄公河跨境水域事务的复杂性。这一区域的政治领导人都理解，他们国家的未来是交织在一起的，进而在很大程度上取决于协调的水资源管理。① 但是，仅有这种理解还不足以确保实现公平合作。各国领导人对于谈判结果的影响不可能相同，因为各个国家的谈判地位往往受到国家在发展与财富、政治影响力及地理区位等方面差异的影响。② 因为河流总是从高处流向低海拔地区，所以不可避免地会出现上游和下游的参与者，而上游的参与者往往更容易得到他们想要的条件。③ 湄公河周边国家之间的竞争性国家利益与权力关系的复杂历史，仍然影响着它们彼此之间的交流，这对协调流域管理构成了重大的障碍。④

人们从20世纪50年代后期就认识到，跨湄公河流域需要多方合作，但是冷战和地区冲突破坏了可能的合作前景，直到90年代初期柬埔寨内战结束之后，情况才有所改观。1995年，湄公河流域的四个国家(柬埔寨、老挝、泰国和越南)通过设立湄公河委员会(Mekong River Commission，MRC)签署了《1995湄公河协定》(1995 Mekong Agreement)。⑤ 尽管如此，在克服因国家利益冲突而导致的治理碎片化问题方面，几乎没有取得任何进展。⑥ 在大湄公河次区

---

① Griffiths and Lambert, *Free Flow*.

② Fullbrook, "Food Security in the Wider Mekong Region".

③ Armitage et al., "Science-Policy Processes for Transboundary Water Governance".

④ UNESCAP, *Status of the Water-Food-Energy Nexus in Asia and the Pacific*.

⑤ Mekong River Commission, "Agreement on the Cooperation for the Sustainable Development of the Mekong River Basin," Mekong River Commission, April 5, 1995, http://www.mrcmekong.org/assets/Publications/policies/agreement-Apr95.pdf.

⑥ Ezra Ho, "Unsustainable Development in the Mekong: The Price of Hydropower," *Consilience: The Journal of Sustainable Development* 12, no. 1, 2014.

域(The Greater Mekong Sub-region，GMS)建设大坝用于水力发电而引发的冲突中，这种治理碎片化的现象表现得最为明显。这项建设活动在不同程度上影响了近6 000万人，他们大多以湄公河野生鱼为获取蛋白质和营养成分的主要来源。尽管很有可能造成粮食和生物多样性的毁灭性损失，但是大坝的建设计划仍然继续着。①

《湄公河协定》(The Mekong Agreement)要求，任何湄公河下游的国家，在提出一个大坝项目以增进其自身利益的时候，都必须首先同其他MRC国家协商。② 对《湄公河协定》的第一个考验来自沙耶武里(Xayaburi)水坝，它是老挝按计划在湄公河主流兴建的几座水坝之一。老挝并没有与湄公河下游其他国家的政府进行充分合作，而是在柬埔寨和越南已经表示重大关切的情况下，仍然坚持修建这座大坝。同时，泰国悄悄地为该项目提供了资金，并同意购买该大坝生产的电力。据柯克·赫伯森(Kirk Herbertson)的说法，针对沙耶武里大坝项目，老挝未能与其他周边国家充分合作开了一个先例，并有可能破坏未来那些希望在《湄公河协定》框架下开展合作的尝试。③

粮食安全受到的威胁，除了和水坝有关以外，干旱和海水倒灌(又称盐水或咸水入侵)现象增加也在威胁沿海地区的农业。④ 在2016年春季，越南出现了有史以来最严重的干旱，造成大米、木薯和玉米等重要农作物大幅减产。更糟糕的是，越南近百万人无法获得新鲜的饮用水。一般情况下，低水位典型的干旱期会导致咸水流入湄公河，但那次干旱造成咸水较早流入湄公河流域，污染了稻田

---

① Jamie Pittock, "Devil's Bargain? Hydropower vs. Food Trade-offs in the Mekong Basin," *World Rivers Review* 29, no. 4, 2014.

② Kirk Herbertson, "Xayaburi Dam: How Laos Violated the 1995 Mekong Agreement," January 13, 2013, https://www.internationalrivers.org/blogs/267/xayaburi-dam-how-laos-violated-the-1995-mekong-agreement.

③ Ibid.

④ Christinia Larsen, "Mekong Megadrought Erodes Food Security," April 6, 2016, http://www.sciencemag.org/news/2016/04/mekong-mega-drought-erodes-food-security.

和长达90千米内陆地区的地下水供应。随着气候变化造成气温升高与海平面上升，还出现了一个令人担忧的问题，湄公河部分沿海地区将不适合种植一些传统的自给型农作物。①

尽管遭遇了相当大的反对意见，但大湄公河次区域的发展继续以水电大坝建设为主导，以牺牲粮食安全为代价。能源生产的收益和成本在国家之间和国家内部的分配并不均衡，而且分配方式普遍有利于影响力更大、议价能力更强的国家："湄公河地区及其特有的未被开发的潜力，被认为已经可以'成熟'地大规模投资于水电、防洪和灌溉类基础设施等领域。"另一方面，民间社会团体在其运行过程中通常带有一种更具挑剔性或说批判性的世界观，强调各种转型的社会与环境成本及这些转型如何主要让那些政治或经济精英受益。该地区目前的项目规划与实施往往能够证实，决策过程通常不透明，并且也不太符合"我们已从过去的错误中学到了教训"这种说法。②尽管如此，像其他地方一样，我们总抱有那么一丝希望，觉得不合作的代价迟早会落在每个人身上。一种"谈判与社会学习的文化，可能会在更有效与谨慎合作的、全面的与适应性的治理结果背景下"③培育形成。

5.5 结论

出于对可持续问题结构的考虑，我们在本章开头部分将其认定为系统性行动问题(systemic action problems)，然后我们从总体及案例研究两个方面考虑，在社会集体认知、能力及合作美德面临诸多

---

① Christinia Larsen, "Mekong Megadrought Erodes Food Security," April 6, 2016, http://www.sciencemag.org/news/2016/04/mekong-mega-drought-erodes-food-security.

② François Molle, Tira Foran, and Mira Kakonen, *Contested Waterscapes in the Mekong Region: Hydropower, Livelihoods and Governance*, London: Earthscan, 2012, p. 16.

③ Ibid.

挑战的情况下，如何才能处理好这些问题。就像大多数可持续研究文献那样，我们从管理的视角进行分析，指出集体行动的优势必须由一门政治艺术和一套正义制度的体系来培育。这些正义制度既要高度重视区域和全球协调，又要密切关注集权式和自上而下管理这种治理分配的局限性。本章提到的转向更加协调、全面和更具适应性的管理，对于创建这类正义制度而言，是个很有希望的起点。并且正是通过持续参与由这类机构所主导的协作治理，我们可以预见，大部分必要的学习和能力建设都有望成为现实。

在本书最后一章，我们将会对这种学习和能力建设有更具体深入的了解。我们会提出一些教育手段，各个社会可以通过这些手段为培育那些有利于可持续的理解力、能力和合作美德打下广泛的基础。与此同时，我们将会接着讨论第 3 章和第 4 章提过的有关正义教育机构和机会的问题。

第6章　可持续教育

柏拉图在其著作《法律篇》(*Laws*)中提出了他的建议，即开设一套关于公共教育体系的课程。这阐述并捍卫了他对宪政法治的愿景：实施法律规则，不应该通过强迫手段，而是要获得那些参与共同治理公民理性的赞同。这将是旨在使所有公民过好现在与未来的体系。借用对话中雅典陌生人(Athenian Stranger)的话来说，柏拉图写道："当我回顾我们的这种讨论时……是这些(these)(收录的章节)让我印象深刻，因为它们对于更年轻的一代而言，是最可接受并且也是最为适合的。"[①]不考虑柏拉图的"雅典陌生人"所表达出来的那种假装的极大满足感，在本书最后一章，我们首先承认，此前关于可持续性质、伦理道德及其执行的章节，既是一门可持续的课程，也可以说奠定了"可持续教育是公平正义必然要求"这个结论的基础。公正的教育机构应该为儿童提供可持续教育，本章的主要任务就是解释这一原因，并概述和捍卫我们所提出的可持续教育。

在第2章中，我们指出教育体系的缺陷是可持续的障碍之一。但我们也发现了许多方式，合适的教育通过这些方式能够克服一些可持续的障碍。我们注意到，教育在促进理解、沟通、共同规范、信任和领导能力方面的潜在价值，有助于地方和区域性的自组织化

---

① Plato, Laws, VII 811c-d, in *Plato: Complete Works*, edited by John Cooper, Indianapolis: Hackett Publishing, 1997, pp. 1478-1479. 柏拉图的对话是用纸莎草卷书写的，《法律篇》这部著作包括十本书。现代版的《法律篇》将其合为一本书并分为十个章节。

(selforganization)，继而保护环境共同体。我们还注意到，批判性思维与对环境和社会系统的理解认识是密切相关的，且普及小学教育对于生育自由和人口稳定非常重要。公共知识体系的缺陷，要求教育的发展要更加注重科学证据及相关解释，还要求对广告和有关媒体做批判性理解——这种理解通常被称为媒体素养(media literacy)。我们关于否定的心理社会动力学的讨论也表明，学校必须是思想与实践的社区，为学生们的困扰情绪提供一些有益的表达渠道——参与诸多活动(符合可持续未来)的机会。学生们的这些困扰情绪往往是由于学习了解许多气候变化及其他可持续问题而产生的。第3章探讨了一种关于正义的伦理框架和理论，并阐明它们应该成为可持续教育的部分内容。这部分内容，并不是作为理论教条而提出的，而是强调理性的审查：审查什么才叫过上美好生活，审查我们可以从关于动机、心理需求和福利的相关研究中学到什么。这种理性的审查工作也是可持续教育的组成部分。在第4章中，我们概述了一种能够让教育培养根基于可持续的教育哲学，还发现了教育系统的一些局限性。凭借多项有利于可持续的改革措施，这些局限性或许能够被克服。第4章还着重介绍了复杂性与社会政治崩溃的动态演化，为第5章解决系统性行动问题的管理和对水—食品—能源关联的管理铺平了道路。

以上述章节内容为起点的可持续课程包括以下内容：

• 传授关于复杂系统的科学思维，明确强调关注科学调查、证据和解释的性质；

• 地质学、海洋与气候科学、生态学与生命史；

• 地理学、社会生态系统、社会生存和崩溃的模式；

• 经济和政治的世界史，尤其关注资源与生产、能源转型、环境影响与治理、发展政策、债务以及国际合作的机构平台；

• 地方性和全球性的公民权与合作；

• 技术和创意设计；

• 在批判性和创造性思维方面的经验教训与实践，在回应证据与不确定性、预期影响及考虑备选方案过程中，侧重于对理性、想象力和远见等方面失误的诊断与修复；

• 对广告、文化与生活选择进行批判性思考方面的媒体素养和实践；

• 心理与健康，尤其强调福祉、情绪和动机；

• 可持续伦理学。

在职位和职业培训过程中，如果可以与这类培训结合在一起，沿着以上列举的方向开展通识教育，就能对社会产生更大的影响。正如我们在第 4 章中提到的那样，对于许多学生来说，这类培训可以从中学开始，而非等到大学。如果一个体系，允许更多学生把他们有关可持续的知识在工作和生活中付诸实践，使得他们不会再为漫长而又不确定的成年过渡期的各种不安全感而困扰，那么可持续发展教育的影响将会更为直接和广泛。

那么，目前来看，各个学校离提供这种能够同时结合以上元素的可持续教育(education in sustainability，EiS，ESD 或 EFS)①的目标，还有多远呢？对于这种教育而言，相应的起点或说基础到底要达到什么程度才算是合适的呢？在北美地区尤其是美国，各个学校推动可持续教育的政策背景是什么？我们将首先回答这些问题，然后考虑联合国教科文组织的《可持续发展教育十年计划》(Decade of Education for Sustainable Development，DESD，2005—2014)在一

① 可持续教育(EFS)在北美和澳大利亚被广泛使用，有时也可与可持续发展教育(ESD)互换使用。明迪·斯皮尔曼(Mindy Spearman)将 ESD 和 EFS 视为关于 20 世纪和 21 世纪社会问题教育的相同的概念。斯皮尔曼的数据之一是以安德列斯·爱德华兹(Andres Edwards)为中心的，后者的《可持续发展革命》描述了可持续发展和可持续发展教育，并将它们与 SD 和 ESD 区分开来。凯特·谢伦(Kate Sherren)将这两个术语(EFS and ESD)用作其书中的代名词。对 EFS 的偏好，通常反映了对可持续发展与经济发展之间的紧张关系的关注(如第 1 章所述)，可参阅：Daniel Bonevac，"Is Sustainability Sustainable?，" *Academic Questions* 23，2010；and David Selby，"The Firm and Shaky Ground of Education for Sustainable Development，" in *Green Frontiers*：*Environmental Educators Dancing Away from Mechanism*，ed. James Gray-Donald and David Selby，Rotterdam：Sense Publishers，2008. 我们更偏向可持续教育(EiS)，因为其中涉及教育理由、权威和目标。

些国家中的实施进展情况，以及美国可持续教育面临的障碍。可持续发展教育(education for sustainable development，ESD)涉及如何解决可持续问题和贫困问题的愿景，它以第1章所述的关于二者彼此相互影响的假设为基础。ESD业已遭到各种批评：它是一种有明确定义且内在连贯的一揽子建议吗？它是否太约定俗成或说具有指令性？它是否包含了适当形式的环境教育？它是基于合理的教育观念吗？我们将会回答这些问题，并将其作为我们自己提出并倡导的可持续教育概念的基础。

为什么一定要提供EiS？最简单也最令人信服的理由就是每个人都有权利拥有它。青年人有权利接受这种教育，从而可以为他们提供实质性并让他们能够在其赖以生存的世界过上美好生活的机会。因为他们在可预见的未来将面对的是一个生态和社会风险与日俱增的世界。提供这种教育的第二个原因是，有许多审慎决策和道德方面的理由说明各方需要共同合作以解决可持续问题，并且也正是这些需要合作的理由让我们所倡导的EiS更值得去做。由此我们得出结论：EiS不仅在教育方面是合理合规的，而且对于一种全面教育也是至关重要的。我们将会详细讨论这些观点，并且基于我们对正义教育机构的界定，提供EiS的愿景。

6.1 联合国教科文组织的可持续发展教育十年计划(DESD)

可持续发展(sustainable development)，通常认为是在1987年由世界环境与发展委员会(World Commission on Environment and Development，WCED)提出的，该委员会也称布伦特兰委员会(Brundlandt Commission)。其中，可持续发展的定义是“满足当代人需求，同时又不损害子孙后代满足他们自身需求能力的发展”，或者更广泛地说，是指“满足当代人需求和愿望(and aspirations)，但同时不损害满足未来人们相应需求能力的发展”。[①] 进而我们有如下定义，可持续发展是主要侧重于“确保生活质量稳步提高”的发展，这种生活质量的提高必须延续到“我们的后代”，并且是“以一种尊重我们共同遗产和财富（我们赖以生存的地球）的方式”。[②] 联合国教科文组织（UNESCO）后来在 1991 年联合提出的一份题为《关心地球：可持续生活策略》（Caring for the Earth：A Strategy for Sustainable Living）的文件中，明确提出了可持续发展的定义，即“在生态系统承载范围内生活的同时，逐渐提高人类生活质量”[③]。可持续发展教育，从根本上来说与发展教育有关，它不仅仅是环境教育的延伸。[④]

2002 年 12 月，联合国大会（UN General Assembly）决定在 2005 年至 2014 年，实施一项联合国可持续发展教育十年计划（DESD）。[⑤] UNESCO 率先进行了一项工作：征集了一批机构和研究合伙人，制定了一个基于网络的多媒体教师教育项目（Teaching and Learning for a Sustainable Future，关于可持续未来的教学与学习）和一项国际实施方案（International Implementation Scheme，IIS）。在广泛协商的基础上，该方案于 2004 年 10 月被提交给联合国大会，于 2005 年 4 月和 9 月提交给 UNESCO 执行委员会。基于 DESD 的全球集体所有制，IIS 为 DESD 提供了一个实施框架。为此，它提供了一套合理而明确的策略与时间表，不过也必须依赖于合作国之间的伙伴关

---

① WCED, *Our Common Future*, Geneva: United Nations, 1987, p. 12, http://www.un-documents.net/wced-ocf.htm.

② UNESCO, Education for Sustainable Development: United Nations Decade (2005-2014), UNESCO, 2005, http://en.unesco.org/themes/education-sustainable-development, under Background.

③ IUCN, *Caring for the Earth: A Strategy for Sustainable Living*, Gland, Switzerland: IUCN, 1991.

④ David Bourn, "Education for Sustainable Development and Global Citizenship: The UK Perspective," *Applied Environmental Education and Communication* 4, 2005, p. 233.

⑤ UNESCO, Education for Sustainable Development: United Nations Decade (2005-2014), UNESCO, 2005, http://en.unesco.org/themes/education-sustainable-development.

系，并要和“其他一些重要的教育活动”联系起来。① DESD的主要目标是鼓励各个政府“考虑在各自的教育体系中纳入执行十年计划的措施……并提高对十年计划的公众意识和广泛参与”②。

DESD促进的教育愿景(educational vision)包括五个部分：

(1)普遍获得充分的基础教育资源；

(2)重新定位所有教育项目，以促进可持续发展；

(3)促进人们对可持续的理解，不仅通过学校，还要通过各种广泛的公众教育活动；

(4)培训各种技能——技术能力、分析能力和社会交往能力，这些都是“社会、经济与环境可持续”所要求的技能；

(5)高等教育必须参与可持续研究、学习以及DESD的实施过程。③

实质上，这类亟待促进的教育，可以描述为依赖于四大支柱(pillars)：“承认挑战”“集体责任和建设性合作伙伴关系”“坚决行动”“人格尊严的不可分割性”。

这些支柱汇总到一起，意味着：

• 对环境、资源与气候问题的科学理解；

• “将现有社会转变成更可持续的社会”所需要的科学、技术和批判性思维“工具”；

• “可持续未来所需要的价值观、行为和生活方式”。④

环境教育(environmental education)部分聚焦于“对人类发展和生存至关重要”的自然资源与生态系统产品和服务。环境素养(environmental literacy)被广泛理解为包括“对那些威胁可持续发展根本原

---

① UNESCO, Education for Sustainable Development: United Nations Decade (2005-2014), UNESCO, 2005, http://en.unesco.org/themes/education-sustainable-development，正在执行中。

② Ibid.，正在制定目标和战略。

③ Ibid.，正在进行素质教育。

④ Ibid.

因的识别能力，解决那些威胁所需要的价值观、动机和相关技能”①。

我们要教授给学生们一些已基本达成共识的价值观(value)：

• 尊重不同的人民和文化；

• 非侵略性；

• 在生活可持续及提高弱势群体生活水平方面，致力于建设全球合作伙伴关系。

因而，DESD的教育愿景，包含了一种价值观教育的形式，其基础是对资源损耗与生态风险的客观理解。但它的建立也是基于以下因素的：负责任全球公民的愿望或道德需要的假设；一种和平而公正的方法，以实现集体可持续的生态足迹与代际公平。

可持续发展教育(ESD)应该是跨学科、价值驱动、基于综合性环境科学的，并且着力发展学生们批判性思维和解决问题的能力。学生们需要这些思维和能力来自信地解决“可持续发展的困境与挑战”②。联合国DESD没有提供具体的ESD模式，而是提供了一套关于其必备特征的合理而广泛的概念，一种供教师们使用的基于网络的环境学习(environmental literacy，环境素养)资源。③ 在制定ESD细节的过程中，各地具体的措施和选择对于ESD的成功实施非常关键。

这是意料之中的，尤其是考虑到让教育适应于各个地方情况的重要性及UNESCO有限的权威性和资源。

---

① UNESCO, Education for Sustainable Development: United Nations Decade (2005-2014), UNESCO, 2005, http://en.unesco.org/themes/education-sustainable-development.

② Ibid.

③ UNESCO, *Guidelines and Recommendations for Reorienting Teacher Education to Address Sustainability*, Paris: UNESCO, 2005, http://unesdoc.unesco.org/images/0014/001433/143370E.pdf.

6.2 ESD的实施

DESD的宣布明显带有紧迫感，因为它涉及攸关人类生存(human survival)的大问题。而且DESD在英国、德国及欧洲其他地区，澳大利亚和日本，都被认真严肃地对待。各国政府也通过课程标准、资源分配，资助最优实践做法的研究、评估方案等方式，在DESD实施过程中发挥重要作用。① 但实施的步伐与程度仍然是个问题②，在北美实施更慢且更为碎片化。某种程度上，造成这种情况的原因在于以下事实：加拿大和美国都缺乏整个联邦范围内的教育体系和国家课程体系。在加拿大，学习标准的制定权力掌握在10个省和3个地区的当地政府手中，美国的学习标准制定权力则在50个州的州政府手中。两个国家目前都将教学重点放在阅读、数学及相关测试方面，这并不鼓励在课堂时间开展对可持续教育而言非常重要的批判性思维锻炼和跨学科教学。结果可想而知，在这两个国家，实施任何形式的可持续教育，进展一直都非常缓慢，而且这些实施工作通常只是由个别省、州和具有高度使命感或说责任意识的教师和管

---

① Department for Children, Schools and Families, *Brighter Futures—Greener Lives: Sustainable Development Action Plan 2008—2010*, 2008, p. 15; Peter Higgins and Gordon Kirk, "Sustainability Education in Scotland: The Impact of National and International Initiatives on Teacher Education and Outdoor Education," *Journal of Geography in Higher Education* 30, no. 2, 2006; and Department of the Environment, Water, Heritage and the Arts, *Living Sustainably: The Australian Government's National Action Plan for Education for Sustainability*, Canberra: Department of the Environment, Water, Heritage and the Arts, 2009, p. 10, http://www. environment. gov. au/education/publications/pubs/national-action-plan. pdf.

② Bourn, "Education for Sustainable Development and Global Citizenship"; "Education for Sustainable Development in the UK: Making the Connections between the Environment and Development Agendas," *Theory and Research in Education* 6, no. 2, 2008; and Philip Collie, *Barriers and Motivators for Adopting Sustainability Programmes in Schools*, Cheltenham, UK: Schoolzone, 2008.

理人员来领导的。[①] 在美国很少有人讨论 DESD，与可持续相关的教育发展也主要局限于高等教育领域，而且重点关注永续或说可持续的校园问题。[②]

《塑造我们想要的未来》(*Shaping the Future We Want*)是 DESD 的最后一份报告，其中的结论是：在过去十年，“通过增强意识、影响政策，加上在教育的各个领域和各级水平上产生了许多重大而有影响力的实践项目，这一切都为促进可持续发展教育奠定了坚实的基础”[③]。报告还承认，这十年来虽然取得了一些进展，但教育体系并没有完全转变为充分信奉可持续发展教育的体系。2014 年 12 月，

---

① Noah Feinstein, *Education for Sustainable Development in the United States of America: A Report Submitted to the International Alliance of Leading Education Institutes*, Madison: University of Wisconsin, 2009; Charles Hopkins, “Education for Sustainable Development in Formal Education in Canada,” in *Schooling for Sustainable Development in Canada and the United States*, ed. Rosalyn McKeown and Victor Nolet, New York: Springer, 2013; and Kim Smith et al., *The Status of Education for Sustainable Development (ESD) in the United States: A 2015 Report to the US Department of State*, International Society of Sustainability Professionals, December 2015, https://www.sustainabilityprofessionals.org/sites/default/files/ESD%20in%20the%20United%20States%20final.pdf.

② Peggy Bartlett and Geoffrey Chase, eds., *Sustainability on Campus: Stories and Strategies for Change*, Cambridge, MA: MIT Press, 2004; Everett, “Sustainability in Higher Education”; David Orr, “What Is Higher Education for Now?,” in *State of the World 2010: Transforming Cultures, from Consumerism to Sustainability*, ed. Worldwatch Institute, New York: W. W. Norton, 2010; and Paula Jones, David Selby, and Stephen Sterling, *Sustainability Education: Perspectives and Practice across Higher Education*, London: Earthscan, 2010. Cf. Cheryl Desha and Karlson Hargroves, *Engineering Education and Sustainable Development: A Guide to Rapid Curriculum Renewal in Higher Education*, London: Earthscan, 2011; and Smith et al., *Status of Education for Sustainable Development in the United States*.

③ UNESCO, *Shaping the Future We Want: UN Decade of Education for Sustainable Development (2005—2014) Final Report*, Paris: UNESCO, 2014, p. 9, http://unesdoc.unesco.org/images/0023/002301/230171e.pdf.

UNESCO 发布了《实施可持续发展教育全球行动计划的路线图》(*A Roadmap for Implementing the Global Action Programme on Education for Sustainable Development*)，寻求维持 DESD 的热度与势头，主要是通过提出多种策略以尽可能增加一些成功的实践项目，并以此建设更能产生系统性影响的能力，同时监测有关进展。①

6.3　美国的情况

为响应 UNESCO 路线图，在 UNESCO 可持续发展教育(ESD)世界大会上，美国 ESD 代表团颁布了一套《美国可持续发展教育(ESD)路线图和实施建议》。② 另一份报告，即《美国可持续发展教育(ESD)的现状》(*The Status of Education for Sustainable Development (ESD) in the United States*)补充了原先的路线图，列出了地方、区域和国家各级政府在支持可持续发展教育全球行动计划(Global Action Programme on ESD)方面的各种现有举措。③ 在回顾美国取得的进展时，黛布罗·罗(Debra Rowe)、苏珊·詹蒂莱(Susan Gentile)和赖丽·克莱维(Lilah Clevey)详细介绍了高等教育、K-12 部门及非正式教育部门中的许多成功案例，但他们也注意到，ESD 仍然有待通过纳入教育标准、学生绩效评估和必要的资源承诺

---

① UNESCO, *Roadmap for Implementing the Global Action Programme on Education for Sustainable Development*, Paris: UNESCO, 2014, http://unesdoc.unesco.org/images/0023/002305/230514e.pdf.

② Kim Smith et al., "UNESCO Roadmap for Implementing the Global Action Programme on Education for Sustainable Development: Implementation Recommendations for the United States of America," US Delegation to the UNESCO World Conference on ESD, 2015, http://gpsen.org/wp-content/uploads/2016/05/GAP-Roadmap-Recommendations-Final.pdf.

③ Kim Smith et al., *The Status of Education for Sustainable Development (ESD) in the United States*.

等方面的举措进一步规范化。①

6.3.1 挑战

在美国学校中实施可持续教育面临的基本挑战包括②：

• 教育决策者、学校和地区行政人员及教师们的意识比较淡薄；

• 可持续的概念不太清晰，教育目标的愿景存有争议；

• 学科基础课程早已饱和；

• 在可持续概念和教学方法方面缺乏教师培训；

• 国家过于关注对多学科知识的高风险性、以事实为导向的测试。

ESD需要进行以问题导向为重点的课程整合，但是美国的课程大多围绕独立的核心科目，已被结构化并且成型了，教师们也几乎没有时间与其他学科领域的同事协调开设一门整合后的课程。“二级”学科科目如艺术与健康、“形象教育”如环境和公民教育，都是不太被重视的。限制美国可持续教育实施的另一个关键因素是，教师和学校行政人员缺少适当的教师培训计划和职业发展机会。维克多·诺莱特(Victor Nolet)描述了这一情况，并指出在美国教师教育课程中，可持续教育几乎并不存在。③ 随着国家强制性要求政策的出台，教师上岗培训计划(teacher-preparation programs)又被过分夸大，以

---

① Debra Rowe, Susan Jane Gentile, and Lilah Clevey, “The US Partnership for Education for Sustainable Development: Progress and Challenges Ahead,” *Applied Environmental Education & Communication* 14, no. 2, 2015.

② Carmela Federico and Jamie Cloud, “Kindergarten through Twelfth Grade Education: Fragmentary Progress in Equipping Students to Think and Act in a Challenging World,” in *Agenda for a Sustainable America*, ed. John Dernbach, Washington, DC: Environmental Law Institute Press, 2009; and Noah Feinstein and Ginny Carlton, “Education for Sustainability in the K-12 Educational System of the United States,” in *Schooling for Sustainable Development in Canada and the United States*, ed. Rosalyn McKeown and Victor Nolet, New York: Springer, 2013.

③ Victor Nolet, “Preparing Sustainability-Literate Teachers,” *Teachers College Record* 111, no. 2, 2009.

至于学校根本没有什么动机或激励去雇用合格的可持续教育教师培训人员。

6.3.2 未来展望

标准的教育与高风险测试的问责制，已经主导了美国的教育政策与实践。2001 年《不让一个儿童落后的法案》(No Child Left Behind，NCLB)中对标准化测试的要求，导致许多学校过分狭隘地重视阅读和数学素养，为综合性、跨学科学习创造了十分不利的氛围，而这种综合性、跨学科学习又是有益于可持续发展教育必不可少的内容。① 2015 年《让每个学生都成功的法案》(Every Student Succeeds Act，ESSA)放宽了 NCLB 的测试要求，同时批准了新的环境教育经费，但标准化测试的影响仍然不大可能消失。②

美国当前的教育改革浪潮，瞄准的是劳动力发展和提高经济竞争力的需求，然而它还是通过多种方式努力与 DESD 中所设想的教育方法保持一致。《终身教育》(*Education for Life and Work*)是国家研究委员会(National Research Council，NRC)近期发布的一份报告，概述了目前教育领域的变化，这种变化很有可能为可持续教育创造更有利的条件。报告总结说，尽管"美国人长期以来一直认同公共教育的投入有助于促进共同利益，国家繁荣和家庭、邻居和社区的稳定"，但是可怕的经济、环境与社会挑战使得当下的教育更为关

---

① Pub. L. 107-110, 115 STAT 1425, January 8, 2002.

② White House Press Office, "White House Report: The Every Child Succeeds Act," The White House, Office of the Press Secretary, December 10, 2015, https://www.whitehouse.gov/the-press-office/2015/12/10/white-house-report-every-studentsucceeds-act; Sarah Bodor, "Every Student Succeeds Act Includes Historic Gains for Environmental Education," NAAEE, December 9, 2015, https://naaee.org/eepro/resources/every-student-succeeds-act-includes-historic-gains-environmentaleducation; and National Research Council, *Education for Life and Work: Developing Transferable Knowledge and Skills in the 21st Century*, Washington, DC: National Academies Press, 2012.

键。① 人们已经认识到，自从现有的教育结构和政策确立以来，世界已经发生了天翻地覆的变化，企业和政治领导人正在敦促学校培养学生们一些通常被称为“21 世纪技能”(twenty-first century skills)的基本能力，学生们只有拥有这些技能，才能“在未来成年时成为合格的公民、员工、经理、父母，进而充分发挥他们的潜力”②。这些基本能力包括“批判性思维、解决问题能力、协作能力、有效沟通能力、动机、持久性以及学习能力”③。报告还指出了美国教育体系的一些共性特征，包括缺乏适当的师资培养及职业发展与评估(侧重于一些低层次的思维与技能)④，进而可能会“阻碍教育干预措施的进一步广泛实施，这些干预措施本来是用于支持更深入的学习过程和培养 21 世纪竞争力的”。尽管受到一些人的批评，被认为只不过是教育改革领域中最新的潮流而已，但 21 世纪的技能运动正在促进一场全国范围内的对话，主要内容是关于如何更新教育体系，以更好地应对全世界学生们都将面临的复杂性。

涵盖 21 世纪能力的两套新标准，《共同核心国家标准倡议》(*Common Core State Standards Initiative*，CCSSI)和《下一代科学标准》(*Next Generation Science Standards*，NGSS)，在可预见的未来将在全国范围内对教育产生影响，并可能有助于创造更诱人的环境，从而将可持续教育引入 K-12 各个学校。虽然由不同的团体领导，并通过不同的途径发展，但是共同核心(Common Core)和下一代科学标准(Next Generation Science Standards)都建立在对学生学习方式的研究基础之上，并且都侧重于培养学生们为大学做好准备，成为 21 世纪的劳动力，以及作为见多识广的全球公民而做出正确的决策。这些新标准标志着一种根本性的转变，那就是从主要侧重于事实回顾的策略方法，转向一个更深入、更具综合性的学习过程，而且这

① NRC, *Education for Life and Work*.

② Ibid.

③ Ibid.

④ Ibid.

种学习过程会随着时间推移而逐渐发展。①

共同核心标准涉及英语语言艺术(English language arts，ELA)和数学。其中的ELA标准包括了有关科学、历史、社会研究等核心学科的阅读指南，与媒体和技术应用相关的技能也被整合到这些标准全过程之中。

NGSS是在NRC、国家科学教师协会(National Science Teachers Association)、美国科学促进会(The American Association for the Advancement of Science)和Achieve(一家代表两党的非营利组织)领导下，通过一套两步骤流程而制定的。② NRC首先制定了一套K-12科学教育框架，包括实践、跨学科、概念与核心思想，该框架以科学和科学学习的最新研究为基础，明确了"所有学生应该掌握的知识，从而为他们的个人生活以及他们在这个技术丰富且科学复杂的世界中扮演公民角色做好准备"③。经过一段时期的公众评论，最终标准的制定由Achieve领导，并以上述框架为基础。④ 该框架和NGSS都是基于三个综合"维度"(学科核心思想、科学与工程实践、跨学科交叉的概念)，呈现出连贯的科学愿景；科学不仅仅是捕获我们当前对于世界理解的大量知识，它还是一套"用于建立、拓展以及完善知识"的实践方法。⑤

NGSS中出现的交叉概念(Cross-Cutting Concepts)(模式；因果

---

① NRC, *Education for Life and Work*.

② Next Generation Science Standards website, http://www.nextgen-science.org/.

③ National Research Council, *A Framework for K-12 Science Education: Practices, Crosscutting Concepts, and Core Ideas*, Washington, DC: The National Academies Press, 2012, http://www.nd.edu/~nismec/articles/framework-science%20standards.pdf.

④ Next Generation Science Standards website; and Michael E. Wysession, "The 'Next Generation Science Standards' and the Earth and Space Sciences," *Science and Children* 50, no. 8, April 2013, http://eric.ed.gov/?id=EJ1020542.

⑤ Next Generation Science Standards website; and Wysession, "Next Generation Science Standards".

关系：机制与解释；规模、比例和数量；系统和系统模型；能源与物质；流动、循环和保护；结构与功能；稳定与变化)，与可持续教育关系密切，因为它们都跨越了学科界限，“为学生们提供了一个组织框架，从而将各个学科的知识整合到一个连贯且有科学基础的世界观中”①。正如迈克尔·维森斯(Michael Wysession)所说的那样，下一代科学标准(Next Generation Science Standards)不仅强调帮助学生去理解、分析和应用可持续原则，而且还明确要以可持续教育的核心内容为特色，包括更加重视气候变化、地球系统科学方法，明确关注人与自然系统之间的相互作用。这已经反映在将人类影响(中学)与人类可持续(高中)的概念包含在地球和空间科学的标准中。② 不过我们注意到了，诺亚·费恩斯坦(Noah Feinstein)和凯瑟琳·基希加勒(Kathryn Kirchgasler)在他们分析可持续是如何被纳入NGSS中所提出的警告。他们写道，NGSS将可持续视为“一系列全球性问题，这些问题对所有人的影响是相同的，并且可以通过科学和技术的应用加以解决”③。他们担忧只从这个角度了解可持续的学生，将不会适应可持续的伦理和社会等方面的内容。

CCSSI和NGSS提倡在各年级进行连贯一致的学习进程，强调对现实世界、基于证据的批判性分析、提升解决问题的能力、跨学科的综合性学习。因此，它们认为目前正在转向一种更符合ESD以及其他形式可持续教育目标的教育框架。然而这些标准并非没有争议，而且这些标准还面临着许多教学与政治方面的挑战。④ 在被大

① National Research Council, *A Framework for K-12 Science Education*.

② Michael E. Wysession, “Implications for Earth and Space in New K-12 Science Standards,” Eos, Transactions, American *Geophysical Union* 93, no. 46, 2012; and Wysession, “Next Generation Science Standards”.

③ Noah Feinstein and Kathryn L. Kirchgasler, “Sustainability in Science Education? How the Next Generation Standards Approach Sustainability, and Why It Matters,” *Science Education* 99, no. 1, 2015, p. 121.

④ Sarah Galey, “Education Politics and Policy: Emerging Institutions, Interests, and Ideas,” *Policy Studies Journal: The Journal of the Policy Studies Organization* 43, no. 1, 2015.

多数国家广泛采用后，共同核心标准成为家长、教师和学校官员们越来越强烈抵制的目标，部分原因在于2015年春季首次共同核心测试(Common Core tests)的行政管理问题，以及一种认为标准化测试越来越繁重且被过度使用的反感或厌恶情绪。① 部分政治躁动源自以下主张：虽然共同核心标准不是一门国家课程，但它们代表了联邦政府对地方教育控制权不可接受的侵扰。② 截至撰写本书时，只有13个州正式通过了NGSS。因为明确提及人为造成的气候变化，数个州拒绝接受这些标准。基于这些理由，美国联邦政府已对怀俄明州、密歇根州和西弗吉尼亚州提起了相关法律诉讼。③

教育系统本身就具有动态复杂性，这成为可持续教育实施的一大挑战。DESD最终报告的作者们写道："教育系统非常复杂，并且涉及教育政策的多层决策，以及教育政策在学校、高等教育机构、工作场所和社区等各种相关机构内部的实施。促进教育系统内部的改变，需要许多不同层次的干预，并且涉及广泛的利益相关方。"④ 保留世代人过上美好生活机会的艺术，是政治中不可或缺的一部分，合理有效地运用这门艺术，应该且最重要的是真诚、有理有据地指导和劝说。为此，可持续发展方面的公众教育将至关重要。但是在公民和社会机构的领导层对可持续还尚未充分了解之前，这类教育可能仍然被当前的学校教育边缘化。

---

① Valerie Strauss, "Revolt against High-Stakes Standardized Testing Growing—and So Does Its Impact," *Washington Post*, March 19, 2015, http://www.washingtonpost.com/blogs/answer-sheet/wp/2015/03/19/revolt-against-high-stakes-standardized-testing-growing-and-so-does-its-impact/.

② Elaine McArdle, "What Happened to the Common Core?," *Harvard Ed. Magazine*, September 3, 2014, http://www.gse.harvard.edu/news/ed/14/09/what-happened-common-core.

③ Nicole D. LaDue, "Help to Fight the Battle for Earth in US Schools," *Nature* 519, no. 7542, 2015.

④ UNESCO, *Shaping the Future We Want*.

6.4 对ESD的学术批评

对ESD这种观念的学术评估，一直比较混乱，尚未达成一致意见。可持续对于发展而言显然非常重要，它是发展应该尽可能采取的路径。因此，对于将可持续内容纳入DE，应该没有争议。① 而且事实上，这可能会有助于DE本身被人们更广泛地接受。那些发展教育的工作者们最关心的问题可能还是，ESD的实施并没有明显超出先前的环境教育内容，侧重点也还是关于"绿色"学校的陈旧话题。② 发展对于环境保护和可持续的意义不太明显，并且许多环境教育工作者还认为ESD是对合理环境教育的一种威胁。③ 乐施会(Oxfam)和其他非政府组织通过全球公民教育，一定程度上填补了ESD实施的空白，但目前尚不清楚对环境和可持续问题的理解是否已经有了很大进步。④ 其他一些已发现需要对可持续问题做些教

---

① 波茨坦气候影响研究所和气候分析研究所承认，可持续发展对于发展而言具有重要意义——"扭转升温趋势"。

② Bourn, "Education for Sustainable Development and Global Citizenship"; "Education for Sustainable Development in the UK".

③ W. Scott, "Education and Sustainable Development: Challenges, Responsibilities, and Frames of Mind", *Trumpeter* 18, no. 1, 2002; Bob Jickling and Arjen E. J. Wals, "Globalization and Environmental Education: Looking beyond Sustainable Development," *Journal of Curriculum Studies* 40, no. 1, 2007; and David Selby, "The Firm and Shaky Ground of Education for Sustainable Development".

④ 乐施会全球公民教育(EGC)课程框架非常重视，并准备推进全球正义的教育。早期版本并没有对理解可持续发展问题的课程予以很大的关注，但是最新版本包含了令人鼓舞的可持续发展的跨课程教育，使用"为了儿童的哲学"来教授批判性思维(Oxfam, *Education for Global Citizenship: A Guide for Schools*, Oxfam, 2015, http://www.oxfam.org.uk/education/global-citizenship/global-citizenship-guides)。乐施会EGC课程在英国的学校有重要的地位(Bourne, "Education for Sustainable Development in the UK," pp. 11-12)。

育回应的人们质疑，ESD是否是连贯并且定义明确的一揽子计划。①

可持续发展的各种定义其实并非完全兼容，它们当中没有一个能有效缓解可持续与发展之间的紧张关系。② 所谓实现提高生活水平与环境管理之间的“平衡”到底意味着什么？需要做些什么？发展与可持续之间确实存在明显的紧张关系，并且在DESD框架中也没有任何建议来指导我们如何做出权衡，除了暗示在富裕的北半球需要限制资源需求的权衡。多大程度上的生态系统和社会崩溃风险，才是在发展收益所允许的范围之内？究竟什么东西才应该被保持下去？在ESD中，全球正义的作用(其宣称的目标是致力于传递和平、正义和人权的承诺)如何才能被人们广泛理解与认识？ESD是否只是适应于多种情况的一个知识资源库，抑或是一个不得不相互关联的整体？推动ESD运动的原因，是否是它们表面看上去那样合理，但实际很大程度上却是主流的新自由主义发展模式？③

对ESD的主要批评如下：

(1)ESD是不连贯的。

(2)ESD太过规范了(too prescriptive)。它旨在灌输价值观，塑造人们的行为，因而不尊重自由权利及其他一些民主价值观。④ 可持续发展教育和可持续教育(education for sustainable development

---

① Bob Jickling, “Why I Don't Want My Children to Be Educated for Sustainable Development,” *Journal of Environmental Education* 23, no.4, 1992; Scott, “Education and Sustainable Development”; Christopher Schlottmann, “Educational Ethics and the DESD: Considering the Trade-offs,” *Theory and Research in Education* 6, no.2, 2008; and Spearman, “Sustainability Education”.

② Andrew Dobson, “Environmental Sustainabilities: An Analysis and a Typology,” *Environmental Politics* 5, no.3, 1996; Sharachchandra Lélé, “Sustainable Development: A Critical Review,” in *Environment: An Interdisciplinary Anthology*, ed. Glenn Adelson et al., New Haven, CT: Yale University Press, 2008; and Bonevac, “Is Sustainability Sustainable?”.

③ Jickling and Wals, “Globalization and Environmental Education”.

④ Bourn, “Education for Sustainable Development in the UK”; and Schlottmann, “Educational Ethics and the DESD”.

and education for sustainability)中"for"这个词的用法是有问题的。①

(3)ESD 削弱或破坏了环境教育。ESD 是由企业友好型、新自由主义发展模式塑造出来的，它与环境保护在根本上是不相容的。它让可持续发展成为"环境教育的新目标"②。

(4)ESD 并不是基于一种合理的教育概念。除了太过规范的问题外，ESD 的教育概念也是起决定性作用的。它试图传播为社会再生产而做出贡献的知识和价值观，而不是考虑与鼓励知识和价值观的社会建构，以服务于在社会方面具备改革能力的公民参与。③

6.5　对这些批评的回应

ESD 在回应这些批评时，是不连贯或说不一致的(incoherent)。

其中有个版本是说：ESD 是如此的不明确，以至于它最好不要急于实施，直到有了更清晰的路线图能描述它将来会是什么样子，而不是立即采取行动和付诸实施。对此，公平的回应将是重申 UNESCO 的观点，在让 ESD 适应地方具体情况的过程中，地方性的措施、倡议和选择，对于 ESD 的成功和地方所有权而言至关重要。

要想成功推动 ESD，最重要的是：

• 使教师们拥有足够的机会和激励，去学习他们需要掌握的知识，从而为学生提供有助于他们应对可持续挑战的有益教育；

• 学习课程与问责制方案，应该为学生的多学科基础、交叉性课程联系、合作型学习提供空间，使学生们能够批判性地理解和思

---

① Jickling, "Why I Don't Want My Children Educated for Sustainable Development"; J. Smyth, *Are Educators Ready for the Next Earth Summit?*, London: Stakeholder Forum, 2002; and Scott, "Education and Sustainable Development".

② Jickling and Wals, "Globalization and Environmental Education," p. 5.

③ Scott, "Education and Sustainable Development"; Jickling and Wals, "Globalization and Environmental Education".

考可持续的事宜与他们未来的生活方式。

证据表明，很少有教师能对可持续有深入充分的理解(包括第1章至第5章中概述的挑战、障碍、伦理和复杂性等方面)，从而能够把它教好。有意义的ESD实施，可以侧重于师资培养和合作机会，并不需要更好地界定SD或ESD。

可持续发展理念中未解决的紧张关系仍然存在，但可惜的是，教育工作者和教育决策者自身永远无法解决那些紧张关系。① 有个很好的例子可以说明这种关系，在中非地区，当地人们以丛林兽肉为生，没有什么明显好的办法去“平衡”发展与可持续之间的关系，或者同时平衡“重视与保存”传统文化，“恢复我们地球的状态”与确保“所有人都有充足的食物”之间的关系。② 随着人口的增长，狩猎活动越来越频繁，其速度大约是可持续速度的7倍。由于在当地没有其他可以生产食物的方式，人们世世代代以狩猎为生，这也成了当地悠久的历史文化传统——毕竟总得找到方式生存。教育工作者们也无法预先做出判断，如何才能更好地解决这些困境。但是可持续发展教育仍然可以为学生们研究可持续与发展之间的关系，讨论并探究一些应对可持续问题的建设性方案，奠定重要的基础。DESD框架似乎也承认了这一点，因为它要求培养学生们的批判性思维与解决问题能力，这都是学生们将来可以自信解决“可持续发展的困境和挑战”时所必备的本领。③ 然而，将可持续发展教育的概念化，从可持续发展这种有问题的理念中分离开来，并把可持续放到前沿和中心位置，将会是一种有益尝试。坚持主张可持续与发展之间有些概念上的区别，并不是鼓励将发展从可持续发展教育的内容中删除掉。

对ESD的另外一种批评(说它是不连贯的)认为SD是许多充分

---

① Schlottmann，“Educational Ethics and the DESD”.

② UNESCO，Education for Sustainable Development：United Nations Decade (2005-2014)，UNESCO，2005，http://en.unesco.org/themes/education-sustainable-development.

③ Ibid.

理由的集合，而不是不可分割的整体。对于这种批评的回应就是，社会发展需要可持续(从长远来看无论如何都需要)，并且在某种程度上来说，可持续可以通过发展来实现。我们在第1章中指出，经济发展对可持续的贡献已经被过分夸大，但是我们在这项研究中也注意到，可持续问题主要还是社会协调问题，并且只能通过区域和全球合作来加以充分管理。它是一个公平的假定：在世界许多地方，这类合作的可行性与合理性，都需要日益增强的社会资本以及水资源、食品和能源安全，才能足以让绝大多数人用长远的眼光来看待资源管理问题。①

为了捍卫联合国教科文组织ESD愿景，人们不必提前确定全球正义的条款，也没必要坚持认为，未来的全球公民应该选择公平的国际协定，并以此作为可持续问题的理性应对。如果我们能看到有一个表面看起来证据非常确凿的案例，说明商谈这些协议是合理的，就足够了。如果没有全球范围内的协调，要想成功解决这个问题是不可能的。此外，公平是围绕相关合作条款达成协定的关键。这些因素并不能为可持续发展(包括其对公平、相互尊重和不侵略的承诺)作为不可分割的一揽子计划提供确凿的理由或证据。然而它们确实提供了充分的理由，说明ESD应该被视为连贯的一揽子计划(如果概念上很混乱的话)。重要的是，教育可以帮助每个人理性并知情地参与到有关全球合作条款的审议过程中来。相关教育应该为学习者们提供一种对国际合作历史与前景的正确理解，并引导他们去批判性地审视赞同或反对围绕温室气体排放公正的国际协议，以及其他可持续方面进行商谈公平国际协定的观点。依据这样的理解，可持续发展教育有助于使学习者成为受尊重又积极参与的全球公民，并且开放开明地参与到全球合作公平条款的制定过程中来，当然，这里并没有指定具体的合作条款。

ESD太过规范了：在我们回应上述批评的过程中，已经暗示了对该批评前半部分的回应——可持续发展教育，能够而且必须要有

---

① 见第2章。

适当的教育意义，但不要过分规范化。在诸如可持续发展与适应并保护独特文化这类理念中所蕴含的不同价值观之间的紧张关系，不应该由教师们做出预先的判断。然而，自我约束、正义和尊重他人都属于无可争议的美德。培育这类美德并非在教师们的职责范围之外，只要他们明白：除非学习者自身能够拥有良好的判断力，否则根本不会有什么真正的美德。正如我们在第3章中解释的那样，在未能培育出智力美德的情况下，道义和公民美德也是无法培育形成的。①

ESD将破坏环境教育：许多ESD的倡导者可能会理解新自由主义框架中可持续发展的概念，但很明显，在DESD框架中缺乏这类理解。DESD框架要求提供“把当前社会转型为更可持续社会”所需要的批判性思维能力，而对于这种转型的性质和程度不做过多要求。② 因而，没有明显的证据可以认定，UNESCO的ESD计划，旨在为了社会再生产而不是为了社会转型而传播知识和价值观。实际上，DESD框架所提供的环境研究资源是非常强大的，并且了解本书提到过的可持续概况的人都会认为：环境科学是ESD的关键内容之一，可持续要求对传统经济观点进行认真反思。反思传统经济观点的必要性，在ESD相关材料中已经得到承认，如ESD工具包2.0。这也得到了许多发展经济学家们的承认，他们同样认为，在国际发展中需要统筹考虑人类的发展问题。③

---

① Randall Curren，“Cultivating the Moral and Intellectual Virtues，” in *Philosophy of Education*：*An Anthology*，Oxford：Blackwell Publishing，2007；“Judgment and the Aims of Education”；“Motivational Aspects of Moral Learning and Progress”；“Virtue Ethics and Moral Education”.

② UNESCO，Education for Sustainable Development：United Nations Decade (2005-2014)，UNESCO，2005，http://en.unesco.org/themes/education-sustainable-development，under Quality Education.

③ 关于ESD工具包2.0，见Rosalyn McKeown，*Education for Sustainable Development Toolkit*，Version 2.0，2007，http://www.esdtoolkit.org/discussion/reorient.htm，目前正在重新定向教育。如果想重新思考正统发展经济学，可参阅：Sen，*Development as Freedom*；and Stiglitz，Sen，and Fitousi，*Mismeasuring Our Lives*.

ESD 并没有基于一个合理的教育概念：这种批评之所以貌似有理，原因在于 ESD 和环境教育研究(EFS)的倡导者们，并没有把可持续发展教育的概念当作一种引导性的教育哲学。我们在第 4 章中概述了一种广义上的教育哲学，所以在这章中我们可以说明，ESD 或者 EFS 如同我们的设想和理解(EiS)的那样，不仅是一种合理的教育，而且也是合理教育必不可少的要素。环境保护主义者和环境教育工作者们一直颇受人们怀疑，被认为激进且过分关注自然议题，而这样的议题并不符合人类利益或者学生们的利益，相反却只是训练学生为了环境或可持续而行动。现在应该清楚的是，人类利益很大程度上依赖于自然系统的健康，但是在概念化可持续发展教育过程中，最好从这样的一种教育概念开始，即判断相关教育需求，了解什么才是对学生们有益的，并且培养锻炼他们，进而能够过好生活。

我们在本章开篇时就建议，儿童应该有权接受可持续教育，并且有许多道德和审慎方面的理由，说明提供一种 EiS 方面的教育有助于促进合作来解决可持续问题。我们将以第 4 章中介绍的一般性教育概念为基础，进一步详述这些论点：EiS 不仅仅从教育上来讲是正当的，对于一种全面教育来说也是至关重要的。

6.6 为什么所有的孩子都有权接受 EiS

获得可以让人在这个世界上生存并过上美好生活所需具备的理解力、能力和合作美德的机会，可以说是人们的一项基本权利。我们认为，社会各类机构都应该为人们提供过好生活的必需品，主要是那些没有外界帮助情况下通过个人努力无法有效获得的必需品。如果这在社会可持续的能力范围内但却未能做到的话，将被认为是不公正的。儿童有权(entitled)获得大量的机会去过上美好生活，教育机构显然应该是提供这种机会的重要机构之一，其作用就是促进各种有利于学生们过上美好生活的个人发展形式。

第 1 章和第 2 章概述的可持续的挑战与障碍，是我们生活的世界中非常重要的方面，并且它们将会为可预见的未来塑造这些机会。一种适合于提供大量过好生活机会的教育，怎么会不提供应对这些挑战和障碍所需要的理解力和能力呢？因为可持续的障碍包括没有协调就无法解决的集体选择问题（如全球合作），必然涉及多维度的合作，儿童有权享有的教育也必然包括授以必要的知识，培养学生们理解并参与到区域合作和全球合作中。

教育机构有其独有的特征，它们通过指导学习者从事各种可以促进人类繁荣（express human flourishing）的实践，在令人钦佩又令人满意的美好生活的活动中实现人类潜能，并实现其能力、自治和双方确认的人际关系这三种基本心理需求。这类实践大多都有助于培养公民能力，创造经济与社会机会。此外，调查实践与批判理性或批判性思维，作为个人效能或有效代理人的工具，具有深远意义。代理人（agency）或者说世界上的参与主体包含以下三个基本方面：对我们赖以生存的这个世界的信念或理解，指导我们行动的目标和价值观，我们在行动过程中运用的能力。我们可以并且应该对此承担责任，因为我们可以基于所有这些方面，从事略微有效的自我反思，进而努力做得更好。从事这种自我反思，使我们能够有选择地克服我们思维模式、理解力、能力、动机和偏好的一些局限性。它使我们更加自由，并且使我们为过上美好生活所做的努力更加有效。因此，我们应该捍卫在批判性思维实践中提供教育，这也是那些向儿童提供大量过上美好生活机会的社会与教育事业的重要内容。

教育的重要相关目标之一就是培养良好的判断力，这是在做任何事情过程中，有关能力的重要内容。通常情况下，我们的行为都是在已嵌入其他环境的环境中发生的，例如社会的、机构的、人为建造的和自然的。所有这些环境都是动态、相互作用且不断变化的。我们日常行动的各个分支，通过多种无限复杂的方式触及全球每个角落，还涌现出多种日益专业化的专门知识形式。了解我们各种选择的重要性，似乎需要将所有这些专业知识形式联系到一起的命令和能力，抑或对各种专家判断的明智的依赖，此外它还需要一种非凡的能力，可以让那些判断切实影响到自己的观念和选择。前者不可能做到，后者也非常不易，但是充分理解调查工作的严谨性、系统运行的复杂性等内容，可以使我们更容易地辨别谁才是相关的专家，认识到他们的发现对于个人利益和生活计划而言究竟意味着什么。

旨在培养学生良好判断力的学校，应该既能让学生自主学习个别学科，也能培养学生跨学科整合不同观点的能力。① 经验、阅读和人际联系的广度，对于批判性思维而言是非常重要的资源。我们还可以通过体验式学习和项目型团队学习的形式，来进一步拓展这种广度。这些学习形式可以促进交叉课程整合，并将课堂所学与社会和世界紧密联系起来。强有力的批判性思维也需要各种分析工具，并且以各种判断标准为指导，其中，有些判断标准较为一般化（如通用逻辑、论证分析等），而有些判断标准则是具体到由各种研究和实践领域确定的证据和推理形式。② 这些技能的学习，通常需要教师的帮助。将各种分析工具和标准结合起来以理解和判断复杂事物的这门艺术，必须不断被实践和运用。在批判性思维与判断方面，最有效的课程可能会让学生们去团队合作，把不同学习领域的知识资源汇聚起来，应用于现实世界中的各种问题，然后去研究这些问题并提出相应的建议。

如果这是教育的应有之义，那么假若它是灌输性的、狭隘行为意义上的、天然地基于有争议的价值承诺，或者优先考虑那些与学习者自身的发展与福利不相关的目标，那么 EiS 就不能算是教育。孩子们有权接受教育，也有权拥有一种 EiS 形式。这种形式不仅为

---

① Gerald Nosich, *Learning to Think Things Through: A Guide to Critical Thinking across the Curriculum*, 4th ed., Upper Saddle River, NJ: Pearson, 2011，为如何做到这一点提供了一个模型。它为学生提供了确定他们可能研究的任何领域的基本结构的工具，并以实际推理和判断将这些领域的资源结合在一起。

② Harvey Siegel, *Educating Reason*, New York: Routledge, 1988; and Matthew Lipman, *Thinking in Education*, 2nd ed., Cambridge: Cambridge University Press, 2003.

他们提供应对险恶世界所需的广泛而深刻的理解力与各种技能，还为他们提供了在克服可持续障碍过程中，自我指导所需的关键洞察力和思维习惯，并且还能为孩子们提供各种创造与协作能力，这既是为了应对可持续挑战，也是为了在过程中找到满足感。合适、有效的 EiS 将会有助于促进社会转型，并且改善人类福祉。

6.7 提供 EiS：道德理由与审慎原则

我们的个人行为，会通过经济关系、污染、对公共资源的依赖和气候不稳定等因素，产生全球影响。在第 3 章中，我们指出，这将使得全球监管协议的谈判成为一种道德上而不仅仅是实践中的必需品。① 从道德(morally)上来讲，我们应该相互交涉，讨论我们的行为如何损害彼此的利益，并明确什么才是或不是错误的、违背那些利益的行为。实践中(practically)，不存在单边方案，足以解决全球对地球系统资源边界造成的压力、对水资源系统和其他自然资本施加的不可持续跨界负担。我们往往需要在全球范围内采取协调一致的行动来解决这些问题，而且除非被认为是建立在公平协议的基础上，否则这种行动完全不可能发生。

如果全球合作是道德与审慎的要求，那么以下两个理由都支持开展全球公民教育。之所以需要这种教育，首先是因为促进(facilitation)合作需要这方面的知识。

- 非常了解合作的价值；
- 了解可能合作的机构基础，如联合国；
- 参与合作安排可能需要的理解力、技能、能力和知识。

第二个理由是，我们需要全球公民教育，以便于确保任何可能通过协商谈判达成的合作条款的合法性(legitimacy)。合法性取决于

---

① 关于经济关系的全球影响，可参阅：Mike Davis, *Planet of Slums*, London: Verso, 2009. 关于污染的全球影响及其对健康和粮食来源的影响，可参阅：Dodds, *Humanity's Footprint*, pp. 3, 48-62; and Guidotti, *Health and Sustainability*.

透明度，这需要了解所涉及的内容，因此需要很多针对可能直接或间接成为谈判的缔约方或是服从其合作条款的人的相关教育，简而言之，涵盖世界上的每一个人。合法性还要求，基于正确理解什么危在旦夕、如何达成相关合作安排等内容，尽可能通过自愿合作的方式，制定相应的合作条款(各方都会遵守)。无论我们可能在多大程度上选定公平的全球合作条款，但要说它能为实现充分事务透明的理想奠定基础还为时尚早。

正如我们所言，全球合作解决可持续问题，不但在道德上是必要的，而且也是符合审慎原则的(prudent)。人类文明赖以生存的全球共同体(大气与海洋系统)健康状况日益下降，在这种情况下，如果世界各国仍以竞争性的方式来处理这些问题而不愿意接受集体限制，时间越长则各国人民的生活将会变得越困难。这意味着，支持我们刚刚概述的教育所需要的合作，不仅是道德方面的义务，而且也是符合审慎原则的。作为一种审慎的私利问题，知情而理性地愿意合作，是儿童有权获得教育的必然要求，也是儿童接受相关教育进而为过好生活做准备的应有之义。

关于气候突变，有种对立性的观点似乎说得通，就是将同时出现“赢家”和“输家”。真实的情况是，在接近全球变暖门槛值(below some threshold of warming)的情况下，有些人会比其他人更脆弱。①我们不能根据这一点就认为，那些目前较不容易受到伤害的个人和国家，明智的做法应该是反对维持在门槛值以内需要的合作。缺乏有效协调行为的情况下，长期下去几乎不会有任何赢家，甚至更没有理由认为，当前赢家的利益将不会受到足够的损害从而让合作变得更有价值。地球被改变到深深损害那些已经存活了数百年之久的大部分生命形式，显然不符合任何人的利益。

可以肯定的是，还有无数关于必要合作条款的问题尚未得到解

---

① W. Neil Adger et al., eds., *Fairness in Adaptation to Climate Change*, Cambridge, MA: MIT Press, 2006; and Moser and Boykoff, eds., *Successful Adaptation to Climate Change*.

决。最令人烦恼的可能是人口规模与生活质量之间的权衡。面对这样一种通过各类市场来分配大量生育权利的现状(这些市场会逐渐拒绝给予穷人他们能承受的、维持其孩子们生命的手段)可以推测，很快人们就会认为生育权并不是什么无限的自由权，而是有限的福利权。目前可以肯定的是，所有用来支持我们正捍卫的这种教育的理由，都旨在让我们相信：在充分了解不可持续的人类需求对地球造成巨大影响之后，世界上的每个人都应该有权做出自己的生育决策，而普及女孩的基础教育将是关键的第一步。

我们认为，儿童应该有权利获得适当教育意义的 EiS 形式，并且这种 EiS 的一部分，应该是为审慎参与全球合作以解决可持续问题而做好前期准备。我们也有充分道德和审慎方面的理由认为，人们应该愿意并且准备参与到公平全球合作条款的制定中，而且这种合作必须基于人们理性、自由、知情地理解与接受合作条款。人们是否能围绕任何这类条款达成协议，并确保可以遵守这些条款，其前景同样都依赖于前述的理解与接受，因而也就依赖于 EiS 的质量及其全球影响力。

6.8 课程与教学建议

现在我们可以陈述上述所有信息中的相关建议。

尊重儿童的知情权、独立思考，以及他们用以负责任地过好生活的良好判断力。尊重教师们的专业判断力，为他们提供机会去学习需要了解的知识，还要承认并感谢他们在提供创新教学领域的成就。教育的根本任务是促进各种有利于人们过上美好生活的发展形式，在此过程中提供大量生活与成功的机会。其中最基本的就是培养人们自我反思、批判性思维、创造性生活的能力。这些能力也是具体涉及能让儿童应对可持续挑战的教育内容的基础。为了提供有适当教育意义的 EiS 形式，教师们需要有足够的机会和激励，以获得他们所需要的对于可持续的深度理解。相关课程与问责框架，需要为交叉类课程协作与创新性教学腾出一定空间。

更系统地教授环境研究。环境研究的课程应该包括有关的环境科学、环境难题、环境影响的区域和全球分布，以及在解决环境难题方面的合作或不合作状况。重要的是，学生不但学习科学知识，而且可以通过科学的方法与解释性资源来理解周围世界发生的事情。如果没有这种对于科学探究的理解与开放态度，那么对科学的学习就会懈怠和无效率，也无法对必做之事的信念提供基础支撑。鉴于充分的环境科学教育应该辅以其他形式的可持续发展教育(涉及相关环境问题、环境影响的分布，合作或不合作状况)，这就意味着，要将学生的学习和调查研究扩展到那些至关重要也颇有争议的事情上。富裕国家的学生，需要了解远比现在更多的关于贫困的情况，以及环境收益与负担在全球范围与本国国内的分配情况。要想了解这些情况，他们有必要了解一些令人沮丧的真相，即大量资源已被用来掩盖事实，包括污染、环境损害，以及这些损害对人类健康造成的巨大且被非均衡分配的负担。

把环境研究与真实历史、史前史整合起来。理解可持续，需要掌握关于社会复杂性、崩溃、各种生存模式与动因的知识。学生们都应该知道这些相关故事，包括复活节岛(Easter Island)、新月沃地(Fertile Crescent)灌溉与生态系统灾难、玛雅(Maya)的人口过多与崩溃，等等。他们应该了解，那些人类学家、地理学家和其他学者用于研究分析社会复杂性与崩溃的模型，还有那些模型是如何应用于他们自身的世界与生活中的。

依据UNESCO对环境素养给出的广泛概念，历史和社会学研究课程应该提出并分析，竞争性获取稀缺资源对于战争起源和种族灭绝所起到的作用。[①] 这种学习最好能有详细的案例研究，包括一些能够提供有关冲突背景的案例。不得不承认，诸如水资源权利在以色列与巴勒斯坦冲突中的作用，美国与英国石油利益在中东政治历

---

① 如本章开头部分所述，环境教育的"扫盲"被广泛地理解为包括"确定可持续发展威胁的根本原因的能力，以及解决可持续发展的价值观、动机和技能"。这肯定包括了承认战争是有可能发生的这一事实，并打消不愿意接受公正和和平的稀缺资源分配的这一想法。

史中的作用，想要在学校中就能够真正解决这些颇具争议性的事件是非常不现实的。但是对于美国、英国和中东地区的学生而言，去了解这些历史的具体真相和一般教训，既是他们应该享有的权利，也符合他们自身的利益。战争在多大程度上是由混淆视听引起的，假装把未被承认的私人利益视为一种共同的国家或国际利益？充分了解这些，肯定与学生们的利益息息相关。在当下这个资源稀缺的时代，人类需要警惕全球公民权和安全保障并时刻抵制战争的诱惑。

将经济学与环境研究相结合。学生们可以受益于被正确教导一些生产方式(包括农业和工业)及围绕这些生产方式而产生的环境争议。他们离开学校的时候要能够了解，在许多普通商品的生产过程中要消耗多少能源和水资源(例如，做1个汉堡需要消耗800加仑水，生产1加仑玉米乙醇需要消耗1 700加仑水)，以及大气中的碳和其他废弃物是如何被释放出来的。整个课程体系需要尽可能有效地关注对学生们批判性思维和创造性思维的培养，并让他们把学到的这些思维切实应用到许多重要问题上。如何才能重新设计生产、市场营销和分销系统，使之更为环保？如果经济不增长的话，我们怎样才能更好地生活？更为平等的分配政策能在多大程度上提供帮助？什么样的人(如果有的话)能从人口增长和对不断增加的财产、商品和服务的需求中受益，谁又不会受益呢？

鼓励智慧、创造性和适应能力。学校可以促使学生去考察、反思并重新设计我们生活的各个方面，旨在做出最佳调整，最终实现可持续的人类足迹。在这个过程中，各个学校可以培养学生掌握各种实用技能，并将重点放在设计、经济与适应性方面。通常认为，这种方法作为我们生活方式调整的基础，不仅会带来集体利益，还是快速变化的世界中可用于防范职业风险的个人保险。它将有助于实现自给，朱丽叶·肖尔(Juliet Schor)认为，这种自给是所有个体迈向更可持续、更为人道的经济的重要一步。①

关于适应能力和文化抗拒(cultural intransigence)可能造成的灾

① Schor, *Plenitude.*

难性代价，学校应该提供一些相关课程，介绍各个社会由于未能适应这些变化而招致的灾难。格陵兰岛挪威人(Greenland Norse)没能放弃他们从欧洲继承来的、无法适应当地环境的生活习惯，就为这类灾难提供了一个活生生的例子。[①] 学校可以提供一些以案例为基础的调查研究型学习机会，其重点是当代文化习俗，例如，与黄金有关的文化习俗。为了增强饮食方面的适应能力(在富裕的北半球，增强饮食适应性可能会促使碳足迹减少 20%)，学校可以在能源经济学的课上为学生提供有关食物选择及经验的教学指导，以拓宽学生在烹饪方面的视野。

倡导低影响力的活动，鼓励人们将其作为过上美好生活并且符合可持续的基础。在环境上低影响力的活动可能包括智力、音乐、运动和社会消遣，也可以视需要对现有形式略做调整，例如，减少对交通运输和能源资源的需求。针对我们第 3 章讨论的对于人类福祉与物质主义的研究越来越多，那些研究可以连同这点一起教授给学生，并将其作为批判性思考文化实践的学科基础。

学校去商业化。各个学校都应该禁止以下现象：有关消费的商业化信息、通过消费来定义个人身份、通过物质消费来解决个人问题，除非是将之作为批判性思维训练的对象。适度推进学校去商业化，将有助于让孩子们更容易地区分开他们所需要和他们所想要的，也更容易去抵制那些过度和盲目消费的诱惑。由于这个步骤是适度的，它要求我们再次相信维护包括学校在内的公共空间的重要性。在公共空间里，我们可以公众为由进行公共活动和维护公众利益，并且摆脱商业利益的支配性影响。

教授批判性思维，使孩子们能够从宣传中辨别真相。此处我们要再重复一遍：在整个课程中，应该尽可能有效地侧重于培养学生们的批判性思维和创造性思维，并指导学生们将这些思维应用于一些重要问题。这需要借鉴多学科视角，对批判性思维的方法给予持续、直接的教导，对争议中的关键问题进行批判性和创造性思考的

---

① Diamond, *Collapse*, pp. 211-276.

实践，还有对媒体和宣传的批判性研究。此外，我们还欠孩子们一种必要的、可以保护他们自身免受错误信息和误导性观点宣传影响的手段和能力。

通过文献和艺术来倡导批判性自省和创造性生活。故事通常可以用生动和难忘的方式传达许多重要的人类道理，指导我们过好生活的历史感观，并因其最容易通过贴近我们自身生活的故事性叙述模式而产生影响。就这点而言，这些模式可为分析和批判性思维提供许多分析模型工具，后者用于分析生态系统、社会复杂性与崩溃的各种动因。除此之外，艺术也极为有助于培养人们日常生活规范与习俗之外的思考能力。

运用合作学习、公民学习和基于项目的学习。学习如何有效地思考可持续及如何才能通过合作来实现可持续，需要经常参与交叉课程学习，并与他人合作实现共同目标的经验。吸引其他那些和自己意见不同的人参与到互相尊重并且富有成效的讨论与合作之中，此种经验也有助于上述学习过程。合作学习、公民学习和基于项目的学习在这一领域，就像在其他领域一样都具有显著价值。社区公共卫生风险对于基于项目的学习而言，可以成为一种尤其值得关注的焦点，它关系到以下内容：环境担忧、对监管计划的批判性思考，健康、家庭与职业教育。①

让孩子们为全球合作做好准备。很多因素都有助于培养人们的开放性和参与全球合作的能力，例如认真教授地理学、语言学、全球事务、联合国历史、对贫困和政府为公民获得宜居未来的能力变弱的理解、合作公民学习。如果要在学校里鼓励爱国主义，就必须是一种致力于保护国家内外美好事物并纠正不好事物的爱国主义：一种符合负责任全球公民身份的爱国主义形式。② 学校应通过鼓励学生参与全球宪法活动来促进全球公民身份的形成，并培育对全球

---

① Joy Horowitz, *The Poisoning of an American High School*, New York: Penguin, 2007，描绘了一个错过这种学习机会的教训。

② Curren and Dorn, *Patriotic Education*.

社会的依恋感。

让每个人都做好准备去面对一个生育率较低、人口较少的世界。如果和所估计的情况一样，人类目前在地球上的生存状况造成了环境过度使用，并且假如联合国的人口预测是正确的话，那么 21 世纪后半叶，地球人口将会显著下降。还不太确定的是：地球人口下降是通过人道还是不人道的方式；相关决定将如何并且在多大程度上可以反映人口规模与风险之间的各种权衡。目前也不清楚的是如何才能最好地让年轻人为此做好准备。但是无论采取何种方法，都必须设法让他们拥有想象力、理解能力和批判能力，从而能以也许我们现在无法设想的方式过上有益的生活。

6.9　EiS 的伦理部分

EiS 的伦理组成部分无疑将被蔑视为灌输教义，教授有争议性或虚伪的道德，或者说仅仅因为其主题为伦理道德，就超越了一个公立学校的教育职责范围。我们在第 3 章对可持续伦理合理性的论证，为捍卫可持续伦理在学校中的作用做了一些基础性工作。然而我们需要再强调特别是关于教学方式的几点内容：我们应该鼓励学生积极探究有关伦理道德问题。重要的是，要从一开始就认识到合法性必须要被各界充分理解，包括不仅要在公共领域外部(学校工作受到成年人的质疑和挑战)被理解，还要从内部在学校和教室生活中被理解。合法性涉及向那些受制于权威的人们行使这些权威的合理性，教育工作者们要想成功地让学生们通过学习而获得诸多机会，就需要学生们知情地合作，这就像保留长期过上美好生活机会一样：这门政治艺术也需要知情地合作。

第 3 章给出的可持续伦理原则，是对那些常见而无可争议的共同道德原则的应用，制定这些原则旨在让它们应用于一些明显的可持续事务中。对于任何一位承认有理由担忧可持续的人来说，那些原则显然能够反映人类之间基本尊重的各种方式。因此，我们所确定的可持续伦理原则，在各个学校应该都是可以教给孩子们的，这如同其他那些已经在学校被教导的共同道德的内容或应用一样，都是不言自明的。道德怀疑论者可能坚持认为，即使提供最基本的尊重他人的伦理，这在公立学校当中也仅是一些“观点”而不是合法教学的一部分。但是所有普通法(common law)的司法管辖区，都通过法律处罚来强制执行(enforce)这种伦理道德。所以如果未能教授这方面内容，这种做法不可能是合法的。①

我们在第 2 章和第 3 章中讨论过，法律的合法性是以道德内容或法律辩护教育的基础为先决条件的。由此可知，公立学校不仅有权进行基本的道德教育，而且有责任这样做。我们对于道德教育以及儿童道德发育步骤的看法是，从基本道德原则、善良与恶劣的具体例子开始讲起，之后再逐渐增加对那些原则的应用，以及过好生活的过程中出现的相关复杂性的精细理解。② 从不成熟地掌握人类事务和相应不充分地理解共同道德原则的影响及其局限性，到更为成熟、充分的理解，这个过程是非常缓慢的，有时是痛苦的，并且通常需要对一些具体案例进行反思。那些案例可能是真实的，也可能是虚构的。无论遇到什么案例，基于这些案例进行反思或审查的学习，都将依赖于学习者经历和参与的许多在道德方面非常严肃的对话(conversation)：这些对话旨在寻求理解，进而也是开放的甚或带有某种程度上的哲理性。学生们不仅应该能够进行基于案例的对话，而且应该热切地接受这种对话。

能够成功做到这一点的老师，将会是那些他们自身就很熟悉伦理道德反思的规范与模式，并且已经通过展示必要的美德，进而在

---

① Randall Curren, “Moral Education and Juvenile Crime,” in *Nomos XLIII: Moral and Political Education*, ed. Stephen Macedo and Yael Tamir, New York: NYU Press, 2002; and “A Neo-Aristotelian Account of Education, Justice, and the Human Good,” *Theory and Research in Education* 11, no. 3, 2013.

② Robert Fullinwider, “Moral Conventions and Moral Lessons,” *Social Theory and Practice* 15, no. 3, 1989; Michael Pritchard, *Reasonable Children: Moral Education and Moral Learning*, Lawrence: University Press of Kansas, 1996.

学生们那里树立了道德权威的老师。对道德反思的参与，必须以一种能够吸引学生的方式来设计，比如承诺一些好处，立刻会获得一些奖励，从而满足学生们对能力、自决和良好人际关系的需求。[①]这些好处与奖励是有可能实现的，只要教师们可以传播道德严肃性的价值，并且带领学生们参与许多道德反思的活动。还必须要明确并进一步强化合理性与理性交易的规范，以创建合作型伦理探究的课堂社区。被邀请参加的学生，必须承担尊重他人的责任(通过专心、开放型学习并且乐于接受他人劝说)，也需要拥有相应的权利(通过他们评论的伦理感知，来确立他们自身的道德权威)。教师道德权威的基础，无疑要比他在伦理教育中的参与条款更为广泛，但是这种参与(伦理教育)的性质肯定非常重要。

一位老师，不仅需要有权威(in authority)(在他课堂上的权威，实际上是指他拥有一种制度授予的教授与管理班级的权利)，而且也需要对他的学生有权力(have authority)，也就是指能够通过学生们相信的方式(学生们相信老师知道什么是最好的)来促成合作——他们也相信，老师"能够知道需要做什么"[②]。只要学生们觉得他们的老师具有道德权威(moral authority)，这种权威就将会被学生认为是非强制性的。而且学生们很可能会认为老师有这样的权威(对于所有被考虑的事情来说，老师知道什么才是最有利的)，如果学生们对于老师的感觉是老师尊重、关心他们，并以旨在有效保护学生利益的方式管理他的课堂。教学以及运用课堂权威的效力，取决于教师是否能成功地树立道德权威。这不仅适用于教授伦理道德，也适用于教授任何其他事物。让学生们参与一些开放式的伦理反思，也可以提高老师的道德权威。该伦理反思过程要显示出对学生的尊重，并且尽可能让学生更好地了解他们所感兴趣的内容，以及如何让它指导老师的行为。因此，在大学之前这种通过哲学探究式的伦理教育，

---

① Curren, "Motivational Aspects of Moral Learning and Progress".

② 约翰·格莱尼格(John Kleinig)将权威认定为一种影响的形式，这种观念依赖于有人知道什么才是应该(在某种意义上)做的事情，可参阅：Kleinig, *Philosophical Issues in Education*, London: Croom Helm, 1982, p. 213.

很可能就像它在柏拉图《法律篇》的城市中所起到的作用一样：既作为一种能从根本上促进个人良好行为的指导形式，这种良好行为包括凭自己的理由指导自己；又作为一种有助于增进合理权威的合法性并被理性地接受，因为它能让一个人更加明白究竟什么东西有利或不利于他自身的福利。

很多人已经通过诸多令人信服的细节表明，教师所能做的事情是有限的，还受到其所在学校特征与使命的塑造和影响。① 故此我们就必须(即使我们推动把课堂作为伦理道德探究的社区)看到课堂之外的东西，并把各个学校的使命和道德准则看作一个整体。各个学校所需要的东西，与我们所绘制的(有关个别教师们所需要的，以及有助于建立非强制性权威关系的)蓝图是一致的。正如教育心理学家琼·古德曼(Joan Goodman)写的那样："学术卓越的使命可以呈现一种更加道德、更富集体性的特征，当卓越是从自我服务的成就扩展到重视深入探索和问题阐述(valuing deep exploration and articulation of issues)、一系列工作中的高标准、面向校外改进的个人成就。我认为这些较宏伟的、更道德的目标，可以改善合法权威及其分配的平台。"②这个时候很难想起什么人性需求，更多的是"重视有关可持续的深入探索和问题阐述"。它对许多成年人而言，同样非常令人沮丧。因此，让这类探索与阐述成为我们学校的教学重点之一，将会非常有助于传达我们对孩子福利的关切，并且在一个充满着被我们生活方式所塑造和威胁的机会的世界中，可让他们成为过上美好生活的合作伙伴。他们以不破坏别人过上美好生活机会的方式过好自身的生活，是我们能够合法地确立教育道德权威的唯一基础。

回顾我们在第 4 章中指出的市场文凭主义的成本，我们必须强调，为接下来的后代提供耗时更短、更加确定职业认证途径的机会，

---

① Joan Goodman, "Student Authority: Antidote to Alienation," *Theory and Research in Education* 8, no. 3, 2010.

② Ibid., p. 241.

可以让他们放心地将可持续相关知识应用到实践中，从而为其他人保留过好未来的机会。在复杂性越来越高、出现机会分层的动态环境中，动机以及教育权威的合法性问题，对于孩子们的教育而言都是亟待关注的根本性问题。这些孩子并不是什么富家子女，而且获得文凭与学历需要花费更长时间与更高成本的情况下，他们也几乎没有能够在竞争中胜出的希望。考虑一下我们可以为那些前途暗淡的学生提供什么，也有助于我们深刻理解，未来几年应该打算给予每个人什么东西。焦虑、绝望都是了解可持续知识以后的常见反应，而最好的解药是一种个人的效能意识与幸福感（基于理解、行动、归属和拥有个人所追求机会的安全）。如果我们重点关注这些个人福祉与动机的要素，同样关注更大的可持续教育环境，那么这将会有很大的帮助。

结论：机会的承诺

> 人类中的父母，不仅通过怀孕和生育赋予他们孩子生命，同时还将孩子带到了这个世界上。在教育过程当中，他们既要承担孩子生活与发展的责任，又要承担让世界持续运转下去的责任……这个孩子需要特别的保护与照顾，以免让他遭受来自这个世界任何可能的伤害。但是，这个世界也需要保护，以防止被过度使用和完全摧毁。
>
> ——汉娜·阿伦特(Hannah Arendt)①

我们在这本书的序言中谈到，我们在养育和教学领域面临着尴尬的现实，就是作为这个世界的代言人——成年人，我们必须要相信在这个世界上有着可以过上美好生活的前景，并且要尽我们所能让我们的孩子也过上美好生活，同时还不会破坏其他人过上美好生活的前景。我们必须相信，这个世界依然充满许多机会，但也需要认识到我们目前集体生活的方式正在减少那些机会。公平地讲，坚持目前的这种状况是一种恶意或说不守信用的集体行为，不仅是对抽象社会契约的背叛，也是对我们所珍爱的年轻人的背叛。

兑现这种机会的承诺，将要求我们好好地教育孩子们，还要求改革我们的机构、制度、结构、环境、政策和做法，等等。这些亟

---

① Hannah Arendt, *Between Past and Future*, London: Faber & Faber, 1961, pp. 185-186. 阿伦特写道，这些话并不是在摧毁地球，而是通过极权主义意识形态来蹂躏欧洲。在当前的生态学知识的背景下，她对自然和地球异化的观念可能会使她的话有着更广泛的意义。

待被改革的方方面面，以许多方式且不同程度地构成了我们当前生活中已经超越自然界所能承受极限的各种活动。在本书中，我们已经阐明，不管需要什么样的技术创新来维持我们所熟知的文明，可持续不是一门科学，而是一种社会协调的艺术。从这个意义上来说，它是一门治理的艺术——当且仅当它能创造条件，促进广泛的合作(基于共同理解以及足够让所有人过好现在的机会)时，它可能会是有效与合法的。我们可从本书中多处发现这一点，比如在埃莉诺·奥斯特罗姆对环境共同分散式自治优势与要求的研究中，在对复杂性的协调成本与危害的反思中，还有在有关于可持续问题棘手性(wickedness)的研究文献中。棘手性这个词反映了一种虽有点勉强但渐趋显露的现实，即那些试图命令和控制人类的做法，对于改善社会系统的运行方式以及社会系统与自然系统之间的互动方式来说，作用不是很大。我们已经在本书中讨论过，如果各个社会仅从现在开始着手处理这些事情，那么重新审视柏拉图和亚里士多德的伦理和政治思想也许会有好处。这些哲学家尽管也有其局限性，但他们理解道德明晰、教育和机会公平是治理国家的根本，而法律(事实上也很重要)则起着次要作用，只有当法律被认为既有教育意义，又不是那么带有强制性的时候，它才最为有效。所有这一切都意味着：政府监管、以共同规范和理解为指导的集体行动、市场机制，都远没有最初设想的那么完美，它们必须要有机统筹地协调起来，以保留过好现在与未来的机会。

我们呼吁的教育改革，是需要更大范围一揽子改革的根本内容。之所以说教育改革是根本的，是因为它将提供理解力、能力和合作美德的基础，有助于在所有公民领域颁布与实施各项改革，从而足以使人类走上可持续的轨道。虽然我们已经肯定了本书提到的各种非教育类改革的可取之处，但我们的目的主要是提供普遍规范性和概念性的指导，而不是一套系统的改革议题。我们对于过上美好生活的理解受到了亚里士多德理念的启发，幸福主义心理学的最新进展为更可持续地生活和概念化长期保留过好生活的机会提供了基础，它也为我们履行对孩子们和这个世界的责任提供了基础。

参考文献

Adelson, Glenn, James Engell, Brent Ranalli, and K. P. Van Anglen, eds. Environment: An Interdisciplinary Anthology. New Haven, CT: Yale University Press, 2008.

Adger, W. Neil, Jouni Paavola, Saleemul Huq, and M. J. Mace, eds. Fairness in Adaptation to Climate Change. Cambridge, MA: MIT Press, 2006.

AghaKouchak, Amir, David Feldman, Michael J. Stewardson, Jean-Daniel Saphores, Stanley Grant, and Brett Sanders. "Australia's Drought: Lessons for California." Science 343, no. 6178 (2014): 1430-1431.

Agrawal, Arun. "Common Resources and Institutional Sustainability." In The Drama of the Commons, edited by Elinor Ostrom, Thomas Dietz, Nives Solsak, Paul C. Stern, Susan Stonich, and Elke U. Weber, 41-86. Washington, DC: National Academies Press, 2002.

Ainslie, George. Breakdown of Will. Cambridge: Cambridge University Press, 2001.

Allen, T. F. H., Joseph Tainter, and Thomas W. Hoekstra. Supply-Side Sustainability. New York: Columbia University Press, 2003.

Allouche, Jeremy, Carl Middleton, and Dipak Gyawali. "Nexus Nirvana or Nexus Nullity? A Dynamic Approach to Security and Sustainability in the Water-Energy-Food Nexus." STEPS Working Paper 63, STEPSCentre, Brighton, UK, 2014. http:// steps-centre. org/wp-content/uploads/Water-and-the-Nexus. pdf.

Andreou, Chrisoula. "Environmental Preservation and Second-Order Procrastination." Philosophy & Public Affairs 35, no. 3 (2007): 233-248.

Andreou, Chrisoula. "Understanding Procrastination." Journal for the Theory of Social Behaviour 37 (2007): 183-193.

Andrews, Cecile. The Circle of Simplicity. New York: Harper, 1997.

Annas, Julia. Intelligent Virtue. Oxford: Oxford University Press, 2011.

Archer, David. The Long Thaw: How Humans Are Changing the Next 100, 000 Years of Earth's Climate. Princeton, NJ: Princeton University Press, 2009.

Arendt, Hannah. Between Past and Future. London: Faber & Faber, 1961.

Armitage, Derek, Rob C. de Loë, Michelle Morris, Tom W. D. Edwards, Andrea K. Gerlak, Roland I. Hall, Dave Huitema, Ray Ison, David Livingstone, Glen MacDonald, Naha Mirumachi, Ryan Plummer, and Brent B. Wolfe. "Science-Policy Processes for Transboundary Water Governance." AMBIO 44, no. 5 (2015): 353-366.

Aşıcı, Ahmet Atıl, and Sevil Acar. "Does Income Growth Relocate Ecological Footprint?." Ecological Indicators 61 (2016): 707-714.

Associated Press. "5 Years after BP Spill, Drillers Push into Riskier Depths." Chicago Tribune, April 20, 2015. http://www. chicagotribune. com/news/nationworld/chi-bp-oil-spill-20150419-story. html.

Attas, Daniel. "A Transgenerational Difference Principle." In

Intergenerational Justice, edited by Axel Gosseries and Lukas H. Meyer, 189-218. Oxford: Oxford University Press, 2009.

Australian Public Service Commission. Tackling Wicked Problems: A Public Policy Perspective. Canberra: Australian Public Service Commission, 2007.

Bäckstrand, Karin. "The Democratic Legitimacy of Global Governance after Copenhagen." In The Oxford Handbook of Climate Change and Society, edited by John S. Dryzek, Richard B. Norgaard, and David Schlosberg, 669-684. Oxford: Oxford University Press, 2011.

Baer, Paul, Tom Athanasiou, Simon Kartha, and Eric Kemp-Benedict. "Greenhouse Development Rights: A Framework for Climate Protection That Is 'More Fair' than Equal Per Capita Emissions Rights." In Climate Ethics, edited by Stephen M. Gardiner, Simon Caney, Dale Jamieson, and Henry Shue, 213-230. Oxford: Oxford University Press, 2010.

Bager, Simon. "Big Facts: Focus on East and Southeast Asia." CGIAR, May 6, 2014. http://ccafs.cgiar.org/blog/big-facts-focus-east-and-southeast-asia#.VQc6ZY7F98E.

Baker, David P. "The Educational Transformation of Work: Towards a New Synthesis." Journal of Education and Work 22 (2009): 163-193.

Baker, David P. "Forward and Backward, Horizontal and Vertical: Transformation of Occupational Credentialing in the Schooled Society." Research in Social Stratification and Mobility 29 (2011): 5-29.

Baker, David P. The Schooled Society: The Educational Transformation of Global Culture. Stanford, CA: Stanford University Press, 2014.

Balot, Ryan. Greed and Injustice in Classical Athens. Princeton, NJ: Princeton University Press, 2001.

Barlow, Maude. Blue Future: Protecting Water for People and the Planet Forever. New York: The New Press, 2013.

Barnosky, Anthony D., James H. Brown, Gretchen C. Daily, Rodolfo Dirzo, Anne H. Ehrlich, Paul R. Ehrlich, and Jussi T. Eronen. "Introducing the Scientific Consensus on Maintaining Humanity's Life Support Systems in the 21st Century: Information for Policy Makers." The Anthropocene Review 1, no. 1 (2014): 78-109.

Barry, Brian. "Sustainability and Intergenerational Justice." In Environmental Ethics, edited by Andrew Light and Holmes Rolston III, 487-499. Malden, MA: Blackwell Publishing, 2003.

Barry, Brian. Why Social Justice Matters. Cambridge: Polity Press, 2005.

Bartlett, Peggy, and Geoffrey Chase, eds. Sustainability on Campus: Stories and Strategies for Change. Cambridge, MA: MIT Press, 2004.

Batie, Sandra S. "Wicked Problems and Applied Economics." American Journal of Agricultural Economics 90, no. 5 (2008): 1176-1191.

Bea, Robert. "Understanding the Macondo Well Failures." Deepwater Horizon Study Group Working Paper, January 2011. http://ccrm.berkeley.edu/pdfs_papers/DH SGWorkingPapersFeb16-2011/UnderstandingMacondoWellFailures-BB_DHSG-Jan2011.pdf.

Becker, Christian. Sustainability Ethics and Sustainability Research. Dordrecht, Netherlands: Springer, 2011.

Bellamy, Richard. Citizenship: A Very Short Introduction. Oxford: Oxford University Press, 2008.

Biello, David. The Unnatural World: The Race to Remake Civilization in Earth's Newest Age. New York: Scribner, 2016.

Bills，David. Sociology of Education and Work. Malden，MA：Blackwell，2004.

Bills，David，and David Brown，eds. New Directions in Educational Credentialism. Special issue，Research in Social Stratification and Mobility 29，no. 1（2011）：1-138.

Blomqvist，L.，B. W. Brook，E. C. Ellis，P. M. Kareiva，T. Nordhaus，and M. Shellenberger. "Does the Shoe Fit? Real versus Imagined Ecological Footprints." PLoS Biology 11，no. 11（2013）. doi：10. 1371/journal. pbio. 1001700.

Bodor，Sarah. "Every Student Succeeds Act Includes Historic Gains for Environmental Education." NAAEE，December 9，2015. https://naaee. org/eepro/resources/every-student-succeeds-act-includes-historic-gains-environmental-education.

Bonevac，Daniel. "Is Sustainability Sustainable?." Academic Questions 23（2010）：84-101.

Boudon，Raymond. Education，Opportunity，and Social Inequality：Changing Prospects in Western Society. New York：Wiley，1974.

Bourdieu，Pierre，and Jean-Claude Passeron. Reproduction in Education，Society，and Culture. Beverly Hills，CA：Sage Publications，1977.

Bourn，David. "Education for Sustainable Development and Global Citizenship：The UK Perspective." Applied Environmental Education and Communication 4（2005）：233-237.

Bourn，David. "Education for Sustainable Development in the UK：Making the Connections between the Environment and Development Agendas." Theory and Research in Education 6，no. 2（2008）：193-206.

Bowen，Frances. After Greenwashing：Symbolic Corporate Environmentalism and Society. Cambridge：Cambridge University

Press, 2014.

Bowles, Samuel, and Herbert Gintis. Schooling in Capitalist America. New York: Basic Books, 1976.

"BP's Troubled Past." PBS Frontline, October 26, 2010. http://www. pbs. org/wgbh/ pages/frontline/the-spill/bp-troubled-past/.

Breyfogle, Nicholas. "Dry Days Down Under: Australia and the World Water Crisis." Origins 3, no. 7 (2010). http://origins. osu. edu/article/dry-days-down-under-australia-and-world-water-crisis.

Brighouse, Harry. "Globalization and the Professional Ethic of the Professoriat." In Global Inequalities and Higher Education, edited by Elaine Unterhalter and Vincent Carpentier, 287-311. New York: Palgrave Macmillan, 2010.

Brighouse, Harry, and Ingrid Robeyns, eds. Measuring Justice: Primary Goods and Capabilities. Cambridge: Cambridge University Press, 2010.

Brock, Gillian. Global Justice: A Cosmopolitan Approach. Oxford: Oxford University Press, 2009.

Broome, John. Climate Matters: Ethics in a Warming World. New York: Norton, 2012.

Brown, David K. Degrees of Control: A Sociology of Educational Expansion and Occupational Credentialism. New York: Teachers College Press, 1995.

Brown, Elaine M. The Deepwater Horizon Disaster. In Case Studies in Organizational Communication: Ethical Perspectives and Practices, ed. Steve May. 233-246. Thousand Oaks, CA: Sage Press, 2012.

Brown, Marilyn, Jess Chandler, Melissa V. Lapsa, and Benjamin K. Sovacool. Carbon Lock-in: Barriers to Deploying Climate Change Mitigation Technologies. Oak Ridge, TN: Oak Ridge National Laboratory, 2007.

Brown, Peter G., and Jeremy J. Schmidt, eds. Water Ethics: Foundational Readings for Students and Professionals. Washington, DC: Island Press, 2010. Thousand Oaks, CA: Sage Press, 2012.

Buchanan, Allen. "Political Liberalism and Social Epistemology." Philosophy & Public Affairs 32, no. 2 (2004): 95-130.

Buchanan, Allen. "Social Moral Epistemology." Social Philosophy and Policy 19 (2002): 126-152.

Bush, George W. "State of the Union Address." Washington, DC, 2007.

Campbell, Ian, Barry Hart, and Chris Barlow. "Integrated Management in Large River Basins: 12 Lessons from the Mekong and Murray-Darling Rivers." River Systems 20, no. 3-4 (2013): 231-247.

Caradonna, Jeremy L. Sustainability: A History. Oxford: Oxford University Press, 2014.

Cardenas, Juan-Camilo, Luz Angela Rodriguez, and Nancy Johnson. "Vertical Collective Action: Addressing Vertical Asymmetries in Watershed Management." CEDE, February 2015. doi: 10.13140/RG.2.1.2701.7767. https://www.researchgate.net/publication/275351883_Vertical_Collective_Action_Addressing_Vertical_Asymmetries_in_Watershed_Management.

Castree, Noel. "Reply to 'Strategies for Changing the Intellectual Climate' and 'Power in Climate Change Research'." Nature Climate Change 5 (May 2015): 393.

Castree, Noel, William M. Adams, John Barry, Daniel Brockington, Bram Büscher, Esteve Corbera, David Demeritt, Rosaleen Duffy, Ulrike Felt, and Katja Neves. "Changing the Intellectual Climate." Nature Climate Change 4 (September 2014): 763-768.

Cavanaugh, John, and Jerry Mander, eds. Alternatives to

Global Capitalism: A Better World Is Possible. San Francisco: Berrett-Koehler, 2002.

Chambers, Nicky, Craig Simmons, and Mathias Wackernagel. Sharing Nature's Interest: Ecological Footprints as an Indicator of Sustainability. London: Earthscan, 2000.

Chirkov, Valery I., Richard M. Ryan, and Kennon M. Sheldon, eds. Human Autonomy in Cross-Cultural Context: Perspectives on the Psychology of Agency, Freedom, and WellBeing. Dordrecht, Netherlands: Springer, 2011.

Church, Wendy, and Laura Skelton. "Infusing Sustainability across the Curriculum." In Schooling for Sustainable Development in Canada and the United States, edited by Rosalyn McKeown and Victor Nolet, 183-195. New York: Springer, 2013.

Cleveland, Cutler J., C. Michael Hogan, and Peter Saundry. "Deepwater Horizon Oil Spill." In Encyclopedia of Earth, edited by Cutler J. Cleveland. Washington, DC: Environmental Information Coalition, National Council for Science and the Environment, 2010. https://eoearthlive.wordpress.com/.

Cohen, Stanley. States of Denial. Cambridge: Polity Press, 2001.

Collie, Philip. Barriers and Motivators for Adopting Sustainability Programmes in Schools. Cheltenham, UK: Schoolzone, 2008.

Collins, Randall. The Credential Society: An Historical Sociology of Education and Stratification. New York: Academic Press, 1979.

Columbia Accident Investigation Board. Report of the Columbia Accident Investigation Board. Washington, DC: National Aeronautics and Space Administration, 2003.

Committee on the Affordability of National Insurance Program Premiums. Affordability of National Flood Insurance Program Premiums. Report 1. Washington, DC: National Academies Press,

2015. http://www. nap. edu/catalog/21709/affordability-of-national-flood-insurance-program-premiums-report-1.

Committee on the Human Dimensions of Global Change, Elinor Ostrom, Thomas Dietz, Nives Dolšak, Paul C. Stern, Susan Stonich, and Elke U. Weber, eds. The Drama of the Commons. Washington, DC: National Academies Press, 2002.

Conca, Ken. "The Rise of the Region in Global Environmental Governance." Global Environmental Politics 12, no. 3 (August 2012): 127-133.

Condon, Patrick. Seven Rules for Sustainable Communities: Design Strategies for the Post-Carbon World. Washington, DC: Island Press, 2010.

Conklin, Jeff. Wicked Problems and Social Complexity. Napa, CA: CogNexus Institute, 2006.

Connor, Steve. "The State of the World? It is on the Brink of Disaster." Independent, March 30, 2005. http://www. independent. co. uk/news/science/the-state-of-the-world-it-is-on-the-brink-of-disaster-530432. html.

Cooley, Heather, Newsha Ajami, Mai-Lan Ha, Veena Srinivasan, Jason Morrison, Kristina Donnelly, and Juliet Christian-Smith. Global Water Governance in the 21st Century. Oakland, CA: Pacific Institute, 2013.

Cooper, John, ed. Plato: Complete Works. Indianapolis: Hackett, 1997.

Cooper, Mark. "The Economic and Institutional Foundations of the Paris Agreement on Climate Change: The Political Economy of Roadmaps to a Sustainable Electricity Future." January 26, 2016. http://papers. ssrn. com/sol3/Papers. cfm ? abstract_id=2722880.

Cornwall, Warren. "Deepwater Horizon: After the Oil." Science 348, no. 6230 (2015): 22-29.

Costanza, Robert, and Herman Daly. "Natural Capital and Sustainable Development." Conservation Biology 6, no. 1 (1992): 37-46.

Costanza, Robert, Lisa J. Graumlich, and Will Steffen, eds. Sustainability or Collapse? An Integrated History and Future of People on Earth. Cambridge, MA: MIT Press, 2011.

Crocker, David, and Toby Linden, eds. Ethics of Consumption: The Good Life, Justice, and Global Stewardship. Lanham, MD: Rowman & Littlefield, 1998.

Curren, Randall. "Aristotelian Necessities." The Good Society 22, no. 2 (Fall 2013): 247-263.

Curren, Randall. Aristotle on the Necessity of Public Education. Lanham, MD: Rowman & Littlefield, 2000.

Curren, Randall, ed. A Companion to the Philosophy of Education. Oxford: Blackwell, 2003.

Curren, Randall. "Cultivating the Moral and Intellectual Virtues." In Philosophy of Education: An Anthology, edited by Randall Curren, 507-516. Oxford: Blackwell Publishing, 2007.

Curren, Randall. "Defining Sustainability Ethics." In Environmental Ethics, 2nd ed., edited by Michael Boylan, 331-345. Oxford: Wiley-Blackwell, 2013.

Curren, Randall. Education for Sustainable Development: A Philosophical Assessment. London: PESGB, 2009.

Curren, Randall. "Judgment and the Aims of Education." Social Philosophy & Policy 31, no. 1 (Fall 2014): 36-59.

Curren, Randall. "Meaning, Motivation, and the Good." Professorial Inaugural Lecture, Royal Institute of Philosophy, London, January 24, 2014. http://www.youtube.com/watch?v=rhjZvbvpJYQ&feature=youtu.be.

Curren, Randall. "Moral Education and Juvenile Crime." In

Nomos XLIII: Moral and Political Education, edited by Stephen Macedo and Yael Tamir, 359-380. New York: NYU Press, 2002.

Curren, Randall. "Motivational Aspects of Moral Learning and Progress." Journal of Moral Education 43, no. 4 (December 2014): 484-499.

Curren, Randall. "A Neo-Aristotelian Account of Education, Justice, and the Human Good." Theory and Research in Education 11, no. 3 (2013): 232-250.

Curren, Randall, ed. Philosophy of Education: An Anthology. Oxford: Blackwell Publishing, 2007.

Curren, Randall. "Sustainability in the Education of Professionals." Journal of Applied Ethics and Philosophy 2 (September 2010): 21-29.

Curren, Randall. "Virtue Ethics and Moral Education." In Routledge Companion to Virtue Ethics, edited by Michael Slote and Lorraine Besser-Jones, 459-470. London: Routledge, 2015.

Curren, Randall. "A Virtue Theory of Moral Motivation." Paper presented at the Varieties of Virtue Ethics in Philosophy, Social Science and Theology Conference, Oriel College, Oxford, January 8-10, 2015. http://www.jubileecentre.ac.uk/userfiles/jubileecentre/pdf/conference-papers/Varieties_of_Virtue_Ethics/Curren_Randall.pdf.

Curren, Randall, and Chuck Dorn. Patriotic Education in a Global Age. Chicago: University of Chicago Press, 2017.

Daily, Gretchen C., Stephen Polasky, Joshua Goldstein, Peter M. Kareiva, Harold A. Mooney, Liba Pejar, Taylor H. Ricketts, James Salzman, and Robert Shellenberger. "Ecosystem Services in Decision Making: Time to Deliver." Frontiers in Ecology and the Environment 7, no. 1 (2009): 21-28.

Davenport, Coral. "U. S. Will Allow Drilling for Oil in Arctic

Ocean." New York Times, May 11, 2015. http://www.nytimes.com/2015/05/12/us/white-house-gives-conditional-approval-for-shell-to-drill-in-arctic.html.

Davis, Mike. Planet of Slums. London: Verso, 2009.

De Wall, Franz. The Age of Empathy: Nature's Lessons for a Kinder Society. New York: Random House, 2009.

Deci, Edward L., Haleh Eghrani, Brian C. Patrick, and Dean R. Leone. "Facilitating Internalization: The Self-Determination Theory Perspective." Journal of Personality 62, no. 1 (1994): 119-142.

Deci, Edward L., Jennifer G. La Guardia, Arlen C. Moller, Marc J. Scheiner, and Richard M. Ryan. "On the Benefits of Giving as well as Receiving Autonomy Support: Mutuality in Close Friendships." Personality and Social Psychology Bulletin 32, no. 3 (2006): 313-327.

Deci, Edward L., and Richard M. Ryan. "Motivation, Personality, and Development within Embedded Social Contexts: An Overview of Self-Determination Theory." In The Oxford Handbook of Human Motivation, edited by Richard Ryan, 85-107. New York: Oxford University Press, 2012.

Deepwater Horizon Study Group. Final Report on the Investigation of the Macondo Well Blowout. March 1, 2011. http://www.aspresolver.com/aspresolver.asp? ENGV; 2082362.

Department for Children, Schools and Families. Brighter Futures—Greener Lives: Sustainable Development Action Plan 2008-2010. 2008. http://www.unece.org/fileadmin/ DAM/env/esd/Implementation/NAP/UK.SDActionPlan.e.pdf.

Department of the Environment, Water, Heritage and the Arts. Living Sustainably: The Australian Government's National Action Plan for Education for Sustainability. Canberra: Department of the Environment, Water, Heritage and the Arts, 2009.

Dernbach, John, ed. Agenda for a Sustainable America. Washington, DC: Environmental Law Institute Press, 2009.

Desha, Cheryl, and Karlson Hargroves. Engineering Education and Sustainable Development: A Guide to Rapid Curriculum Renewal in Higher Education. London: Earthscan, 2011.

de Vries, Bert J. M. Sustainability Science. Cambridge: Cambridge University Press, 2013.

Diamond, Jared. Collapse: How Societies Choose to Fail or Succeed. New York: Viking, 2005.

Diamond, Jared. "Invention Is the Mother of Necessity." New York Times Magazine, 1999. http://partners.nytimes.com/library/magazine/millennium/m1/diamond.html.

Dietz, Thomas. "Elinor Ostrom: 1933-2012." Solutions 3, no. 5 (August 2012): 6-7. http://www.thesolutionsjournal.com/node/1166.

Dietz, Thomas. "Informing Sustainability Science through Advances in Environmental Decision Making and Other Areas of Science." Paper presented at the NRC Sustainability Science Roundtable, Irvine, CA, January 14-15, 2016. http://sites.nationalacademies.org/cs/groups/pgasite/documents/webpage/pga_170344.pdf.

Dietz, Thomas. "Prolegomenon to a Structural Human Ecology of Human WellBeing." Sociology of Development 1 (2015): 123-148.

Dietz, Thomas, Gerald T. Gardner, Jonathan Gilligan, Paul C. Stern, and Michael P. Vandenbergh. "Household Actions Can Provide a Behavioral Wedge to Rapidly Reduce US Carbon Emissions." Proceedings of the National Academy of Sciences of the United States of America 106, no. 44 (November 2009): 18452-18456.

Dietz, Thomas, Eugene A. Rosa, and Richard York. "Driving the Human Ecological Footprint." Frontiers in Ecology and the Environment 5 (2007): 13-18.

Dietz, Thomas, Eugene A. Rosa, and Richard York. "Environmentally Efficient WellBeing: Is There a Kuznets Curve?" Applied Geography 32, no. 1 (2012): 21-28.

Dietz, Thomas, Eugene A. Rosa, and Richard York. "Environmentally Efficient WellBeing: Rethinking Sustainability as the Relationship between Human Well-Being and Environmental Impacts." Human Ecology Review 16 (2009): 113-122.

Dobson, Andrew. Citizenship and the Environment. Oxford: Oxford University Press, 2003.

Dobson, Andrew. "Environmental Sustainabilities: An Analysis and a Typology." Environmental Politics 5, no. 3 (1996): 401-428.

Dobson, Andrew, and Derek Bell, eds. Environmental Citizenship. Cambridge, MA: MIT Press, 2006.

Dodds, Walter. Humanity's Footprint: Momentum, Impact, and Our Global Environment. New York: Columbia University Press, 2008.

Dore, Ronald. The Diploma Disease: Education, Qualification, and Development. London: Allen and Unwin, 1976.

Dryzek, John. The Politics of the Earth: Environmental Discourses. 3rd ed. New York: Oxford University Press, 2013.

Dryzek, John. Rational Ecology: Environment and Political Economy. Oxford: Blackwell, 1987.

Dryzek, John S., Richard B. Norgaard, and David Schlosberg, eds. The Oxford Handbook of Climate Change and Society. Oxford: Oxford University Press, 2011.

Dunlap, Riley E., and Aaron M. McCright. "Organized Climate Change Denial." In The Oxford Handbook of Climate Change and Society, edited by John S. Dryzek, Richard B. Norgaard, and David Schlosberg, 144-160. Oxford: Oxford University Press, 2011.

Eastman，A. D. "The Homeowner Flood Insurance Affordability Act：Why the Federal Government Should Not Be in the Insurance Business." American Journal of Business and Management 4，no. 2 (2015)：71-75.

Echegaray，Jacqueline Nolley，and Carol Elizabeth Lockwood. "Reproductive Rights Are Human Rights." In A Pivotal Moment，edited by Laurie Mazur，341-352. Washington，DC：Island Press，2010.

Edwards，Andres. The Sustainability Revolution. Gabriola Island，British Columbia：New Society Publishers，2005.

Egan，Timothy. The Worst Hard Time. New York：Mariner Books，2006.

Eilperin，Juliet. "Carbon Output Must Near Zero to Avert Danger，New Studies Say." Washington Post，March 10，2008，A01.

Elgin，Duane. Voluntary Simplicity. 2nd rev. ed. New York：Harper，2010.

Elliott，Debbie. "Five Years after BP Oil Spill，Effects Linger and Recovery Is Slow." NPR，April 20，2015. http://www.npr.org/2015/04/20/400374744/5-years-after-bp-oil-spill-effects-linger-and-recovery-is-slow.

Elster，Jon. Ulysses Unbound：Studies in Rationality，Precommitment，and Constraints. Cambridge：Cambridge University Press，2000.

Engineering Council UK. Guidance on Sustainability for the Engineering Profession. London：Engineering Council UK，2009. http://www.engc.org.uk/engcdocuments/internet/Website/Guidance%20on%20Sustainability.pdf.

Engle，Nathan L.，Owen R. Johns，Maria Carmen Lemos，and Donald R. Nelson. "Integrated and Adaptive Management of Water Resources：Tensions，Legacies，and the Next Best Thing." Ecology and Society 16, no. 1 (2011): 19. http://www.ecologyandsociety.org/vol16/iss1/art19/.

Erlanger, Steven. "With Prospect of U.S. Slowdown, Europe Fears a Worsening Debt Crisis." New York Times, August 8, 2011, B3.

Everett, Jennifer. "Sustainability in Higher Education: Implications for the Disciplines." Theory and Research in Education 6, no. 2 (2008): 237-251.

FAO. World Review of Fisheries and Aquaculture. Rome: FAO Fisheries Department, 2010. http://www.fao.org/docrep/013/i1820e/i1820e01.pdf.

Farber, Daniel. "BP Blowout and the Social and Environmental Erosion of the Louisiana Coast." Minnesota Journal of Law, Science & Technology 13 (2012): 37.

Farber, Daniel. "Issues of Scale in Climate Governance." In The Oxford Handbook of Climate Change and Society, edited by John S. Dryzek, Richard B. Norgaard, and David Schlosberg, 479-498. Oxford: Oxford University Press, 2011.

Federico, Carmela, and Jaime Cloud. "Kindergarten through Twelfth Grade Education: Fragmentary Progress in Equipping Students to Think and Act in a Challenging World." In Agenda for a Sustainable America, edited by John Dernbach, 109-127. Washington, DC: Environmental Law Institute Press, 2009.

Feinberg, Joel. "The Child's Right to an Open Future." In Philosophy of Education, edited by Randall Curren. 112-123. Oxford: Blackwell, 2007.

Feinstein, Noah. Education for Sustainable Development in the United States of America: A Report Submitted to the International Alliance of Leading Education Institutes. Madison: University of Wisconsin, 2009.

Feinstein, Noah, and Ginny Carlton. "Education for Sustainability in the K-12 Educational System of the United States." In Schooling for Sustainable Development in Canada and the United States, edited by Rosalyn McKeown and Victor Nolet, 37-49. New York: Springer, 2013.

Feinstein, Noah, and Kathryn L. Kirchgasler. "Sustainability in Science Education? How the Next Generation Standards Approach Sustainability, and Why It Matters." Science Education 99, no. 1 (2015): 121-144.

Finley, Moses. Land and Credit in Ancient Athens, 500-200 B. C. New Brunswick, NJ: Rutgers University Press, 1953.

Finley, Moses. Politics in the Ancient World. Cambridge: Cambridge University Press, 1983.

FitzPatrick, William J. "Valuing Nature Non-instrumentally." Journal of Value Inquiry 38 (2004): 315-332.

Freeman, Richard B. The Over-Educated American. New York: Academic, 1976.

Frugoli, P. A., C. M. V. B. Almeida, F. Agostinho, B. F. Giannetti, and D. Huisingh. "Can Measures of Well-Being and Progress Help Societies to Achieve Sustainable Development?" Journal of Cleaner Production 90 (2015): 370-380.

Fullbrook, David. "Food Security in the Wider Mekong Region." In The Water-Food-Energy Nexus in the Mekong Region, edited by Alexander Smajgl and John Ward, 61-104. New York: Springer, 2013.

Fullinwider, Robert. "Moral Conventions and Moral Lessons." Social Theory and Practice 15, no. 3 (1989): 321-338.

Gale, Melanie, Merinda Edwards, Lou Wilson, and Alastair Greig. "The Boomerang Effect: A Case Study of the Murray-Darling Basin Plan." Australian Journal of Public Administration 73, no. 2

(2014): 153-163.

Galey, Sarah. "Education Politics and Policy: Emerging Institutions, Interests, and Ideas." Policy Studies Journal: The Journal of the Policy Studies Organization 43, no. 1 (2015): S12-S39.

Gardner, Howard, Mihaly Csikszentmihalyi, and William Damon. Good Work. New York: Basic Books, 2001.

Gardiner, Stephen M., Simon Caney, Dale Jamieson, and Henry Shue, eds. Climate Ethics: Essential Readings. Oxford: Oxford University Press, 2010.

Garnaut, Ross. The Garnaut Climate Change Review. Cambridge: Cambridge University Press, 2008.

Garvey, James. The Ethics of Climate Change. London: Continuum, 2008.

Gaspart, Frédéric, and Axel Gosseries. "Are Generational Savings Unjust?" Politics, Philosophy & Economics 6, no. 2 (2007): 193-217.

Gell-Mann, Murray. "Transformations of the Twenty-First Century: Transitions to Greater Sustainability." In Global Sustainability: A Nobel Cause, edited by Hans Joachim Schellnhuber, Mario Molina, Nicholas Stern, Veronika Huber, and Susanne Kadner, 1-9. Cambridge: Cambridge University Press, 2010.

Gert, Bernard. Common Morality: Deciding What to Do. New York: Oxford University Press, 2007.

Gifford, Robert. "The Dragons of Inaction: Psychological Barriers That Limit Climate Change Mitigation and Adaption." American Psychologist 66, no. 4 (2011): 290-302.

Gillis, Justin. "U.S. Climate Has Already Changed, Study Finds, Citing Heat and Floods." New York Times, May 7, 2014, A1, 13.

Gilovic, Thomas, Dale Griffin, and Daniel Kahneman. Heuristics and Biases: The Psychology of Intuitive Judgment. Cambridge: Cambridge University Press, 2002.

"Global Carbon Emissions Reach Record 10 Billion Tons, Threatening 2 Degree Target." Science Daily, December 6, 2011. http://www.sciencedaily.com/releases/2011/12/111204144648.htm.

Gold, Russell, and Ben Casselman. "On Doomed Rig's Last Day, a Divisive Change of Plan." Wall Street Journal, August 26, 2010. http://online.wsj.com/article/.

Goldman, Alvin. Knowledge in a Social World. New York: Oxford University Press, 1999.

Goodin, Robert. "Selling Environmental Indulgences." In Climate Ethics: Essential Readings, edited by Stephen M. Gardiner, Simon Caney, Dale Jamieson, and Henry Shue, 231-246. Oxford: Oxford University Press, 2010.

Goodman, Joan. "Student Authority: Antidote to Alienation." Theory and Research in Education 8, no. 3 (2010): 227-247.

Goodstein, David. Out of Gas: The End of the Age of Oil. New York: W. W. Norton & Company, 2004.

Graetz, Michael J. The End of Energy: The Unmaking of America's Environment, Security, and Independence. Cambridge, MA: MIT Press, 2013.

Grafton, R. Quentin, Gary Libecap, Samuel McGlennon, Clay Landry, and Bob O'Brien. "An Integrated Assessment of Water Markets: A Cross-country Comparison." Review of Environmental Economics and Policy 5, no. 2 (2011): 219-239.

Grafton, R. Quentin, Jamie Pittock, Richard Davis, John Williams, Guobin Fu, Michele Warburton, Bradley Udall, Ronnie McKenzie, Xiubo Yu, Nhu Che, Daniel Connell, Qiang Jiang, Tom Kompas, Amanda Lynch, Richard Norris, Hugh Possingham, and John Quiggin. "Global Insights into Water Resources, Climate

Change and Governance." Nature Climate Change 3, no. 4 (2013): 315-321.

Grafton, R. Quentin, Jamie Pittock, John Williams, Qiang Jiang, Hugh Possingham, and John Quiggin. "Water Planning and Hydro-climatic Change in the Murray-Darling Basin, Australia." Ambio 43, no. 8 (2014): 1082-1092.

Graham, Bob, William K. Reilly, Frances Beinecke, Donald F. Boesch, Terry D. Garcia, Cherry A. Murray, and Fran Ulmer. Deep Water: The Gulf Oil Disaster and the Future of Offshore Drilling. Washington, DC: United States Publishing Office, 2011.

Green, Thomas F. Predicting the Behavior of the Educational System. Syracuse: Syracuse University Press, 1980.

Griffiths, Jacqui, and Rebecca Lambert. Free Flow: Reaching Water Security through Cooperation. Geneva: UNESCO, 2013.

Guidotti, Tee L. Health and Sustainability: An Introduction. Oxford: Oxford University Press, 2015.

Gupta, Joyeeta, Claudia Pahl-Wostl, and Ruben Zondervan. "Global Water Governance: A Multi-level Challenge in the Anthropocene." Current Opinion in Environmental Sustainability 5, no. 6 (2013): 573-580.

Guston, David H. "Boundary Organizations in Environmental Policy and Science." Science, Technology & Human Values 26, no. 4 (2001): 399-408.

Gutentag, Edwin D., Frederick J. Heimes, Noel C. Krothe, Richard R. Luckey, and John B. Weeks. Geohydrology of the High Plains Aquifer in Parts of Colorado, Kansas, Nebraska, New Mexico, Oklahoma, South Dakota, Texas, and Wyoming. US Geological Survey Professional Paper 1400-B. Washington, DC: US Department of the Interior, 1984. http://pubs.usgs.gov/pp/1400b/report.pdf.

Gutmann, Amy, and Dennis Thompson. Democracy and Disagreement. Cambridge, MA: Harvard University Press, 1996.

Hall, Charles A. S., Jessica G. Lambert, and Stephen B. Balogh. "EROI of Different Fuels and the Implications for Society." Energy Policy 64 (2014): 141-152.

Hansen, Hal. "Rethinking Certification Theory and the Educational Development of the United States and Germany." Research in Social Stratification and Mobility 29 (2011): 31-55.

Hansen, James, et al. "Ice Melt, Sea Level Rise and Superstorms: Evidence from Paleoclimate Data, Climate Modeling, and Modern Observations that 2 °C Global Warming Could Be Dangerous." Atmospheric Chemistry and Physics 16 (March 22, 2016): 3761-3812. http://www.atmos-chem-phys.net/16/3761/2016/acp-16-3761-2016.html.

Hardin, Garrett. "The Tragedy of the Commons." Science 162 (1968): 1243-1248.

Head, Brian W. "Wicked Problems in Public Policy." Public Policy 3, no. 2 (2008): 101-118.

Head, Brian W., and John Alford. "Wicked Problems: Implications for Public Policy and Management." Administration & Society 47, no. 6 (2015): 711-739.

Heffernan, Margaret. Willful Blindness: Why We Ignore the Obvious. New York: Walker and Co., 2011.

Helevik, Ottar. "Beliefs, Attitudes, and Behavior towards the Environment." In Realizing Rio in Norway: Evaluative Studies of Sustainable Development, edited by William Laverty, Morton Nordskog, and Hilde A. Aakre, 7-19. Oslo: Program for Research and Documentation for a Sustainable Society, University of Oslo, 2002.

Herbertson, Kirk. "Xayaburi Dam: How Laos Violated the 1995 Mekong Agreement." January 13, 2013. https://www.internationalrivers. org/blogs/267/xayaburi-dam-how-laos-violated-the-1995-mekong-agreement.

Herman, Barbara. "Mutual Aid and Respect for Persons." In Kant's Groundwork of the Metaphysics of Morals, edited by Paul Guyer, 133-164. Lanham, MD: Rowman & Littlefield, 1998.

Herring, Stephanie C., Martin P. Hoerling, Thomas C. Peterson, and Peter A. Scott, eds. "Explaining Extreme Events of 2013 from a Climate Perspective." Supplement, Bulletin of the American Meteorological Society 95, no. 9 (September 2014), S1-S96. http://journals. ametsoc. org/doi/pdf/10. 1175/1520-0477-95. 9. S1. 1.

Herzberg, Frederick. Work and the Nature of Man. New York: World Publishing, 1966.

Higgins, Peter, and Gordon Kirk. "Sustainability Education in Scotland: The Impact of National and International Initiatives on Teacher Education and Outdoor Education." Journal of Geography in Higher Education 30, no. 2 (2006): 313-326.

Ho, Ezra. "Unsustainable Development in the Mekong: The Price of Hydropower." Consilience: The Journal of Sustainable Development 12, no. 1 (2014): 63-76.

Hogan, David. "From Contest Mobility to Stratified Credentialing: Merit and Graded Schooling in Philadelphia, 1836-1920." History of Education Review 16 (1987): 21-42.

Holland, Alan. "Sustainability: Should We Start from Here?" In Fairness and Futurity: Essays on Environmental Sustainability and Social Justice, edited by Andrew Dobson, 46-68. Oxford: Oxford University Press, 1999.

Hopkins, Charles. "Education for Sustainable Development in Formal Education in Canada." In Schooling for Sustainable Development in Canada and the United States, edited by Rosalyn McKeown and Victor Nolet, 23-36. New York: Springer, 2013.

Horowitz, Joy. The Poisoning of an American High School. New York: Penguin, 2007.

Hou, Deyi, Jian Lou, and Abir Al-Tabbaa. "Shale Gas Can Be a Double-Edged Sword for Climate Change." Nature Climate Change 2 (June 2012): 385-387.

Hueston, Will, and Anni McLeod. "Overview of the Global Food System: Changes over Time/Space and Lessons for Future Food Safety." In Improving Food Safety through a One Health Approach: Workshop Summary, edited by Eileen R. Choffres, David A. Relman, Leigh Anne Olsen, Rebekah Hutton, and Alison Mack. Washington, DC: National Academies Press/Institute of Medicine, 2012. http://www.ncbi.nlm.nih.gov/books/NBK114491/.

Hughes, J. David. "A Reality Check on the Shale Revolution." Nature 494, no. 7437 (2013): 307-308.

Hylton, Wil S. "Broken Heartland: The Looming Collapse of Agriculture on the Great Plains." Harper's Magazine 325, no. 1946 (July 2012): 25-35.

International Energy Agency. "US Ethanol Production Plunges to Two-Year Low." IEA.org, August 13, 2012. https://www.iea.org/newsroomandevents/news/2012/august/us-ethanol-production-plunges-to-two-year-low.html.

International Energy Agency. "World Energy Outlook 2014 Factsheet." International Energy Agency, 2015. http://www.worldenergyoutlook.org/media/weowebsite/2014/141112_WEO_FactSheets.pdf.

IPCC. Climate Change 2014: Synthesis Report, edited by Core Writing Team, Rajendra K. Pachuri, and Leo Meyer. Geneva: IPCC, 2014. https://www.ipcc.ch/report/ar5/syr/.

IUCN. Caring for the Earth: A Strategy for Sustainable Living. Gland, Switzerland: IUCN, 1991.

Jacobs, Katherine L., Gregg M. Garfin, and M. Lenart. "More than Just Talk: Connecting Science and Decision Making." Environment 47, no. 9 (2005): 6-22.

Jamieson, Dale. Reason in a Dark Time. Oxford: Oxford University Press, 2014.

Jenkins, Willis. The Future of Ethics: Sustainability, Social Justice, and Religious Creativity. Washington, DC: Georgetown University Press, 2013.

Jickling, Bob. "Why I Don't Want My Children to Be Educated for Sustainable Development." Journal of Environmental Education 23, no. 4 (1992): 5-8.

Jickling, Bob, and Arjen E. J. Wals. "Globalization and Environmental Education: Looking beyond Sustainable Development." Journal of Curriculum Studies 40, no. 1 (2007): 1-21.

Johnston, Robyn M., Chu Thai Hoanh, Guillaume Lacombe, Andrew W. Noble, Vladimir Smakhtin, Dianne Suhardiman, Suan Pheng Kam, and Poh Sze Choo. Rethinking Agriculture in the Greater Mekong Subregion: How to Sustainably Meet Food Needs, Enhance Ecosystem Services and Cope with Climate Change. Colombo, Sri Lanka: International Water Management Institute, 2010.

Jones, Paula, David Selby, and Stephen Sterling. Sustainability Education: Perspectives and Practice across Higher Education. London: EarthScan, 2010.

Jorgenson, Andrew K., and Thomas Dietz. "Economic Growth Does Not Reduce the Ecological Intensity of Human Well-Being." Sustainability Science 10, no. 1 (2015): 149-156.

Kahn, Brian. "Drought Weakens the Amazon's Ability to Capture Carbon." Climate Central, March 9, 2015. http://www.climatecentral.org/news/drought-amazon-carbon-capture-18733.

Kahneman, Daniel, Paul Slovic, and Amos Tversky. Judgment

under Uncertainty. Cambridge: Cambridge University Press, 1982.

Kahneman, Daniel, and Amos Tversky. Choices, Values and Frames. Cambridge: Cambridge University Press, 2000.

Kant, Immanuel. Grounding for the Metaphysics of Morals. Translated by James Ellington. Indianapolis: Hackett, 1981.

Kant, Immanuel. The Metaphysics of Morals. Translated by Mary Gregor. Cambridge: Cambridge University Press, 1991.

Kasser, Tim. The High Price of Materialism. Cambridge, MA: MIT Press, 2002.

Kasser, Tim, Steve Cohn, Allen Kanner, and Richard Ryan. "Some Costs of American Corporate Capitalism: A Psychological Exploration of Value and Goal Conflicts." Psychological Inquiry 18, no. 1 (2007): 1-22.

Kasser, Tim, and Allen Kanner. Psychology and Consumer Culture: The Struggle for a Good Life in a Materialistic World. 2nd ed. Washington, DC: American Psychological Association, 2013.

Kasser, Tim, and Richard M. Ryan. "Further Examining the American Dream: Differential Correlates of Intrinsic and Extrinsic Goals." Personality and Social Psychology Bulletin 22 (1996): 280-287.

Kasser, Tim, Richard M. Ryan, Charles E. Couchman, and Kennon M. Sheldon. "Materialistic Values: Their Causes and Consequences." In Psychology and Consumer Culture: The Struggle for a Good Life in a Materialistic World, edited by Tim Kasser and Allen Kanner, 11-28. Washington, DC: American Psychological Association, 2004.

Katz, Stanley. "Choosing Justice over Excellence." Chronicle of Higher Education 48, no. 35 (May 17, 2002): B7-B9. http://www.princeton.edu/~snkatz/papers/CHE_justice.html.

Katz, Stanley. "The Pathbreaking, Fractionalized, Uncertain

World of Knowledge." Chronicle of Higher Education 49, no. 4 (September 20, 2002): B7. http://www.princeton.edu/~snkatz/papers/CHE_knowledge.html.

Keck, Margaret E., and Kathryn Sikkink. Activists beyond Borders: Advocacy Networks in International Politics. Ithaca, NY: Cornell University Press, 1998.

Kerr, Richard A. "Natural Gas from Shale Bursts onto the Scene." Science 328, no. 5986 (June 25, 2010): 1624-1626.

Kerr, Richard A. "Ocean Acidification Unprecedented, Unsettling." Science 328, no. 5985 (June 18, 2010): 1500-1501.

Keskinen, Marko, Joseph H. A. Guillaume, Mirja Kattelus, Miina Porkka, Timo A. Räsänen, and Olli Varis. "The Water-Energy-Food Nexus and the Transboundary Context: Insights from Large Asian Rivers," Water 8, no. 5 (2016).

King, Megan F., Vivian F. Renó, and Evelyn M. L. M. Novo. "The Concept, Dimensions and Methods of Assessment of Human Well-Being within a Socioecological Context: A Literature Review." Social Indicators Research 116, no. 3 (2014): 681-698.

Kirby, Kris, and R. J. Herrnstein. "Preference Reversals Due to Myopic Discounting of Delayed Rewards." Psychological Science 6 (1995): 83-89.

Kitcher, Philip. "Public Knowledge and Its Discontents." Theory and Research in Education 9, no. 2 (2011): 103-124.

Kitcher, Philip. Science in a Democratic Society. Amherst, NY: Prometheus Books, 2011.

Kleinig, John. Philosophical Issues in Education. London: Croom Helm, 1982.

Komiyama, Hiroshi, and Kazuhiko Takeuchi. "Sustainability Science: Building a New Discipline." Sustainability Science 1, no. 1 (October 2006): 1-6. http://www.springerlink.com/content/

214j253h82xh7342/fulltext. html.

Kraft, Jessica. "Running Dry." Earth Island Journal 28, no. 1 (Spring 2013): 47.

Kron, Wolfgang. "Increasing Weather Losses in Europe: What They Cost the Insurance Industry?" CESifo Forum 12, no. 2 (2011): 73-87.

Labaree, David. How to Succeed in School without Really Learning: The Credentials Race in American Education. New Haven, CT: Yale University Press, 1997.

Labaree, David. The Making of an American High School: The Credentials Market and the Central High School of Philadelphia, 1838-1920. New Haven, CT: Yale University Press, 1988.

Labaree, David. Someone Has to Fail: The Zero-Sum Game of Public Schooling. Cambridge, MA: Harvard University Press, 2010.

LaDue, Nicole D. "Help to Fight the Battle for Earth in US Schools." Nature 519, no. 7542 (2015): 131.

Lahsen, Myanna, Andrew Matthews, Michael R. Dove, Ben Orlove, Rajindra Puri, Jessica Barnes, Pamela McElwee, Frances Moore, Jessica O'Reilly, and Karina Yager. "Strategies for Changing the Intellectual Climate." Nature Climate Change 5 (May 2015): 391-392.

Lane, Melissa. Eco-Republic: What the Ancients Can Teach Us about Ethics, Virtue, and Sustainable Living. Princeton, NJ: Princeton University Press, 2012.

Larmer, Brook. "The Real Price of Gold." National Geographic 215, no. 1 (January 2009): 34-61.

Larsen, Christina. "Mekong Megadrought Erodes Food Security." Science Magazine News, April 6, 2016. http://www.sciencemag. org/news/2016/04/mekong-mega-drought-erodes-food-security.

Latham, Mark A. "BP Deepwater Horizon: A Cautionary Tale for CCS, Hydrofracking, Geoengineering and Other Emerging Technologies with Environmental and Human Health Risks." William and Mary Environmental Law and Policy Review 36, no. 1 (2011): 31-79.

Latham, Mark A. "Five Thousand Feet and Below: The Failure to Adequately Regulate Deepwater Oil Production Technology." Boston College Environmental Affairs Law Review 38, no. 2 (2011): 343-367. http://lawdigitalcommons. bc. edu/cgi/ viewcontent. cgi? article=1692&context=ealr.

Layard, Richard. Lessons from a New Science. London: Penguin, 2005.

Layzer, Judith A. Open for Business: Conservatives' Opposition to Environmental Regulation. Cambridge, MA: MIT Press, 2014.

Lazarus, Eli. "Tracked Changes." Nature 529 (January 2016): 429.

Leiserowitz, Anthony. "American Risk Perceptions: Is Climate Change Dangerous?" Risk Analysis 25 (2005): 1433-1442.

Leiserowitz, Anthony, Edward Maibach, Connie Roser-Renouf, Geoff Feinberg, and Seth Rosenthal. Climate Change in the American Mind: October 2015. New Haven, CT: Yale Project on Climate Change Communication and George Mason University Center on Climate Change Communication, 2015. http://climatecommunication. yale. edu/wp-content/uploads/2015/11/Climate-Change-American-Mind-October-20151. pdf.

Leiserowitz, Anthony, Edward Maibach, Connie Roser-Renouf, Geoff Feinberg, and Seth Rosenthal. Global Warming and the U. S. Presidential Election, Spring 2016. New Haven, CT: Yale Project on Climate Change Communication and George Mason University Center on Climate Change Communication, 2016. http:// climatecommunication. yale. edu/wp-content/uploads/2016/05/2016_3_CCAM _Global-Warming-U. S. -Presidential-Election. pdf.

Leiserowitz, Anthony, Edward Maibach, Connie Roser-Renouf, and Jay Hmielowski. Global Warming's Six Americas in March 2012 and November 2011. New Haven, CT: Yale Project on Climate Change Communication and George Mason University Center for Climate Change Communication, 2012. http://environment. yale. edu/climate/files/Six-Americas-March-2012. pdf.

Lélé, Sharachchandra. "Sustainable Development: A Critical Review." In Environment: An Interdisciplinary Anthology, edited by Glenn Adelson, James Engell, Brent Ranalli, and K. P. Van Anglen, 144-152. New Haven, CT: Yale University Press, 2008.

Levin, Kelly, Benjamin Cashore, Steven Bernstein, and Graeme Auld. "Overcoming the Tragedy of Super Wicked Problems: Constraining Our Future Selves to Ameliorate Global Climate Change." Policy Sciences 45 (2) (2012): 123-152.

Lichtenberg, Judith. "Consuming Because Others Consume." Social Theory and Practice 22, no. 3 (Fall 1996): 273-297.

Lipman, Matthew. Thinking in Education. 2nd ed. Cambridge: Cambridge University Press, 2003.

Lipschutz, Ronnie, and Corina Mckendry. "Social Movements and Global Civil Society." In The Oxford Handbook of Climate Change and Society, edited by John S. Dryzek, Richard R. Norgaard, and David Schlosberg, 369-383. Oxford: Oxford University Press, 2011.

Locke, John. Second Treatise of Government. Indianapolis: Hackett, 1989.

Lomborg, Bjørn. The Skeptical Environmentalist. Cambridge: Cambridge University Press, 2001.

MacKay, David. Sustainable Energy—without the Hot Air.

Cambridge: UIT, 2009.

Mann, Horace. "Twelfth Annual Report." In The Republic and the School: Horace Mann on the Education of Free Men, edited by Lawrence Cremin, 79-112. New York: Teachers College Press, 1957.

Mark, Jason. "We Are All Louisianans." Earth Island Journal 25, no. 3 (Autumn 2010). http://www. earthisland. org/journal/index. php/eij/article/we_are_all_louisianans.

Markie, Peter. A Professor's Duties: Ethical Issues in College Teaching. Lanham, MD: Rowman & Littlefield, 1994.

Marsden, Terry, and Adrian Morley. "Current Food Questions and Their Scholarly Challenges." In Sustainable Food Systems: Building a New Paradigm, edited by Terry Marsden and Adrian Morley, 1-29. New York: Routledge, 2014.

Matthews, H. Damon, and Ken Caldeira. "Stabilizing Climate Requires Near-Zero Emissions." Geophysical Research Letters 35, no. 4 (2008): 1-5. doi: 10. 1029/ 2007GL032388.

Mays, Anthony, ed. Disaster Management: Enabling Resilience. Dordrecht, Netherlands: Springer, 2015.

Mazur, Laurie, ed. A Pivotal Moment: Population, Justice and the Environmental Challenge. Washington, DC: Island Press, 2010.

Mazur, Laurie, and Shira Saperstein. "Afterward: Work for Justice?" In A Pivotal Moment: Population, Justice and the Environmental Challenge, edited by Laurie Mazur, 393-396. Washington, DC: Island Press, 2010.

McAnany, Patricia, and Norman Yoffee, eds. Questioning Collapse: Human Resilience, Ecological Vulnerability, and the Aftermath of Empire. Cambridge: Cambridge University Press, 2010.

McArdle, Elaine. "What Happened to the Common Core?" Harvard Ed. Magazine, September 3, 2014. http://www. gse. harvard. edu/news/ed/14/09/what-happened-common-core.

McDonnell, Alexander B. "The Biggert-Waters Flood Insurance Reform Act of 2012: Temporarily Curtailed by the Homeowner Flood Insurance Act of 2014—A Respite to Forge an Enduring Correction to the National Flood Insurance Program Built on Virtuous Economic and Environmental Incentives." Washington University Journal of Law and Policy 49, no. 1 (2015): 235-268.

McIntosh, Roderick J., Joseph A. Tainter, and Susan Keech McIntosh, eds. The Way the Wind Blows: Climate, History, and Human Action. New York: Columbia University Press, 2000.

McKeown, Rosalyn. Education for Sustainable Development Toolkit, Version 2.0. 2007. http://www.esdtoolkit.org/.

McKeown, Rosalyn, and Victor Nolet, eds. Schooling for Sustainable Development in Canada and the United States. New York: Springer, 2013.

McKibben, Bill. "How Close to Catastrophe?" New York Review of Books 53 (November 16, 2006): 23-25.

McKibben, Bill. "The Pope and the Planet." New York Review of Books 62, no. 13 (August 13, 2015): 40-42.

McNeill, J. R. Something New under the Sun: An Environmental History of the Twentieth-Century World. New York: W. W. Norton, 2000.

McQuaid, John. "The Gulf of Mexico Oil Spill: An Accident Waiting to Happen." Yale Environment 360, May 10, 2010. http://e360.yale.edu/feature/the_gulf_of _mexico_oil_spill_an_accident_waiting_to_happen/2272/.

Meadows, Donella H. Thinking in Systems: A Primer. White River Junction, VT: Chelsea Green Publishing, 2008.

Mekong River Commission. "Agreement on the Cooperation for the Sustainable Development of the Mekong River Basin." Mekong River Commission, April 5, 1995. http://www.mrcmekong.org/

assets/Publications/policies/agreement-Apr95. pdf.

Michaelis, Laurie. “Consumption Behavior and Narratives about the Good Life.” In Creating a Climate for Change: Communicating Climate Change and Facilitating Social Change, edited by Susanne Moser and Lisa Dilling, 251-265. Cambridge: Cambridge University Press, 2007.

Millar, Andrew, and Douglas Navarick. “Self-Control and Choice in Humans.” Learning and Motivation 15 (1984): 203-218.

Miller, David. “Political Philosophy for Earthlings.” In Political Theory: Methods and Approaches, edited by David Leopold and Marc Stears, 29-48. Oxford: Oxford University Press, 2008.

Miller, Thaddeus R. Reconstructing Sustainability Science. London: Routledge, 2014.

Moellendorf, Darrell. Cosmopolitan Justice. Boulder, CO: Westview Press, 2002.

Molle, François, Tira Foran, and Mira Kakonen. Contested Waterscapes in the Mekong Region: Hydropower, Livelihoods and Governance. London: Earthscan, 2012.

Moore, Kathleen D., and Michael P. Nelson, eds. Moral Ground: Ethical Action for a Planet in Peril. San Antonio, TX: Trinity University Press, 2010.

Morgan, Ed. “Science in Sustainability: A Theoretical Framework for Understanding the Science-Policy Interface in Sustainable Water Resource Management.” International Journal of Sustainability Policy and Practice 9 (2014): 37-54.

Morse, Stephen. “Developing Sustainability Indicators and Indices.” Sustainable Development 23, no. 2 (2015): 84-95.

Moser, Suzanne C., and Maxwell T. Boykoff, eds. Successful Adaptation to Climate Change. London: Routledge, 2013.

Moser, Suzanne C., and Lisa Dilling, eds. Creating a Climate for Change: Communicating Climate Change and Facilitating Social Change. Cambridge: Cambridge University Press, 2007.

Murphy, David J. "The Implications of the Declining Energy Return on Investment of Oil Production." Philosophical Transactions of the Royal Society of London A: Mathematical, Physical and Engineering Sciences 372, no. 2006 (2014). doi: 10.1098/ rsta.2013.0126. http://rsta.royalsocietypublishing.org/content/372/2006/20130126.

Musiol, Erin, Nija Fountano, and Andreas Safakas. "Drought Planning in Practice." In Planning and Drought, edited by James C. Schwab, 43-74. Chicago: American Planning Association, 2013.

Myers, Ransom A., and Boris Worm. "Rapid Worldwide Depletion of Predatory Fish Communities." Nature 423 (May 15, 2003): 280-283.

Nagourney, Adam, Jack Healy, and Nelson D. Schwertz. "California Image vs. Dry Reality." New York Times, April 5, 2015, A1, 18-19.

Nash, Kate. "Towards Transnational Democratization?" In Transnationalizing the Public Sphere, edited by Kate Nash, 60-78. Cambridge: Polity Press, 2014.

National Research Council. Climate Change Education in Formal Settings, K-14: A Workshop Summary. Washington, DC: National Academies Press, 2012.

National Research Council. Education for Life and Work: Developing Transferable Knowledge and Skills in the 21st Century. Washington, DC: National Academies Press, 2012.

National Research Council. A Framework for K-12 Science Education: Practices, Crosscutting Concepts, and Core Ideas. Washington, DC: National Academies Press, 2012.

National Society of Professional Engineers. "Code of Ethics." http://www.nspe.org/ resources/ethics/code-ethics.

National Water Commission. Australia's Water Blueprint: National Reform Assessment 2014. Canberra: National Water Commission, 2014.

National Water Commission. Water Markets in Australia: A Short History. Canberra: National Water Commission, 2011.

Negin, Elliott. "Documenting Fossil Fuel Companies' Climate Deception." Catalyst 14 (Summer 2015): 8-11.

Nelson, Richard R. "Intellectualizing about the Moon-Ghetto Metaphor: A Study of the Current Malaise of Rational Analysis of Social Problems." Policy Sciences 5, no. 4 (1974): 375-414.

Newton, Lisa. Ethics and Sustainability. Upper Saddle River, NJ: Prentice-Hall, 2003.

Niemiec, Christopher P., Martin F. Lynch, Maarten Vansteenkiste, Jessey Bernstein, Edward L. Deci, and Richard M. Ryan. "The Antecedents and Consequences of Autonomous Self-Regulation for College: A Self-Determination Theory Perspective on Socialization." Journal of Adolescence 29 (2006): 761-775.

Niemiec, Christopher P., Richard M. Ryan, and Edward L. Deci. "The Path Taken: Consequences of Attaining Intrinsic and Extrinsic Aspirations in Post-college Life." Journal of Research in Personality 43 (2009): 291-306.

Nolet, Victor. "Preparing Sustainability-Literate Teachers." Teachers College Record 111, no. 2 (2009): 409-442.

Nordhaus, William D. "A New Solution: The Climate Club." New York Review of Books 52, no. 10 (June 4, 2015): 36-39.

Norgaard, Kari Marie. Living in Denial: Climate Change, Emotions, and Everyday Life. Cambridge, MA: MIT Press, 2011.

Norton, Bryan. Sustainability: A Philosophy of Adaptive Ecosystem Management. Chicago: University of Chicago Press, 2005.

Norton, Bryan. Sustainable Values, Sustainable Change. Chicago：University of Chicago Press，2015.

Nosich，Gerald. Learning to Think Things Through：A Guide to Critical Thinking across the Curriculum. 4th ed. Upper Saddle River，NJ：Pearson，2011.

NRDC. "Groundbreaking Study Quantifies Health Costs of U. S. Climate Change-Related Disasters & Disease." National Resources Defense Council，November 8，2011. https://www.nrdc.org/media/2011/111108-2.

NSW Government. "Algal Information." New South Wales Department of Primary Industries：Water. http://www.water.nsw.gov.au/Water-Management/Water-quality/ Algal-information/Dangers-and-problems/Dangers-and-problems/default.aspx.

Nussbaum，Martha. Frontiers of Justice. Cambridge，MA：Harvard University Press，2006.

Nussbaum，Martha. "Women's Education：A Global Challenge." Signs 29，no. 2 (2003)：325-355.

Ober，Josiah. Democracy and Knowledge：Innovation and Learning in Classical Athens. Princeton：Princeton University Press，2008.

O'Connor，Robert E.，Richard J. Bird，and Ann Fisher. "Risk Perceptions，General Environmental Beliefs，and Willingness to Address Climate Change." Risk Analysis 19 (1999)：461-471.

O'Donoghue，Ted，and Matthew Rabin. "Doing It Now or Later." American Economic Review 89 (1999)：103-124.

Oil Change International. "Fossil Fuel Subsidies：Overview." N. d. http://priceofoil.org/fossil-fuel-subsidies/.

O'Neill，Brian，F. Landin MacKellar，and Wolfgang Lutz. Population and Climate Change. Cambridge：Cambridge University Press，2001.

O'Neill，Onora. "Consistency in Action." In Kant's Groundwork of the Metaphysics of Morals, edited by Paul Guyer, 103-131. Lanham, MD: Rowman & Littlefield, 1998.

O'Neill, Onora. "Constructivism in Rawls and Kant." In The Cambridge Companion to Rawls, edited by Samuel Freeman, 347-367. Cambridge: Cambridge University Press, 2003.

Oreskes, Naomi, and Erik Conway. Merchants of Doubt. New York: Bloomsbury Press, 2010.

Orr, David. "What Is Higher Education for Now?" In State of the World 2010: Transforming Cultures, from Consumerism to Sustainability, edited by Worldwatch Institute, 75-82. New York: W. W. Norton, 2010.

Ostrom, Elinor. "A General Framework for Analyzing Sustainability of Social-Ecological Systems." Science 325 (July 24, 2009): 419-422.

Ostrom, Elinor. "A Multi-Scale Approach to Coping with Climate Change and Other Collective Action Problems." Solutions 1, no. 2 (February 2010): 27-36.

Ostrom, Elinor. "Nested Externalities and Polycentric Institutions: Must We Wait for Global Solutions to Climate Change before Taking Actions at Other Scales?" Economic Theory 49, no. 2 (2012): 353-369.

Ostrom, Elinor. "Polycentric Systems for Coping with Collective Action and Global Environmental Change." Global Environmental Change 20, no. 4 (2010): 550-557.

Oxfam. Education for Global Citizenship: A Guide for Schools. Oxfam, 2015. http:// www. oxfam. org. uk/education/global-citizenship/global-citizenship-guides.

Pearce, Fred. "UN Climate Report Is Cautious on Making Specific Predictions."Environment 360, March 24, 2014. http://e360. yale. edu/feature/un_climate_report _is_cautious_on_making_specific _predictions/2750/.

Pegram, Guy, Li Yuanyuan, Tom Le Quesne, Robert Speed, Li Jianqiang, and Shen Fuxin. River Basin Planning Principles: Procedures and Approaches for Strategic Basin Planning. Paris: UNESCO, 2013.

Pelletier, Luc, and Elizabeth Sharp. "Administrative Pressures and Teachers' Interpersonal Behavior." Theory and Research in Education 7, no. 2 (2009): 174-183.

Perlez, Jane, and Lowell Bergman. "Tangled Strands in Fight over Peru Gold Mines." New York Times, October 25, 2005. http://www. nytimes. com/2005/10/25/ international/americas/25GOLD. html? th+&emc=th.

Perlez, Jane, and Kirk Johnson. "Behind Gold's Glitter: Torn Lands and Pointed Questions." New York Times, October 24, 2005. http://www. nytimes. com/2005/ 10/24/international/24GOLD. html? th+&emc+th&pagewa.

Peters, R. S. "Education as Initiation." In Philosophy of Education: An Anthology, edited by Randall Curren, 55-67. Oxford: Blackwell, 2007.

Peterson, H. C. "Sustainability: A Wicked Problem." In Sustainable Animal Agriculture, edited by Ermias Kebreab, 1-9. Wallingford, UK: CABI, 2013.

Piani, Adrian. "The Key Ingredients for Success of the Murray-Darling Basin Plan." Global Water Forum. 2013. http://www. globalwaterforum. org/2013/04/01/the-key-ingredients-for-successof-the-murray-darling-basin-plan/.

Pilz, Matthias. "Why Abiturienten Do an Apprenticeship before Going to University: The Role of 'Double Qualifications' in Germany." Oxford Review of Education 35, no. 2 (2009): 187-204.

Pimentel, David, and Tad Patzek. "Ethanol Production Using

Corn, Switchgrass, and Wood; Biodiesel Production Using Soybean and Sunflower." Natural Resources Research 14, no. 1 (March 2005): 65-76.

Pittock, Jamie. "Devil's Bargain? Hydropower vs. Food Trade-offs in the Mekong Basin." World Rivers Review 29, no. 4 (2007): 3, 14.

Plutarch. "Lycurgus." In vol. 1 of Plutarch's Lives, translated by B. Perrin, 52-80. Cambridge, MA: Harvard University Press, 1914.

Pollard, David, and Robert M. DeConto. "Contribution of Antarctica to Past and Future Sea-Level Rise." Nature 531, no. 7596 (March 31, 2016): 591-597.

Ponting, Clive. A Green History of the World. London: Penguin, 1991.

Porter, Eduardo. "How Renewable Energy Is Blowing Climate Change Efforts Off Course." New York Times, July 19, 2016. http://www.nytimes.com/2016/07/20/business/energy-environment/how-renewable-energy-is-blowing-climate-change-efforts-off-course.html?action=click&contentCollection=Politics&module=Related Coverage®ion=EndOfArticle&pgtype=article.

Portney, Kent E. Sustainability. Cambridge, MA: MIT Press, 2015.

Portney, Kent E. Taking Sustainable Cities Seriously: Economic Development, the Environment, and Quality of Life in American Cities. 2nd ed. Cambridge, MA: MIT Press, 2013.

Potsdam Institute for Climate Impact Research and Climate Analysis. Turn Down the Heat: Why a 4°C Warmer World Must Be Avoided. Washington, DC: World Bank, 2013.

Powell, James. The Inquisition of Climate Science. New York: Columbia University Press, 2011.

Princen, Thomas, Michael Manites, and Ken Conca, eds. Confronting Consumption. Cambridge, MA: MIT Press, 2002.

Princen, Thomas, Jack P. Manno, and Pamela Martin. "Keep Them in the Ground: Ending the Fossil Fuel Era." In State of the World 2013, edited by Worldwatch Institute, 161-171. Washington, DC: Worldwatch Institute, 2013.

Pritchard, Michael. Reasonable Children: Moral Education and Moral Learning. Lawrence: University Press of Kansas, 1996.

Rachels, James, and Stuart Rachels. The Elements of Moral Philosophy. 5th ed. Boston: McGraw-Hill, 2007.

Raffaelle, Ryne, Wade Robison, and Evan Selinger, eds. Sustainability Ethics: 5 Questions. Copenhagen: Vince, Inc. Automatic Press, 2010.

Randhir, Timothy O. "Globalization Impacts on Local Commons: Multiscale Strategies for Socioeconomic and Ecological Resilience." International Journal of the Commons 10, no. 1 (2016): 387-404. https://www.thecommonsjournal.org/article/ 10.18352/ijc.517/.

Ravnborg, Helle Munk, and Maria del Pilar Guerrero. "Collective Action in Watershed Management—Experiences from the Andean Hillsides." Agriculture and Human Values 16, no. 3 (September 1999): 257-266.

Rawls, John. "Fairness to Goodness." In John Rawls: Collected Papers, edited by Samuel Freeman, 267-285. Cambridge, MA: Harvard University Press, 1999.

Rawls, John. Justice as Fairness: A Restatement. Cambridge, MA: Harvard University Press, 2001.

Rawls, John. The Law of Peoples. Cambridge, MA: Harvard University Press, 1999.

Rawls, John. Political Liberalism. New York: Columbia University Press, 1993.

Rawls, John. A Theory of Justice. Rev. ed. Cambridge, MA: Harvard University Press, 1999.

Redman, Charles. Human Impact on Ancient Environments. Tucson: University of Arizona Press, 1999.

Rees, William E., and Mathias Wackernagel. "The Shoe Fits, but the Footprint Is Larger than Earth." PLoS Biology 11, no. 11 (2013). doi: 10.1371/journal. pbio.1001701.

Rickards, Lauren. "Power in Climate Change Research." Nature Climate Change 5 (May 2015): 392-393.

Rittel, Horst W. J., and Melvin M. Webber. "Dilemmas in a General Theory of Planning." Policy Sciences 4, no. 2 (1973): 155-169.

Rockström, Johan, Will Steffen, Kevin Noone, Åsa Persson, F. Stuart Chapin III, Eric F. Lambin, Timothy M. Lenton, Marten Scheffer, Carl Folke, Hans Joachim Schellnhuber, Björn Nykvist, Cynthia A. de Wit, Terry Hughes, Sander van der Leeuw, Henning Rodhe, Sverker Sörlin, Peter K. Snyder, Robert Costanza, Uno Svedin, Malin Falkenmark, Louise Karlberg, Robert W. Corell, Victoria J. Fabry, James Hansen, Brian Walker, Diana Liverman, Katherine Richardson, Paul Crutzen, and Jonathan A. Foley. "A Safe Operating Space for Humanity." Nature 461, no. 24 (September 2009): 472-475. http://www.nature.com/nature/journal/v461/n7263/full/461472a.html.

Rowe, Debra, Susan Jane Gentile, and Lilah Clevey. "The US Partnership for Education for Sustainable Development: Progress and Challenges Ahead." Applied Environmental Education & Communication 14, no. 2 (2015): 112-120.

Rumberger, Russell W. Overeducation in the U.S. Labor Market. New York: Praeger, 1981.

Ryan, Richard M. "Psychological Needs and the Facilitation of Integrative Processes." Journal of Personality 63 (1995): 397-427.

Ryan, Richard M., Randall Curren, and Edward L. Deci.

"What Humans Need: Flourishing in Aristotelian Philosophy and Self-Determination Theory." In The Best within Us: Positive Psychology Perspectives on Eudaimonia, edited by Alan S. Waterman, 57-75. Washington, DC: American Psychological Association, 2013.

Ryan, Richard M., Veronika Huta, and Edward L. Deci. "Living Well: A Self-Determination Theory Perspective on Eudaimonia." Journal of Happiness Studies 9 (2008): 139-170.

Ryan, Richard M., Kennon M. Sheldon, Tim Kasser, and Edward L. Deci. "All Goals Are Not Created Equal: An Organismic Perspective on the Nature of Goals and Their Regulation." In The Psychology of Action: Linking Cognition and Motivation to Behavior, edited by Peter M. Gollwitzer and John A. Bargh, 7-26. New York: Guilford, 1996.

Ryan, Richard M., and Netta Weinstein. "Undermining Quality Teaching and Learning: A Self-Determination Theory Perspective on High-Stakes Testing." Theory and Research in Education 7, no. 2 (2009): 224-233.

Sachs, Jeffrey D. The Age of Sustainable Development. New York: Columbia University Press, 2015.

Schellnhuber, Hans Joachim, Mario Molina, Nicholas Stern, Veronika Huber, and Susanne Kadner. Global Sustainability: A Nobel Cause. Cambridge: Cambridge University Press, 2010.

Schlottmann, Christopher. "Educational Ethics and the DESD: Considering the Trade-offs." Theory and Research in Education 6, no. 2 (2008): 207-219.

Scholte, Jan Aart, ed. Building Global Democracy? Civil Society and Accountable Global Governance. Cambridge: Cambridge University Press, 2011.

Schor, Juliet. Born to Buy: The Commercialized Child and the New Consumer Culture. New York: Scribner, 2004.

Schor, Juliet. The Overspent American: Why We Want What We Don't Need. New York: Harper, 1998.

Schor, Juliet. The Overworked American: The Unexpected Decline of Leisure. New York: Basic Books, 1992.

Schor, Juliet. Plenitude: The New Economics of True Wealth. New York: Penguin, 2010.

Schrader-Frechette, Kristin. Taking Action, Saving Lives. New York: Oxford University Press, 2007.

Schrag, Brian. "Moral Responsibility of Faculty and the Ethics of Faculty Governance." In Ethics in Academia, edited by S. K. Majumdar, Howard S. Pitkow, Lewis Penhall Bird, and E. W. Miller, 225-240. Easton: Pennsylvania Academy of Science, 2000.

Schrag, Daniel P. "Is Shale Gas Good for Climate Change?" Daedalus 141, no. 2 (2012): 72-80.

Scott, W. "Education and Sustainable Development: Challenges, Responsibilities, and Frames of Mind." Trumpeter 18, no. 1 (2002): 49.

Selby, David. "The Firm and Shaky Ground of Education for Sustainable Development." In Green Frontiers: Environmental Educators Dancing Away from Mechanism, edited by James Gray-Donald and David Selby, 59-75. Rotterdam: Sense Publishers, 2008.

Sen, Amartya. Development as Freedom. Oxford: Oxford University Press, 1999.

Sennett, Amy, Emma Chastain, Sarah Farrell, Tom Gole, Jasdeep Randhawa, and Chengyan Zhang. "Challenges and Responses in the Murray-Darling Basin." Water Policy 16, no. S1 (2014). doi: 10.2166/wp.2014.006. http://wp.iwaponline.com/content/16/S1/117.

Shafer-Landau, Russ. The Fundamentals of Ethics. New York: Oxford University Press, 2010.

Shafer-Landau, Russ. Whatever Happened to Good and Evil? New York: Oxford University Press, 2004.

Sheldon, Kennon M., and Tim Kasser. "Coherence and Congruence: Two Aspects of Personality Integration." Journal of Personality and Social Psychology 68, no. 3 (1995): 531-543.

Sherren, Kate. "A History of the Future of Higher Education for Sustainable Development." Environmental Education Research 14, no. 3 (2008): 238-256.

Shu, Xiaoling, and Margaret Mooney Marini. "Coming of Age in Changing Times: Occupational Aspirations of American Youth, 1966-1980." Research in Social Stratification and Mobility 26, no. 1 (2008): 29-55.

Siegel, Harvey. Educating Reason. New York: Routledge, 1988.

Simmons, A. John. "Ideal and Non-ideal Theory." Philosophy & Public Affairs 38, no. 1 (2010): 5-36.

Slovic, Peter. The Perception of Risk. London: Earthscan, 2000.

Smith, Adam. Wealth of Nations. Edited by R. H. Campbell and Andrew S. Skinner. Oxford: Clarendon Press, 1976.

Smith, Christian. Lost in Transition: The Dark Side of Emerging Adulthood. New York: Oxford University Press, 2011.

Smith, Kim, Peter Adriance, Alex Mueller, Rosalyn McKeown, Victor Nolet, Debra Rowe, and Madison Vorva. The Status of Education for Sustainable Development (ESD) in the United States: A 2015 Report to the US Department of State. International Society of Sustainability Professionals, December 2015. https://www.sustainabilityprofessionals.org/sites/default/files/ESD%20in%20the%20United%20States%20final.pdf.

Smith, Kim, Debra Rowe, Peter Adriance, Rosalyn McKeown, Victor Nolet, and Madison Vorva. "UNESCO Roadmap for Implementing the Global Action Programme on Education for Sustainable

Development: Implementation Recommendations for the United States of America." US Delegation to the UNESCO World Conference on ESD, 2015. http://gpsen.org/wp-content/uploads/2016/05/GAP-Roadmap-Recommendations-Final.pdf.

Smyth, John C. Are Educators Ready for the Next Earth Summit? London: Stakeholder Forum, 2002.

Spearman, Mindy. "Sustainability Education." In Educating about Social Issues in the 20th and 21st Centuries, vol. 1, A Critical Annotated Bibliography, edited by Samuel Totten and Jon E. Pedersen, 251-269. Charlotte, NC: Information Age Publishers, 2012.

Speth, James. America the Possible: Manifesto for a New Economy. New Haven, CT: Yale University Press, 2012.

Speth, James. The Bridge at the Edge of the World: Capitalism, the Environment, and Crossing from Crisis to Sustainability. New Haven, CT: Yale University Press, 2008.

Speth, James. "The Limits of Growth." In Moral Ground: Ethical Action for a Planet in Peril, edited by Kathleen D. Moore and Michael P. Nelson, 3-8. San Antonio, TX: Trinity University Press, 2010.

Speth, James, and Peter Haas. Global Environmental Governance. Washington, DC: Island Press, 2006.

Steffen, Will, Katherine Richardson, Johan Rockström, Sarah E. Cornell, Ingo Fetzer, Elena M. Bennett, Reinette Biggs, Stephen R. Carpente, Wim de Vries, Cynthia A. de Wit, Carl Folke, Dieter Gerten, Jens Heinke, Georgina M. Mace, Linn M. Persson, Veerabhadran Ramanathan, Belinda Reyers, and Sverker Sörlin. "Planetary Boundaries: Guiding Human Development on a Changing Planet." Science 347, no. 6223 (2015). doi: 10.1126/science.1259855.

Stemplowska, Zofia, and Adam Swift. "Ideal and Non-ideal Theory." In The Oxford Handbook of Political Philosophy, edited by David Estlund, 373-392. New York: Oxford University Press, 2012.

Sterman, John D. "Communicating Climate Change Risks in a Skeptical World." Climatic Change 108, no. 4 (2011). doi: 10.1007/s10584-011-0189-3. http://link.springer.com/article/10.1007%2Fs10584-011-0189-3.

Sterman, John D. "Learning from Evidence in a Complex World." American Journal of Public Health 96, no. 3 (2006): 505-514.

Stern, David. The Environmental Kuznets Curve after 25 Years. CCEP Working Paper 1514, Centre for Climate Economics and Policy, Crawford School of Public Policy, Australian National University, December 2015. https://ccep.crawford.anu.edu.au/sites/default/files/publication/ccep_crawford_anu_edu_au/2016-01/ccep1514_0.pdf.

Stern, Nicholas. Stern Review on the Economics of Climate Change. London: HM Treasury, 2006.

Stern, Paul, Thomas Dietz, and Elinor Ostrom. "Research on the Commons: Lessons for Environmental Resource Managers." Environmental Practice 4, no. 2 (June 2002): 61-64.

Stiglitz, Joseph E., Amartya Sen, and Jean-Paul Fitousi. Mismeasuring Our Lives: Why GDP Doesn't Add Up. New York: The New Press, 2010.

Stout, Lynn. Cultivating Conscience: How Good Laws Make Good People. Princeton, NJ: Princeton University Press, 2011.

Stout, Lynn. The Shareholder Value Myth: How Putting Shareholders First Harms Investors, Corporations, and the Public. San Francisco: Berrett-Koehler Publishers, 2012.

Strauss, Valerie. "Revolt against High-Stakes Standardized Testing Growing—and So Does Its Impact." Washington Post, March 19, 2015. http://www.washingtonpost.com/blogs/answer-sheet/wp/2015/03/19/revolt-against-high-stakes-standardized-testing-growing-and-so-does-its-impact/.

Strike, Kenneth. "The Ethics of Teaching." In A Companion to the Philosophy of Education, edited by Randall Curren, 509-524. Oxford: Blackwell, 2003.

Strike, Kenneth. Small Schools and Strong Communities: A Third Way of School Reform. New York: Teachers College Press, 2010.

Sunstein, Cass. Worst-Case Scenarios. Cambridge, MA: Harvard University Press, 2007.

Szasz, Andrew. "Is Green Consumption Part of the Solution?" In The Oxford Handbook of Climate Change and Society, edited by John S. Dryzek, Richard B. Norgaard, and David Schlosberg, 594-608. Oxford: Oxford University Press, 2011.

Tainter, Joseph. The Collapse of Complex Societies. Cambridge: Cambridge University Press, 1988.

Tainter, Joseph, T. F. H. Allen, and Thomas W. Hoekstra. "Energy Transformations and Post-normal Science." Energy 31 (2006): 44-58.

Tainter, Joseph, and Tadeusz Patzek. Drilling Down: The Gulf Oil Debacle and Our Energy Dilemma. New York: Springer, 2012.

Tarrow, Sidney. The New Transnational Activism. Cambridge: Cambridge University Press, 2005.

Termeer, Catrien. J. A. M., Art Dewulf, Gerard Breeman, and Sabina J. Stiller. "Governance Capabilities for Dealing Wisely with Wicked Problems." Administration & Society 47, no. 6 (2015): 680-710.

Teste, Jefferson W., Elisabeth M. Drake, Michael J. Driscoll, Michael W. Golay, and William A. Peters. Sustainable Energy: Choosing among Options, 2nd ed. Cambridge, MA: MIT Press, 2012.

Thompson, Andrea. "CO2 Nears Peak: Are We Permanently above 400 PPM?" Climate Central, May 16, 2016. http://www.climatecentral.org/news/co2-are-we-permanently-above-400-ppm-20351.

Thompson, Andrea. "Pope's Climate Encyclical: 4 Main Points." Climate Central, June 18, 2015. http://www.climatecentral.org/news/4-main-points-pope-climate-encyclical-19129.

"Timeline: Oil Spill in the Gulf." CNN.com. N.d. www.cnn.com/2010/US/05/03/timeline.gulf.spill/index.html.

Tollefson, Jeff. "Antarctic Model Raises Prospect of Unstoppable Ice Collapse." Nature 531, no. 7596 (March 31, 2016): 562. http://www.nature.com/news/antarctic-model-raises-prospect-of-unstoppable-ice-collapse-1.19638.

Turner, Ralph. "Sponsored and Contest Mobility and the School System." American Sociological Review 25 (1960): 855-867.

Tyler, Tom. Why People Obey the Law. Princeton, NJ: Princeton University Press, 2006.

UNEP. Climate Change Starter's Guidebook: An Issues Guide for Education Planners and Practitioners. Paris: UNESCO/UNEP, 2011.

UNEP. Global Environment Outlook 5. Valletta, Malta: Progress Press, Ltd, 2012. http://www.unep.org/geo/pdfs/geo5/GEO5_report_full_en.pdf.

UNEP. Summary of the Sixth Global Environment Outlook, GEO-6, Regional Assessments: Key Findings and Policy Messages. Nairobi: United Nations Environmental Programme, 2016. http://www.unep.org/publications/.

UNEP FI. Universal Ownership: Why Environmental Externalities Matter to Institutional Investors. Geneva: PRI Association and UN Environmental Programme Finance Initiative, 2011.

UNESCAP. The Status of the Water-Food-Energy Nexus in Asia and the Pacific. Bangkok: United Nations Economic and Social

Commission for Asia and the Pacific, 2013. http://www.unescap.org/sites/default/files/Water-Food-Nexus%20Report.pdf.

UNESCO. Education for Sustainable Development: United Nations Decade (2005-2014). UNESCO, 2005. http://en.unesco.org/themes/education-sustainable-development.

UNESCO. Guidelines and Recommendations for Reorienting Teacher Education to Address Sustainability. Paris: UNESCO, 2005. http://unesdoc.unesco.org/images/0014/ 001433/143370e.pdf.

UNESCO. Roadmap for Implementing the Global Action Programme on Education for Sustainable Development. Paris: UNESCO, 2014. http://unesdoc.unesco.org/images/ 0023/002305/230514e.pdf.

UNESCO. Shaping the Future We Want: UN Decade of Education for Sustainable Development (2005-2014) Final Report. Paris: UNESCO, 2014. http://unesdoc.unesco.org/ images/0023/002301/230171e.pdf.

UN Foundation. The Millennium Ecosystem Assessment. Geneva: UN Foundation, 2005. http://millenniumassessment.org/en/index.html.

UNFPA. Programme of Action: Adopted at the International Conference on Population and Development, Cairo, 5-13 September 1994. Geneva: United Nations Population Fund, 2004.

Union of Concerned Scientists. The Climate Deception Dossiers. Cambridge, MA: UCS, 2015. http://www.ucsusa.org/decades-ofdeception.

Union of Concerned Scientists. Smoke, Mirrors, and Hot Air: How ExxonMobil Uses Big Tobacco's Tactics to Manufacture Uncertainty on Climate Science. Cambridge, MA: UCS, 2007.

Urbina, Ian, and Justin Gillis. "Workers on Oil Rig Recall a Terrible Night of Blasts." New York Times, May 7, 2010. http://www.nytimes.com/2010/05/08/us/08rig.html ? pagewanted=all.

USDA Forest Service, Pacific Northwest Research Station. "The Healing Effects of Forests." Science Daily, July 26, 2010. http://www.sciencedaily.com/releases/2010/07/ 100723161221.htm.

van den Bergh, Jeroen C., and Fabio Grazi. "Reply to the First Systematic Response by the Global Footprint Network to Criticism: A Real Debate Finally?" Ecological Indicators 58 (2015): 458-463.

Vansteenkiste, Maarten, Bart Neyrinck, Christopher Niemiec, Bart Soerens, Hans De Witte, and Anja Van den Broeck. "On the Relations among Work Value Orientations, Psychological Need Satisfaction and Job Outcomes: A Self-Determination Theory Approach." Journal of Occupational and Organizational Psychology 80 (2007): 251-277.

Vansteenkiste, Maarten, Bart Soenens, Joke Verstuyf, and Willy Lens. "'What Is the Usefulness of Your Schoolwork?' The Differential Effects of Intrinsic and Extrinsic Goal Framing on Optimal Learning." Theory and Research in Education 7, no. 2 (2009): 155-163.

Varghese, Shiney. "Water Governance in the 21st Century: Lessons from Water Trading in the U.S. and Australia". IATP, 2013. http://www.iatp.org/documents/water-governance-in-the-21st-century.

Venkatasubramanian, Venkat. "Systemic Failures: Challenges and Opportunities in Risk Management in Complex Systems." AIChE Journal 57, no. 1 (2011): 2-9.

Wackernagel, Mathias, and William Rees. Our Ecological Footprint. Gabriola Island, BC: New Society, 1996.

Wagner, Gernot, and Martin L. Weitzman. Climate Shock: The Economic Consequences of a Hotter Planet. Princeton, NJ: Princeton University Press, 2015.

Wallis, Philip J., and Raymond Ison. "Appreciating Institutional Complexity in Water Governance Dynamics: A Case from the

Murray-Darling Basin, Australia." Water Resources Management 25, no. 15 (2011): 4081-4097.

Wassel, Raymond. "Lessons from the Macondo Well Blowout in the Gulf of Mexico." Bridge 44, no. 3 (2014): 46-53.

WCED (World Commission on Environment and Development). Our Common Future. Geneva: United Nations, 1987.

Weinstein, Netta, and Richard M. Ryan. "When Helping Helps: Autonomous Motivation for Prosocial Behavior and Its Influence on Well-Being for the Helper and Recipient." Journal of Personality and Social Psychology 98 (2010): 222-244.

Weissmann, Jordan. "America's Most Obvious Tax Reform: Kill the Oil and Gas Subsidies." Atlantic, March 19, 2013. http://www.theatlantic.com/business/archive/2013/03/americas-most-obvious-tax-reform-idea-kill-the-oil-and-gas-subsidies/274121/.

Wentworth Group of Concerned Scientists. "Statement on the Future of Australia's Water Reform." Wentworth Group of Concerned Scientists, October 10, 2014. http://wentworthgroup.org/2014/10/statement-on-the-future-of-australias-water-reform/2014/.

Weston, Burns H., and David Bollier. Green Governance: Ecological Survival, Human Rights, and the Law of the Commons. Cambridge: Cambridge University Press, 2014.

White, G. Edward. Tort Law in America: An Intellectual History. New York: Oxford University Press, 1980.

White House Press Office. "White House Report: The Every Child Succeeds Act." White House, Office of the Press Secretary, December 10, 2015. https://www.whitehouse.gov/the-press-office/2015/12/10/white-house-report-every-student-succeeds-act.

WHO (World Health Organization). Climate and Health. Geneva: WHO Media Centre, 2007.

WHO (World Health Organization). Climate Change and

Health, Fact Sheet No. 266, Revised August 2014. Geneva: WHO Media Centre, 2014.

Wiedmann, Thomas, and John Barret. "A Review of the Ecological Footprint Indicator—Perceptions and Methods." Sustainability 2 (2010): 1645-1693.

Williams, Michael. Deforesting the Earth: From Prehistory to Global Crisis (An Abridgment). Chicago: University of Chicago Press, 2006.

Wolf, Alison. Does Education Matter? Myths about Education and Economic Growth. London: Penguin, 2002.

Wolf, Susan. Meaning in Life and Why It Matters. Princeton, NJ: Princeton University Press, 2010.

World Wildlife Fund. "2012 Weather Extremes: Year-to-Date Review." December 6, 2012. http://www.wwfblogs.org/climate/sites/default/files/2012-Weather-Extremes-Fact-Sheet-6-dec-2012-final.pdf.

World Wildlife Fund. Living Planet Report 2012: Biodiversity, Biocapacity and Better Choices. Gland, Switzerland: WWF International, 2012. http://worldwildlife.org/publications/living-planet-report-2012-biodiversity-biocapacity-and-better-choices.

World Wildlife Fund. Living Planet Report 2014: Species and Spaces, People and Places. Gland, Switzerland: WWF International, 2014. http://wwf.panda.org/about_our_earth/all_publications/living_planet_report/.

World Wildlife Fund. Living Blue Planet Report 2015. Gland, Switzerland: WWF International, 2015. http://www.worldwildlife.org/publications/living-blue-planet-report-2015.

Worldwatch Institute. State of the World 2013: Is Sustainability Still Possible? Washington, DC: Island Press, 2013.

Worldwatch Institute. State of the World 2015: Hidden Threats to Sustainability. Washington, DC: Island Press, 2015.

Worldwatch Institute. State of the World: Transforming Cultures from Consumerism to Sustainability. New York: W. W. Norton & Company, 2010.

Worldwatch Institute. Vital Signs 2012. Washington, DC: Island Press, 2012.

Worldwatch Institute. Vital Signs, Vol 22: The Trends That Are Shaping Our Future. Washington, DC: Worldwatch Institute, 2015.

Worm, Boris, Edward B. Barbier, Nicola Beaumont, J. Emmett Duffy, Carl Folke, Benjamin S. Halpern, Jeremy B. C. Jackson, Heike K. Lotze, Fiorenza Micheli, Stephen R. Palumbi, Enric Sala, Kimberley A. Selkoe, John J. Stachowicz, and Reg Watson. "Impacts of Biodiversity Loss on Ocean Ecosystem Services." Science 3, no. 5800 (November 2006): 787-790.

Wright, Ronald. A Short History of Progress. Toronto: House of Anansi Press, 2004.

Wysession, Michael E. "Implications for Earth and Space in New K-12 Science Standards." Eos, Transactions, American Geophysical Union 93, no. 46 (2012): 465-466.

Wysession, Michael E. "The 'Next Generation Science Standards' and the Earth and Space Sciences." Science and Children 50, no. 8 (April 2013): 17-23. http://eric.ed.gov/? id=EJ1020542.

Zack, Naomi. Ethics for Disaster. Lanham, MD: Rowman & Littlefield, 2009.

Zellner, Moira, and Scott D. Campbell. "Planning for Deep-Rooted Problems: What Can We Learn from Aligning Complex Systems?" Planning Theory & Practice 16, no. 4 (2015): 457-478.

图书在版编目(CIP)数据

踵事增华：可持续的理论解释与案例举要/(美)瑞达尔·卡伦，(美)艾伦·米茨格著；关成华译．—北京：北京师范大学出版社，2021.1

真实进步指标(GPI)译丛

ISBN 978-7-303-26224-3

Ⅰ.①踵… Ⅱ.①瑞… ②艾… ③关… Ⅲ.①可持续性发展—研究 Ⅳ.①X22

中国版本图书馆 CIP 数据核字(2020)第 158253 号

营销中心电话 010-58807651
北师大出版社高等教育分社微信公众号 新外大街拾玖号

ZHONGSHI ZENGHUA KECHIXU DE LILUN JIESHI YU ANLI JUYAO

出版发行：北京师范大学出版社 www.bnup.com
北京市西城区新街口外大街 12-3 号
邮政编码：100088

印 刷：鸿博昊天科技有限公司
经 销：全国新华书店
开 本：710 mm×1000 mm 1/16
印 张：20.75
字 数：290 千字
版 次：2021 年 1 月第 1 版
印 次：2021 年 1 月第 1 次印刷
定 价：120.00 元

策划编辑：王则灵 戴 铁 责任编辑：戴 铁
美术编辑：李向昕 装帧设计：锋尚制版
责任校对：陈 民 责任印制：马 洁